JN271371

東京都市大学数学シリーズ（1）

微分積分演習

学術図書出版社

あいさつ

　2009 年 4 月より武蔵工業大学は校名を変更し「東京都市大学」となります．それにともない本書の名称を「東京都市大学数学シリーズ (1) 微分積分演習」として出版することになりました．
　初版より本書のために多くの方々から御協力をいただき感謝しております．今後とも御支援のほどよろしくお願い致します．

2009 年 3 月

著者一同

まえがき

　武蔵工業大学工学部教育研究センター数学部門では，学習経験の多様化した新入生に対するさらなる教育改善を目指して，平成10年度より新入生の基礎学力調査を開始し，同時に教科書作成検討委員会を発足させました．委員会では，第一段階として数学基礎科目の各教員における教育内容を調査し，カリキュラムの内容を整備しました．次の段階として，学生の単位取得のための一定の基準作りを行うこと，さらにいろいろなレベルの問題を用意することによって新入生の多様化への対処を可能にすることを目的に演習書を作成することになりました．その第一歩は理工学で重要な科目である微分積分学の演習書の作成となりました．

　本書の構成は，まとめ，例題，類題，問題A，問題Bおよび解答からなっています．例題の理解を深めるための問題として類題を配し，ワンセットとしました．問題Aには単位取得のための標準的な問題が集められていて，すべての学生が修めるべきものでありますが，中には難しいものも含まれています．問題Bにはやや難易度の高い問題が集められています．学生諸君の勉学に役立つことを期待します．

　最後に，本書の完成にあたっては武蔵工業大学工学部教育研究センター数学部門の先生方に多くの有益な助言をいただきました．改めて御協力いただいた先生方に厚くお礼申し上げます．また，出版に際して大変お世話になりました学術図書出版社の高橋秀治氏にも心から感謝いたします．

2005年3月

著者一同

目　次

第1章　1変数関数の微分　　1
1.1　極限と連続 1
1.1.1　数列の収束 1
1.1.2　初等関数，逆関数 10
1.1.3　関数の極限と連続 15
1.2　導関数 21
1.2.1　微分可能性，導関数の定義，接線 21
1.2.2　高次導関数，ライプニッツの公式 28
1.3　平均値の定理 33
1.4　テイラーの定理 39
1.5　微分法の応用 48

第2章　1変数関数の積分　　64
2.1　面積，定積分，不定積分 64
2.2　積分の計算法 73
2.3　広義積分 95
2.4　積分の応用 103

第3章　多変数関数の偏微分　　112
3.1　多変数関数の極限と連続 112
3.2　偏導関数 119
3.3　全微分と合成関数の微分法 125
3.4　偏微分の応用 140

第4章　多変数関数の重積分　　151
4.1　重積分 151
4.2　重積分の変数変換 163
4.3　広義積分 172
4.4　重積分の応用 180

第1章

1変数関数の微分

1.1 極限と連続

1.1.1 数列の収束

数列の極限については

(I) $\lim_{n\to\infty} a_n = \alpha$, $\lim_{n\to\infty} b_n = \beta$ のとき
  (1) $\lim_{n\to\infty} (ka_n + lb_n) = k\alpha + l\beta$
  (2) $\lim_{n\to\infty} a_n b_n = \alpha\beta$
  (3) $\lim_{n\to\infty} \dfrac{1}{a_n} = \dfrac{1}{\alpha}$ （ただし $\alpha \neq 0$）
  (4) $a_n \leq b_n$ ならば $\alpha \leq \beta$
  (5) $a_n \leq c_n \leq b_n$ かつ $\alpha = \beta$ ならば $\lim_{n\to\infty} c_n = \alpha$

(II) $\lim_{n\to\infty} \dfrac{1}{n} = 0$ （アルキメデス (Archimedes) の原理）

が基本で、これよりいろいろな数列の極限を求めることができる。さらに、例題3にあるように数列の極限値として新たな数を定義することがある。その場合は以下の定理 (実数の連続性とよばれる) が必要になる。

これらの定理は、また、漸化式で定義された数列の極限を求めるのに有効である。

定理 1. 数列 $\{a_n\}$ について、次の (1) または (2) が成り立つならば、極限 $\lim_{n\to\infty} a_n$ が存在する。

(1) 定数 M があって
$$a_1 \leq a_2 \leq \cdots \leq a_n \leq \cdots \leq M$$

(2) 定数 N があって
$$a_1 \geq a_2 \geq \cdots \geq a_n \geq \cdots \geq N$$

定理 2. 2つの数列 $\{a_n\}$, $\{b_n\}$ について
$$a_1 \leq a_2 \leq \cdots \leq a_n \leq \cdots \leq b_n \leq \cdots \leq b_2 \leq b_1$$

及び
$$\lim_{n\to\infty}(b_n - a_n) = 0$$
が成り立つならば，極限 $\lim_{n\to\infty} a_n$, $\lim_{n\to\infty} b_n$ が存在して
$$\lim_{n\to\infty} a_n = \lim_{n\to\infty} b_n$$

例題 1.

α を実数とする．$a_{n+1} = a_n{}^\alpha$ をみたす数列 $\{a_n\}$ において，$a_1 > 1$ のとき $\lim_{n\to\infty} a_n$ はどうなるか．

解答 $a_{n+1} = a_n{}^\alpha = (a_{n-1}{}^\alpha)^\alpha = a_{n-1}{}^{\alpha^2} = \cdots = a_1{}^{\alpha^n}$.

$|\alpha| < 1$ のとき $\lim_{n\to\infty} \alpha^n = 0$ より $\lim_{n\to\infty} a_n = a_1{}^0 = 1$.

$\alpha = 1$ のとき $a_n = a_1$ より $\lim_{n\to\infty} a_n = a_1$.

$\alpha \leq -1$ または $\alpha > 1$ のとき $\lim_{n\to\infty} \alpha^n$ は存在しないから $\lim_{n\to\infty} a_n$ は存在しない．

例題 2.

$a_1 = 1, a_{n+1} = \dfrac{3a_n + 4}{2a_n + 3}$ で定義された数列 $\{a_n\}$ に対して次の (1), (2) を示せ．さらに極限 $\lim_{n\to\infty} a_n$ を求めよ．

(1) $a_n \leq a_{n+1}$ $\quad (n = 1, 2, 3, \cdots)$

(2) $a_n < \dfrac{3}{2}$ $\quad (n = 1, 2, 3, \cdots)$

解答

(1) $a_1 = 1, a_2 = \dfrac{7}{5}$ $\quad \therefore a_1 \leq a_2$

$n = k$ のとき成り立つとする．すなわち $a_k \leq a_{k+1}$ が成り立つとすると
$$a_{k+1} - a_{k+2} = \frac{3a_k + 4}{2a_k + 3} - \frac{3a_{k+1} + 4}{2a_{k+1} + 3}$$
$$= \frac{a_k - a_{k+1}}{(2a_k + 3)(2a_{k+1} + 3)} \leq 0 \quad \therefore a_{k+1} \leq a_{k+2}.$$

よって $a_n \leq a_{n+1}$ はすべての自然数 n に対して成り立つ．

(2) $a_1 = 1 < \dfrac{3}{2}$. $a_k < \dfrac{3}{2}$ が成り立つとすると
$$a_{k+1} = \frac{3}{2} - \frac{1}{2}\frac{1}{2a_k + 3} < \frac{3}{2}.$$

よって $a_n < \dfrac{3}{2}$ はすべての自然数 n に対して成り立つ．

(1), (2) と定理 1 より $\{a_n\}$ は収束する．$\alpha = \lim_{n\to\infty} a_n$ とおけば
$$\alpha = \frac{3\alpha + 4}{2\alpha + 3}. \quad 1 < \alpha \leq \frac{3}{2} \text{ より} \quad \alpha = \lim_{n\to\infty} a_n = \sqrt{2}.$$

> **例題 3.**
> $a_n = \left(1 + \dfrac{1}{n}\right)^n$ $(n = 1, 2, \cdots)$ で定義される数列 $\{a_n\}$ は収束する. この極限値を e と表し，ネピアの定数（自然対数の底）という.

解答 $a_1 = 2, a_2 = \dfrac{9}{4}, a_3 = \dfrac{64}{27}$ より $a_1 < a_2 < a_3$. 一般に $n = 1, 2, \cdots$ に対し

$$(1)\ a_n < a_{n+1} \qquad (2)\ a_n < 3$$

が成り立つことを示そう．すると定理 1.(1) より $\{a_n\}$ が収束することがわかる.

(1) について, 2項定理 $(a+b)^n = \displaystyle\sum_{k=0}^{n} {}_nC_k\, a^{n-k}b^k$ から

$$a_n = \sum_{k=0}^{n} {}_nC_k \left(\frac{1}{n}\right)^k = 1 + \sum_{k=1}^{n} \frac{n(n-1)\cdots(n-k+1)}{k!}\left(\frac{1}{n}\right)^k$$

$$= 1 + \sum_{k=1}^{n} \frac{1}{k!}\left(1 - \frac{1}{n}\right)\left(1 - \frac{2}{n}\right)\cdots\left(1 - \frac{k-1}{n}\right).$$

同様に

$$a_{n+1} = \sum_{k=0}^{n+1} {}_{n+1}C_k \left(\frac{1}{n+1}\right)^k$$

$$= 1 + \sum_{k=1}^{n+1} \frac{(n+1)(n+1-1)\cdots(n+1-k+1)}{k!}\left(\frac{1}{n+1}\right)^k$$

$$= 1 + \sum_{k=1}^{n+1} \frac{1}{k!}\left(1 - \frac{1}{n+1}\right)\left(1 - \frac{2}{n+1}\right)\cdots\left(1 - \frac{k-1}{n+1}\right)$$

$$= 1 + \sum_{k=1}^{n} \frac{1}{k!}\left(1 - \frac{1}{n+1}\right)\left(1 - \frac{2}{n+1}\right)\cdots\left(1 - \frac{k-1}{n+1}\right)$$

$$+ \frac{1}{(n+1)!}\left(1 - \frac{1}{n+1}\right)\left(1 - \frac{2}{n+1}\right)\cdots\left(1 - \frac{n}{n+1}\right).$$

2 つの式を比較すると $a_n < a_{n+1}$ $(n = 1, 2, \cdots)$ がわかる.

(2) については, $2^{k-1} \leq k!$ $(k = 1, 2, \cdots)$ から

$$a_n = 1 + \sum_{k=1}^{n} \frac{1}{k!}\left(1 - \frac{1}{n}\right)\left(1 - \frac{2}{n}\right)\cdots\left(1 - \frac{k-1}{n}\right)$$

$$< 1 + \sum_{k=1}^{n} \frac{1}{k!} < 1 + \sum_{k=1}^{n} \frac{1}{2^{k-1}} = 1 + 2\left(1 - \frac{1}{2^n}\right) < 3,$$

よって $a_n < 3$ $(n = 1, 2, \cdots)$.

———————————— A ————————————

1. 次の数列の一般項を書け．

(1) $1, 2, 3, 4, 5, 6, 7, 8, \cdots$

(2) $1, 4, 7, 10, 13, 16, 19, \cdots$

(3) $2, 4, 8, 16, 32, 64, 128, \cdots$

(4) $1, \dfrac{1}{2}, \dfrac{1}{3}, \dfrac{1}{4}, \dfrac{1}{5}, \cdots$

(5) $\dfrac{1}{2}, \dfrac{1}{4}, \dfrac{1}{8}, \dfrac{1}{16}, \dfrac{1}{32}, \cdots$

(6) $0.9, 0.99, 0.999, 0.9999, 0.99999, \cdots$

(7) $\dfrac{4}{3}, \dfrac{7}{6}, \dfrac{10}{9}, \dfrac{13}{12}, \cdots$

(8) $1, -\dfrac{1}{3}, \dfrac{1}{9}, -\dfrac{1}{27}, \dfrac{1}{81}, \cdots$

(9) $\dfrac{1}{5}, \dfrac{1}{25}, \dfrac{1}{125}, \dfrac{1}{625}, \cdots$

2. 次の数列 $\{a_n\}$ は収束するか発散するか．収束するものについては，その極限を求めよ．

(1) $a_n = 2^n$
(2) $a_n = (-2)^n$
(3) $a_n = -2^{-n}$
(4) $a_n = (-2)^{-n}$
(5) $a_n = 1 + \dfrac{1}{3^n}$
(6) $a_n = 1 + (-1)^n$
(7) $a_n = \dfrac{\sqrt{n}}{10n}$
(8) $a_n = \dfrac{n^2 + 3n + 1}{n + 3}$
(9) $a_n = \sqrt{n+1} - \sqrt{n}$
(10) $a_n = \dfrac{(-1)^n}{n^2}$
(11) $a_n = \dfrac{3n^2 - 4n + 5}{n^2 + 1}$
(12) $a_n = \dfrac{3^{n+1} + 2^{n+1}}{3^n + (-2)^n}$
(13) $a_n = \dfrac{2n^2 - 1}{n^3 + 1}$
(14) $a_n = \dfrac{1 + 2 + \cdots + n}{n\sqrt{9n^2 + 1}}$

3. 次の問に答えよ．

(1) 1日目には1円もらう．2日目には2円もらう．3日目には2日目の2倍の4円もらう．このように，毎日，前日の2倍の金額を30日間もらい続けたとき，30日間でもらった合計金額はいくらになるか．

(2) 実は，上の合計金額は毎日100万円を30日間もらうより遥かに高い．しかし，数日間は明らかに毎日100万円もらった方が良い．何日目に合計金額が逆転するか．

4. $a_1 = 1, a_{n+1} = \sqrt{a_n + 1}$ で定義された数列 $\{a_n\}$ に対し，次の (1), (2) を示せ．さらに極限 $\displaystyle\lim_{n\to\infty} a_n$ を求めよ．

(1) $a_n \leq a_{n+1} \quad (n = 1, 2, 3, \cdots)$

(2) $a_n < 2 \quad (n = 1, 2, 3, \cdots)$

5. 数列 $\{a_n\}, \{b_n\}$ を
$$a_0 = a > 0, \quad b_0 = b > 0$$
$$a_{n+1} = \dfrac{a_n + b_n}{2}, \quad b_{n+1} = \sqrt{a_n b_n} \ (n \geq 0)$$
により定める．

(1) $\{a_n\}$ は単調減少，$\{b_n\}$ は単調増加であることを示せ．また $\displaystyle\lim_{n\to\infty}(a_n - b_n) = 0$ を示せ．

(2) $a = 1, b = \sqrt{2}$ のとき $\displaystyle\lim_{n\to\infty} a_n = \lim_{n\to\infty} b_n \ (= \alpha)$ を小数第8位まで求めよ．

———————————————— B ————————————————

1. $a, b > 0$ する.
$$a_1 = a+b, \quad a_{n+1} = a+b - \frac{ab}{a_n} \quad (n \geq 1)$$
で定まる数列 $\{a_n\}$ の極限を求めよ.

2. $n \geq 2$, $a_1, a_2, \cdots, a_n > 0$ についての相加相乗平均の関係
$$\frac{a_1 + a_2 + \cdots + a_n}{n} \geq \sqrt[n]{a_1 a_2 \cdots a_n}$$
を次の手順で証明せよ. また, 等号成立は $a_1 = \cdots = a_n$ のときに限ることを示せ.

(1) $n = 2$ の場合

(2) $n = 2^k$ $(k \geq 1)$ の場合

(3) 一般の n の場合

3. (1) $a_n = \left(1 + \frac{1}{n}\right)^n$, $b_n = \left(1 + \frac{1}{n}\right)^{n+1}$ とおくと $\{a_n\}$ は単調増加, $\{b_n\}$ は単調減少であることを示せ. また $\lim_{n \to \infty} (b_n - a_n) = 0$ を示せ.

(2) $\frac{1}{n+1} < \log\left(1 + \frac{1}{n}\right) < \frac{1}{n}$ $(n = 1, 2, \cdots)$ を示せ.

(3) $a_n = 1 + \frac{1}{2} + \cdots + \frac{1}{n} - \log n$, $b_n = 1 + \frac{1}{2} + \cdots + \frac{1}{n} - \log(n+1)$ とおくと, $\{a_n\}$ は単調減少, $\{b_n\}$ は単調増加であることを示せ. また $\lim_{n \to \infty} (a_n - b_n) = 0$ を示せ.

(4) $\lim_{n \to \infty} \frac{1}{n} \sum_{k=1}^{2^n} \frac{1}{k}$ を求めよ.

4. 自然数 n に対して, $\sqrt{n}$ の小数部分 $a_n = \sqrt{n} - [\sqrt{n}]$ は区間 $[0, 1]$ において稠密に分布することを示せ (ただし $[x]$ は x の整数部分を表す. 記号 $[\ ]$ をガウス (Gauss) 記号という).

A の解答

1. (1) n : 自然数の列 (2) $3n - 2$: 等差数列 (3) 2^n : 等比数列

(4) $\frac{1}{n}$: 調和数列 (5) $\frac{1}{2^n}$: 等比数列 (6) $1 - \frac{1}{10^n}$

(7) $1 + \frac{1}{3n}$ (8) $\frac{1}{(-3)^{n-1}}$: 等比数列 (9) $\frac{1}{5^n}$: 等比数列

2. (1) 発散 (2) 発散 (3) 収束, 0 (4) 収束, 0 (5) 収束, 1

(6) 発散 (7) 収束, 0 (8) 発散 (9) 収束, 0 (10) 収束, 0

(11) 収束, 3 (12) 収束, 3 $\left(a_n = \dfrac{3 + 2\left(\frac{2}{3}\right)^n}{1 + \left(-\frac{2}{3}\right)^n}\right)$

(13) 収束, 0　　(14) 収束, $\dfrac{1}{6}$

3. (1) 等比数列. 2 円の 30 乗 -1 円 $= 10$ 億 7374 万 1823 円　(2) 計算機を用いてもよい. 25 日目.

4. (1) $a_1 = 1, a_2 = \sqrt{2}$ より $a_1 \leq a_2$.

$n = k$ のとき (1) が成り立つ, すなわち $a_k \leq a_{k+1}$ が成り立つと仮定すれば

$$a_{k+1} - a_{k+2} = \sqrt{a_k + 1} - \sqrt{a_{k+1} + 1} \leq \sqrt{a_{k+1} + 1} - \sqrt{a_{k+1} + 1} = 0$$

$$\therefore a_{k+1} \leq a_{k+2}$$

よって $a_n \leq a_{n+1}$ はすべての自然数 n に対して成り立つ.

(2) $a_1 = 1 < 2$. $n = k$ のとき, すなわち $a_k < 2$ が成り立つと仮定すれば $a_{k+1} = \sqrt{a_k + 1} < \sqrt{2 + 1} < 2$. よって $a_n < 2$ はすべての自然数 n に対して成り立つ.

(1), (2) より $\{a_n\}$ は収束する. $\alpha = \lim\limits_{n \to \infty} a_n$ とおけば $\alpha^2 = \alpha + 1$.

$1 < \alpha \leq 2$ に注意して α を求めると $\alpha = \lim\limits_{n \to \infty} a_n = \dfrac{1 + \sqrt{5}}{2}$.

5. (1) 相加相乗平均より $a_n \geq b_n$ $(n \geq 1)$ にまず注意すると

$$a_{n+1} - a_n = \dfrac{b_n - a_n}{2} \leq 0, \qquad b_n - b_{n+1} = \sqrt{b_n}\left(\sqrt{b_n} - \sqrt{a_n}\right) \leq 0.$$

また

$$0 \leq a_{n+1} - b_{n+1} = \dfrac{1}{2}\left(\sqrt{a_n} - \sqrt{b_n}\right)^2$$
$$< \dfrac{1}{2}\left(\sqrt{a_n} - \sqrt{b_n}\right)\left(\sqrt{a_n} + \sqrt{b_n}\right) = \dfrac{1}{2}(a_n - b_n)$$

より, 帰納法で

$$0 \leq a_n - b_n < \left(\dfrac{1}{2}\right)^n |a - b| \qquad (n \geq 1)$$

がえられる.

(2)

$$a_1 = 1.207106781 \qquad b_1 = 1.1892077115$$
$$a_2 = 1.198156949 \qquad b_2 = 1.198123521$$
$$a_3 = 1.198140235 \qquad b_3 = 1.198140234$$

より $\alpha = 1.19814023$

B の解答

1. $a \neq b$ のときは

$$a_1 = a + b = \dfrac{a^2 - b^2}{a - b}, \quad a_2 = \dfrac{a^2 + ab + b^2}{a + b} = \dfrac{a^3 - b^3}{a^2 - b^2}$$

であり，$a_n = \dfrac{a^{n+1}-b^{n+1}}{a^n-b^n}$ を仮定すると

$$a_{n+1} = a+b - \frac{a^n-b^n}{a^{n+1}-b^{n+1}}ab = \frac{a^{n+2}-b^{n+2}}{a^{n+1}-b^{n+1}}.$$

従って

$$a>b \text{ のとき } \lim_{n\to\infty} a_n = \lim_{n\to\infty} \frac{a - b\left(\dfrac{b}{a}\right)^n}{1-\left(\dfrac{b}{a}\right)^n} = a$$

$$a<b \text{ のとき } \lim_{n\to\infty} a_n = \lim_{n\to\infty} \frac{b - a\left(\dfrac{a}{b}\right)^n}{1-\left(\dfrac{a}{b}\right)^n} = b$$

また $a=b$ のときは $a_n = \dfrac{n+1}{n}a$ だから $\lim_{n\to\infty} a_n = a$.

以上から $\lim_{n\to\infty} a_n = \max\{a,b\}$

2. (1) $\dfrac{a_1+a_2}{2} - \sqrt{a_1 a_2} = \dfrac{(\sqrt{a_1})^2 + (\sqrt{a_2})^2 - 2\sqrt{a_1}\sqrt{a_2}}{2} = \dfrac{(\sqrt{a_1}-\sqrt{a_2})^2}{2} \geq 0$.
等号成立は $a_1 = a_2$ のときのみ．

(2) 帰納法により $n = 2^{k-1}$ まで証明されたとする．このとき

$$\frac{a_1+\cdots+a_n+a_{n+1}+\cdots+a_{2n}}{2n} = \frac{\dfrac{a_1+\cdots+a_n}{n} + \dfrac{a_{n+1}+\cdots+a_{2n}}{n}}{2}$$

$$\geq \frac{\sqrt[n]{a_1\cdots a_n} + \sqrt[n]{a_{n+1}\cdots a_{2n}}}{2}$$

$$\geq \sqrt{\sqrt[n]{a_1\cdots a_n}\sqrt[n]{a_{n+1}\cdots a_{2n}}}$$

$$= \sqrt{\sqrt[n]{a_1\cdots a_n a_{n+1}\cdots a_{2n}}}$$

$$= \sqrt[2n]{a_1\cdots a_n a_{n+1}\cdots a_{2n}}$$

となるので，$n = 2^k$ のときにも証明される．等号成立条件についても，$a_1 = \cdots = a_n$, $a_{n+1} = \cdots = a_{2n}$ かつ $a_1\cdots a_n = a_{n+1}\cdots a_{2n}$ のとき，すなわち，$a_1 = \cdots = a_{2n}$ のときに限ることになる．

(3) $2^{k-1} < n < 2^k$ である n については，$A = \dfrac{a_1+\cdots+a_n}{n}$ とおき，$a_{n+1} = a_{n+2} = \cdots = a_m = A$ とおく．ここで，$m = 2^k$.

すると

$$\frac{a_1+\cdots+a_n+a_{n+1}+\cdots+a_m}{m} = \frac{n\cdot\dfrac{a_1+\cdots+a_n}{n} + A+\cdots+A}{m}$$

$$= \frac{nA + (m-n)A}{m} = A,$$

$$\sqrt[m]{a_1\cdots a_n a_{n+1}\cdots a_m} = \sqrt[m]{a_1\cdots a_n A\cdots A} = \sqrt[m]{a_1\cdots a_n A^{m-n}}$$

となり，$m = 2^k$ についての相加相乗平均の関係より
$$\frac{a_1 + \cdots + a_n + a_{n+1} + \cdots + a_m}{m} \geq \sqrt[m]{a_1 \cdots a_n a_{n+1} \cdots a_m}.$$
よって
$$A \geq \sqrt[m]{a_1 \cdots a_n A^{m-n}}$$
$$A^m \geq a_1 \cdots a_n A^{m-n}$$
$$A^n \geq a_1 \cdots a_n$$
$$A \geq \sqrt[n]{a_1 \cdots a_n}$$

等号成立は $a_1 = \cdots = a_n = A$，すなわち，$a_1 = \cdots = a_n$ のときに限る．

3. (1) $a_n > a_{n-1}$ すなわち $\left(1 + \dfrac{1}{n}\right)^n > \left(1 + \dfrac{1}{n-1}\right)^{n-1}$ を示すには
$1 + \dfrac{1}{n} > \left(1 + \dfrac{1}{n-1}\right)^{\frac{n-1}{n}}$, すなわち $\dfrac{n+1}{n} > \left(\dfrac{n}{n-1}\right)^{\frac{n-1}{n}}$ を示せばよい．これは，相加相乗平均の関係より
$$\left(\frac{n}{n-1}\right)^{\frac{n-1}{n}} = \sqrt[n]{1 \cdot \left(\frac{n}{n-1}\right)^{n-1}} \leq \frac{1 + (n-1) \cdot \frac{n}{n-1}}{n} = \frac{n+1}{n}$$
のように示される．

同様に，$b_n < b_{n-1}$ を示すのも $\dfrac{n+1}{n} < \left(\dfrac{n}{n-1}\right)^{\frac{n}{n+1}}$ を示せばよいので，両辺の逆数をとって $\dfrac{n}{n+1} > \left(\dfrac{n-1}{n}\right)^{\frac{n}{n+1}}$ を示す．これも
$$\left(\frac{n-1}{n}\right)^{\frac{n}{n+1}} = \sqrt[n+1]{1 \cdot \left(\frac{n-1}{n}\right)^n} \leq \frac{1 + n \cdot \frac{n-1}{n}}{n+1} = \frac{n}{n+1}$$
のように示される．

$a_n < b_n < b_1 = 4 \; (n \geq 2)$ だから，$0 < b_n - a_n = \dfrac{a_n}{n} < \dfrac{4}{n} \to 0 \; (n \to \infty)$. 従って $\{a_n\}$, $\{b_n\}$ は共通の極限をもつが，それは自然対数の底 e にほかならない．

(2) $\left(1 + \dfrac{1}{n}\right)^n < e < \left(1 + \dfrac{1}{n}\right)^{n+1}$ の自然対数をとると $n \log\left(1 + \dfrac{1}{n}\right) < 1 < (n+1) \log\left(1 + \dfrac{1}{n}\right)$.

(3)
$$a_n - a_{n+1} = \log(n+1) - \log n - \frac{1}{n+1}$$
$$= \log\left(1 + \frac{1}{n}\right) - \frac{1}{n+1} > 0 \quad (n \geq 1)$$

$$b_n - b_{n-1} = \frac{1}{n} - \log\left(1 + \frac{1}{n}\right) > 0 \qquad (n \geq 2)$$

より $\{a_n\}$ は単調減少, $\{b_n\}$ は単調増加である. また, $0 < a_n - b_n = \log\left(1 + \frac{1}{n}\right) \to 0 \ (n \to \infty)$ である. $\{a_n\}, \{b_n\}$ 共通の極限値 C をオイラー (Euler) の数という.

(4) $1 = a_1 > a_n > b_n > b_1 = 1 - \log 2$ であるから

$$1 - \log 2 + \log n < \sum_{k=1}^{n} \frac{1}{k} < \log n + 1.$$

n を 2^n におきかえて

$$\frac{1 - \log 2}{n} + \log 2 < \frac{1}{n}\sum_{k=1}^{2^n} \frac{1}{k} < \log 2 + \frac{1}{n}.$$

従って

$$\lim_{n \to \infty} \frac{1}{n} \sum_{k=1}^{2^n} \frac{1}{k} = \log 2.$$

4. 任意の有理数 $r \ (0 < r < 1)$ に対し $\{a_n\}$ の部分列が r に収束することを示せばよい. $r = \dfrac{a}{p}$ (既約分数) とおくと, $n = m^2 + 2mr$ は $m = pk \ (k = 1, 2, \cdots)$ のとき自然数となり, $m^2 < n < (m+1)^2$ により $\left[\sqrt{n}\right] = m$ となるから $a_n = \sqrt{m^2 + 2mr} - m = \dfrac{2r}{\sqrt{1 + \frac{2r}{m}} + 1} \to r \ (m \to \infty)$.

1.1.2 初等関数，逆関数

以下，特にことわらない限り，関数は一価で実数値のものを考える．整式で表される関数，有理関数，無理関数，指数関数，三角関数等は最も基本的な関数で，初等関数と呼ばれる．関数 $y = f(x)$ を x について解いて（解けるためには条件が必要である）$x = g(y)$ となったとき，$y = g(x)$ を $y = f(x)$ の逆関数といい，$f^{-1}(x)$ で表す．例えば，$f(x) = x^2 \, (x \geq 0)$ の逆関数は $g(x) = \sqrt{x}$, $f(x) = e^x$ の逆関数は $g(x) = \log x$ である．三角関数の逆関数を逆三角関数という．$f(x) = \sin x \left(-\frac{\pi}{2} \leq x \leq \frac{\pi}{2}\right)$ のとき $f^{-1}(x) = \sin^{-1} x$，または $\arcsin x$ とかく（アークサインとよむ）．同様に $f(x) = \cos x \, (0 \leq x \leq \pi)$ のとき $f^{-1}(x) = \cos^{-1} x$，または $\arccos x$ とかく（アークコサイン）．$f(x) = \tan x \left(-\frac{\pi}{2} < x < \frac{\pi}{2}\right)$ のとき $f^{-1}(x) = \tan^{-1} x$，または $\arctan x$ とかく（アークタンジェント）．また，次の関数を双曲線関数という：$\cosh x = \dfrac{e^x + e^{-x}}{2}$（ハイパボリックコサイン），$\sinh x = \dfrac{e^x - e^{-x}}{2}$（ハイパボリックサイン），$\tanh x = \dfrac{\sinh x}{\cosh x}$（ハイパボリックタンジェント）

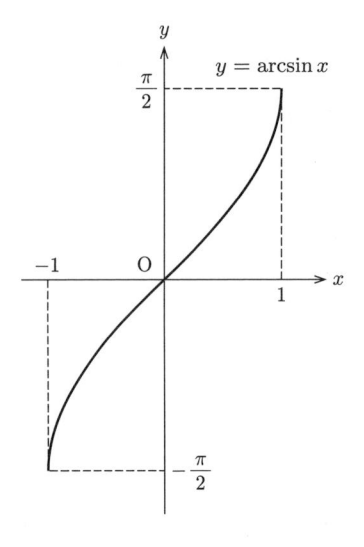

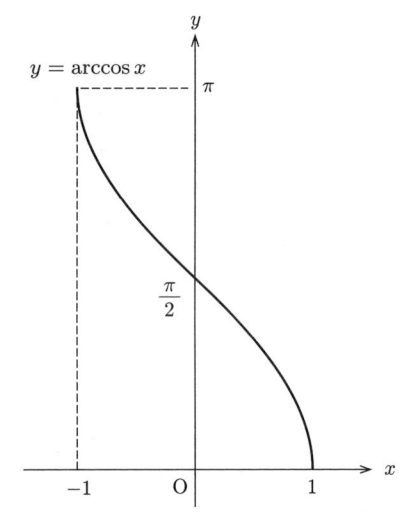

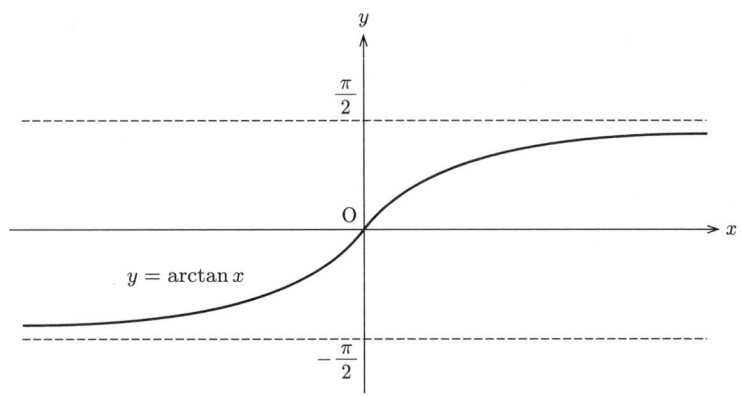

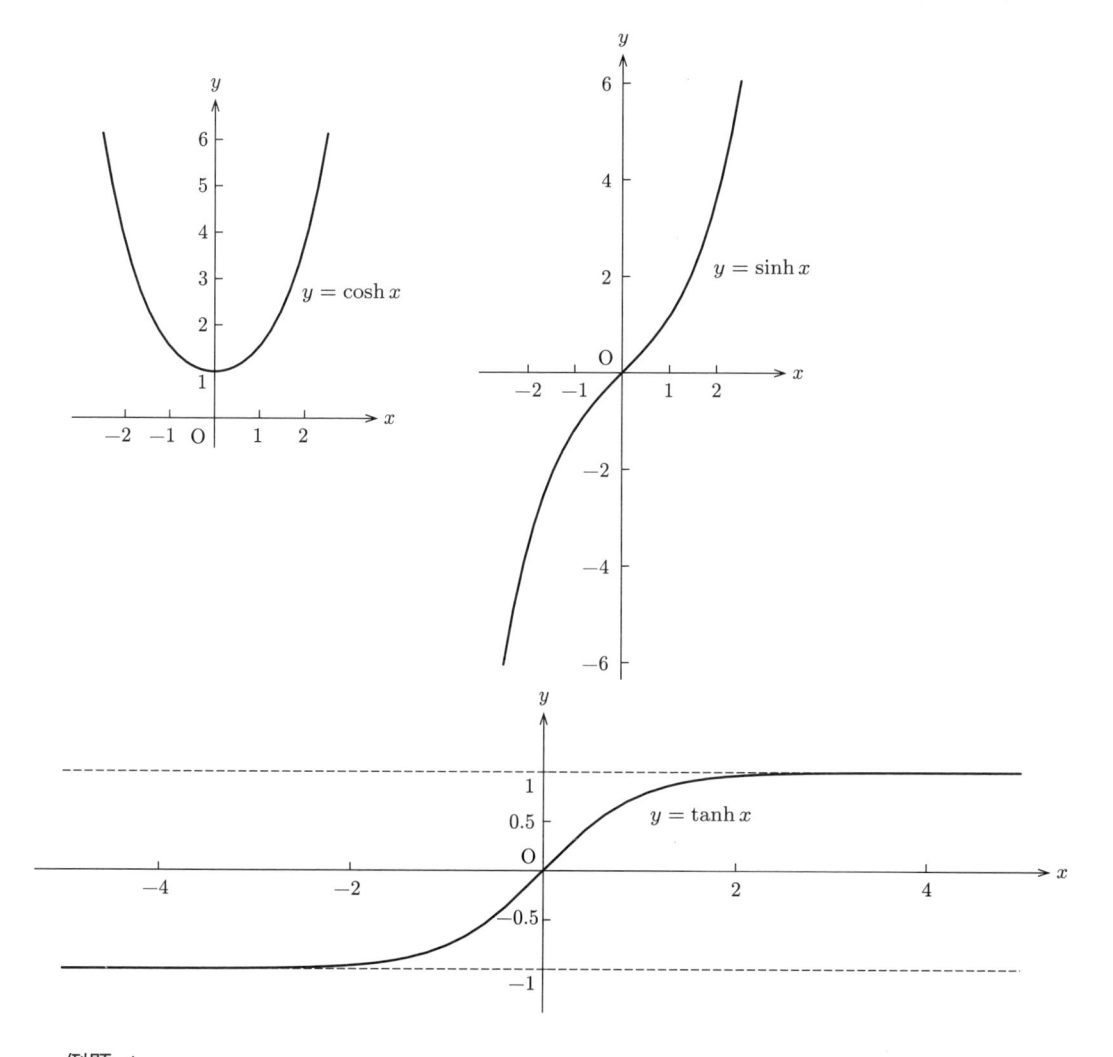

─ 例題 4. ─────────────────────────────────────

1 次関数，2 次関数，指数関数，対数関数，三角関数のうちから，次の条件に適する関数 $f(x)$ の具体例を 1 つあげよ．

(1) $f(x+1) = f(x)$ (2) $f(x+1) = f(x) + 2$

(3) $f(x+1) = 3f(x)$ (4) $f(x) = f(-x)$

(5) $f(x) = -f(-x)$ (6) $f(xy) = f(x) + f(y)$

───

解答 (1) x が 1 増加しても値が不変な関数．例：$\sin 2\pi x, \cos 2\pi x$ (2) x が 1 増加すると値が 2 増加する関数．例：$2x$ (3) x が 1 増加すると値が 3 倍になる関数．この関数の増加は早い．例：3^x (4) 偶関数．例：$x^2, \cos x$ (5) 奇関数．例：$x, \sin x$ (6)（標語的に）積が和になるもの．例：$\log x$ ($\log xy = \log x + \log y$). これに対して，（標語的に）和が積になるもの ($f(x+y) = f(x)f(y)$) は指数関数である ($e^{x+y} = e^x e^y$).

例題 5.

次の命題の中で「真」であるものの番号を全て挙げよ．

(1) 対数関数は奇関数である．　　(2) 指数関数は偶関数である．
(3) 三角関数は奇関数か偶関数である．
(4) 奇関数と奇関数の和は奇関数である．
(5) 1 次関数は偶関数である．
(6) 偶関数と偶関数の積は偶関数である．
(7) 偶関数と奇関数の積は偶関数である．

解答　(3), (4), (6)

例題 6.

$\arcsin \dfrac{1}{2}$ の値を求めよ．

解答

$x = \arcsin \dfrac{1}{2}$ とおくと $\sin x = \dfrac{1}{2}$, $-\dfrac{\pi}{2} \leq x \leq \dfrac{\pi}{2}$. よって $x = \dfrac{\pi}{6}$.

────── **A** ──────

6. 次の値を求めよ．

(1) $\arcsin\left(-\dfrac{\sqrt{3}}{2}\right)$　(2) $\arccos\left(-\dfrac{1}{2}\right)$　(3) $\arccos 0$　(4) $\arctan\left(-\sqrt{3}\right)$

7. 次の値を求めよ．

(1) $\arcsin\left(\sin \dfrac{4}{5}\pi\right)$　(2) $\arccos\left(\cos \dfrac{6}{5}\pi\right)$

(3) $\sin\left(\arccos \dfrac{2}{3}\right)$　(4) $\cos\left(\arcsin \dfrac{3}{5}\right)$

(5) $\sin\left(\arctan \dfrac{1}{3}\right)$　(6) $\tan\left(\arcsin\left(-\dfrac{1}{\sqrt{5}}\right)\right)$

8. $\arccos x + \arcsin x = \dfrac{\pi}{2}$ を示せ．

9. 双曲線関数 $\cosh x = \dfrac{e^x + e^{-x}}{2}, \sinh x = \dfrac{e^x - e^{-x}}{2}, \tanh x = \dfrac{\sinh x}{\cosh x}$ について，次の恒等式がそれぞれ成立することを示せ．

(1) $\cosh^2 x - \sinh^2 x = 1$

(2) $\sinh(x+y) = \sinh x \cosh y + \cosh x \sinh y$

(3) $\cosh(x+y) = \cosh x \cosh y + \sinh x \sinh y$

(4) $\tanh(x+y) = \dfrac{\tanh x + \tanh y}{1 + \tanh x \tanh y}$

─────────────── B ───────────────

5. 次の関数のグラフをかけ．

(1) $y = f(x) = \arcsin(\sin x)$ (2) $y = g(x) = \arctan(\tan x)$

6. $y = \sinh x,\ y = \cosh x\ (定義域\ [0, \infty)),\ y = \tanh x$ とするとき，これらの逆関数 $\sinh^{-1} x, \cosh^{-1} x, \tanh^{-1} x$ を対数関数，無理関数を用いて表せ．また，その定義域を述べよ．

A の解答

6. (1) $-\dfrac{\pi}{3}$ (2) $\dfrac{2}{3}\pi$ (3) $\dfrac{\pi}{2}$ (4) $-\dfrac{\pi}{3}$

7.

(1) $\arcsin\left(\sin\dfrac{4}{5}\pi\right) = x$ とおけば $\sin x = \sin\dfrac{4}{5}\pi$ $\left(-\dfrac{\pi}{2} \leq x \leq \dfrac{\pi}{2}\right)$

$\therefore \arcsin\left(\sin\dfrac{4}{5}\pi\right) = x = \dfrac{\pi}{5}$

(2) $\arccos\left(\cos\dfrac{6}{5}\pi\right) = x$ とおけば $\cos x = \cos\dfrac{6}{5}\pi$ $(0 \leq x \leq \pi)$

$\therefore \arccos\left(\cos\dfrac{6}{5}\pi\right) = x = \dfrac{4}{5}\pi$

(3) $\alpha = \arccos\dfrac{2}{3}$ とおけば $\cos\alpha = \dfrac{2}{3}$ $(0 \leq \alpha \leq \pi)$

$\therefore \sin\alpha = \pm\sqrt{1 - \cos^2\alpha} = \pm\dfrac{\sqrt{5}}{3}$.

$0 \leq \alpha \leq \pi$ だから $\sin\alpha = \dfrac{\sqrt{5}}{3}$.

$\therefore \sin\left(\arccos\dfrac{2}{3}\right) = \dfrac{\sqrt{5}}{3}$

(4) $\alpha = \arcsin\dfrac{3}{5}$ とおけば $\sin\alpha = \dfrac{3}{5}$ $\left(-\dfrac{\pi}{2} \leq \alpha \leq \dfrac{\pi}{2}\right)$

$\therefore \cos\alpha = \pm\sqrt{1 - \sin^2\alpha} = \pm\dfrac{4}{5}$.

$-\dfrac{\pi}{2} \leq \alpha \leq \dfrac{\pi}{2}$ だから $\cos\alpha = \dfrac{4}{5}$.

$\therefore \cos\left(\arcsin\dfrac{3}{5}\right) = \dfrac{4}{5}$.

(5) $\alpha = \arctan\dfrac{1}{3}$ とおけば $\tan\alpha = \dfrac{1}{3}$ $\left(0 < \alpha < \dfrac{\pi}{2}\right)$

$\therefore \cos\alpha = \dfrac{1}{\sqrt{1 + \tan^2\alpha}} = \dfrac{3}{\sqrt{10}}$.

$\therefore \sin\left(\arctan\dfrac{1}{3}\right) = \tan\alpha\cos\alpha = \dfrac{1}{3}\dfrac{3}{\sqrt{10}} = \dfrac{1}{\sqrt{10}}$

(6) $\alpha = \arcsin\left(-\dfrac{1}{\sqrt{5}}\right)$ とおけば $\sin\alpha = -\dfrac{1}{\sqrt{5}}$ $\left(-\dfrac{\pi}{2} < \alpha < 0\right)$

$$\therefore \cos\alpha = \sqrt{1-\sin^2\alpha} = \frac{2}{\sqrt{5}}$$

$$\therefore \tan\left(\arcsin\left(-\frac{1}{\sqrt{5}}\right)\right) = \frac{\sin\alpha}{\cos\alpha} = -\frac{1}{2}$$

8. $\theta = \arccos x$ とすると $x = \cos\theta$ $(0 \leq \theta \leq \pi)$

このとき $-\dfrac{\pi}{2} \leq \dfrac{\pi}{2} - \theta \leq \dfrac{\pi}{2}$ であって

$\sin\left(\dfrac{\pi}{2} - \theta\right) = \sin\dfrac{\pi}{2}\cos\theta - \cos\dfrac{\pi}{2}\sin\theta = \cos\theta = x$ なので

$\dfrac{\pi}{2} - \theta = \arcsin x$ と表せる.

よって $\dfrac{\pi}{2} - \arccos x = \arcsin x$ すなわち $\arccos x + \arcsin x = \dfrac{\pi}{2}$.

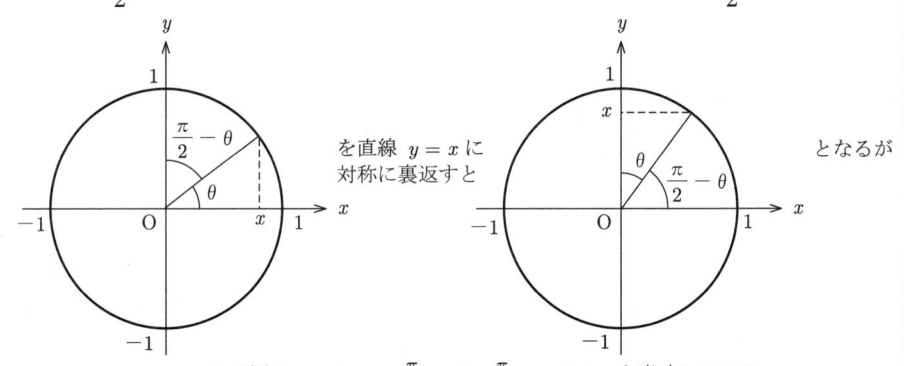

この図は $\arcsin x = \dfrac{\pi}{2} - \theta = \dfrac{\pi}{2} - \arccos x$ を意味している.

9. (1) 左辺を計算する. (2), (3), (4) 右辺を計算する.

B の解答

5.

(1) $0 \leq x \leq \dfrac{\pi}{2}$ のとき $f(x) = x$, $\dfrac{\pi}{2} \leq x \leq \pi$ のとき $f(x) = f(\pi-x) = \pi-x$.

さらに $f(x)$ は周期 2π の周期関数でかつ奇関数であることに注意すれば

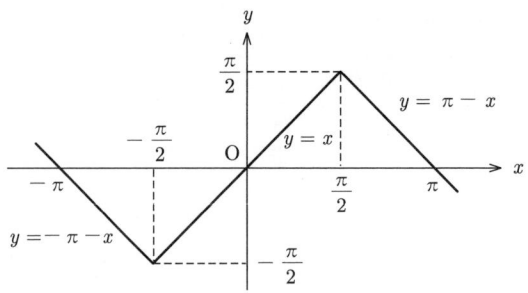

(2) $g(x)$ は周期 π の周期関数で, $-\dfrac{\pi}{2} < x < \dfrac{\pi}{2}$ のとき $g(x) = x$ であるから

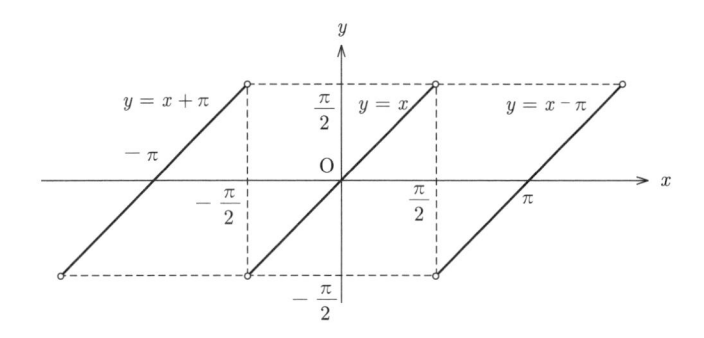

6.

$$x = \sinh y = \frac{e^y - e^{-y}}{2} = \frac{e^{2y} - 1}{2e^y}$$

$e^{2y} - 2xe^y - 1 = 0, e^y > 0$ より $e^y = x + \sqrt{x^2 + 1}$. よって
$y = \sinh^{-1} x = \log(x + \sqrt{x^2 + 1})$. 定義域は $(-\infty, \infty)$.

$$x = \cosh y = \frac{e^{2y} + 1}{2e^y}, \ e^{2y} - 2xe^y + 1 = 0 \text{ より}$$

$e^y = x \pm \sqrt{x^2 - 1}, x - \sqrt{x^2 - 1} \leq 1 \leq x + \sqrt{x^2 - 1}$.

$y \geq 0$ より, $y = \cosh^{-1} x = \log(x + \sqrt{x^2 - 1})$.

また $x \geq 1$ より, 定義域は $[1, \infty)$.

$$x = \tanh y = \frac{e^{2y} - 1}{e^{2y} + 1} \text{ より } (1-x)e^{2y} = 1+x, e^{2y} = \frac{1+x}{1-x} > 0.$$

よって $-1 < x < 1, y = \tanh^{-1} x = \frac{1}{2} \log \frac{1+x}{1-x}$. 定義域は $(-1, 1)$.

1.1.3 関数の極限と連続

　関数の極限（連続変数に関する極限）は原理的には数列の極限に帰着され，数列の極限と同じ仕方で求まる場合も多いが，この場合は左，右の極限 $\lim_{x \to a \pm 0} f(x)$ を考える必要がでてくる．特に重要な例として

$$\lim_{x \to \pm\infty} \left(1 + \frac{1}{x}\right)^x = \lim_{x \to 0}(1+x)^{\frac{1}{x}} = e, \quad \lim_{x \to 0} \frac{\log(1+x)}{x} = 1,$$

$$\lim_{x \to 0} \frac{e^x - 1}{x} = 1, \quad \lim_{x \to 0} \frac{\sin x}{x} = 1$$

はあとで微分法に利用される．逆に微分法を利用して関数の極限が求まる（ド・ロピタルの定理，テイラーの定理など）．極限の概念が定まれば，連続性は $\lim_{x \to a} f(x) = f(a)$ と表現される．連続関数の範囲は広いが，一般的性質として

　(1) **中間値の定理**——$f(a) = \alpha, f(b) = \beta$ のとき α と β の間の値 γ に対し $f(c) = \gamma$（ある c に対し）となる——この定理は方程式の解の存在を示すのに使われるが，例えば "$|f(x)| = $ 定数（ある区間で）なら $f(x) = $ 定数" の証明に利用される．

(2) **最大値最小値の定理**——閉区間上の連続関数は必ず最大値と最小値をとる——さしあたり，ロールの定理（§1.3）の証明に必要になるほか，2変数以上の関数の最大値，最小値を求めるのにこの定理（の多次元への拡張）が不可欠である．

例題 7.

次の極限値を求めよ．
(1) $\lim_{x \to 3}(x^3 + 2x - 4)$ (2) $\lim_{x \to 0}\dfrac{\sqrt{4+x}-2}{x}$ (3) $\lim_{x \to \infty}\dfrac{x+1}{\sqrt{x}+3}$

解答 (1) 29

(2) $$\lim_{x \to 0}\frac{\sqrt{4+x}-2}{x} = \lim_{x \to 0}\frac{(\sqrt{4+x}-2)(\sqrt{4+x}+2)}{x(\sqrt{4+x}+2)}$$
$$= \lim_{x \to 0}\frac{1}{\sqrt{4+x}+2} = \frac{1}{4}$$

(3) $\lim_{x \to \infty}\dfrac{x+1}{\sqrt{x}+3} = \lim_{x \to \infty}\dfrac{\sqrt{x}+\frac{1}{\sqrt{x}}}{1+\frac{3}{\sqrt{x}}} = \infty.$

∞ は「値」ではない（「非常に大きい数」ではない!）ので，極限値は ∞ であるとは言わない．が，数式では便宜上 $\lim_{x \to a} f(x) = \infty$ と表現する．「$x \to a$ のとき，$f(x)$ は正の無限大に発散する」という意味である．

例題 8.

次を示せ．
(1) $\lim_{x \to 0}\dfrac{\sin 2x}{x} = 2$ (2) $\lim_{x \to 0}\dfrac{1-\cos x}{x} = 0$

解答 (1) $$\lim_{x \to 0}\frac{\sin 2x}{x} = \lim_{x \to 0} 2 \cdot \frac{\sin 2x}{2x} = 2 \cdot 1 = 2.$$

(2) $$\lim_{x \to 0}\frac{1-\cos x}{x} = \lim_{x \to 0}\frac{(1-\cos x)(1+\cos x)}{x(1+\cos x)}$$
$$= \lim_{x \to 0}\frac{\sin x}{x} \cdot \frac{\sin x}{1+\cos x} = 0.$$

例題 9.

次の関数は $x = 0$ で不連続な関数である．これについて以下の問に答えよ．
$$f(x) = \begin{cases} x & (x > 0) \\ \dfrac{1}{2} & (x = 0) \\ x+1 & (x < 0) \end{cases}$$

(1) 上の関数は $x = 0$ で不連続であることを図を描いて納得せよ．
(2) $x = 0$ で不連続である理由を述べよ．

解答

(1) 略

(2) $\lim_{x \to +0} f(x) = 0, \lim_{x \to -0} f(x) = 1$ であるので $\lim_{x \to 0} f(x)$ が存在しない.

例題 10.

$x^5 - 3x^4 + 1 = 0$ は $(-1, 0), (0, 1), (1, 3)$ の各区間に解をもつことを示せ.

解答 $f(x) = x^5 - 3x^4 + 1$ とおくと, $f(x)$ は全区間で連続である. $f(-1) = -3$, $f(0) = 1$ より中間値の定理を適用すると $f(c_1) = 0$ となる $c_1 (-1 < c_1 < 0)$ が存在する. 同様に
$f(0) = 1, f(1) = -1$ より $f(c_2) = 0$ となる $c_2 (0 < c_2 < 1)$ が存在する.
$f(1) = -1, f(3) = 1$ より $f(c_3) = 0$ となる $c_3 (1 < c_3 < 3)$ が存在する.

---────── A ──────

10. 次の極限値を求めよ.

(1) $\lim_{x \to 2} \dfrac{x-2}{x^2 - 3x + 2}$ (2) $\lim_{x \to 0} \dfrac{x}{\sqrt{3x+1} - 1}$ (3) $\lim_{x \to 1} \dfrac{\sqrt[3]{x} - 1}{\sqrt{x} - 1}$

(4) $\lim_{x \to 1} \dfrac{x^2 + 3x - 4}{x^2 - 1}$ (5) $\lim_{x \to \infty} \sqrt{x}(\sqrt{x} - \sqrt{x-1})$ (6) $\lim_{x \to \infty} \dfrac{\sqrt{x^2 - 2x}}{x}$

(7) $\lim_{x \to +0} \dfrac{\sin x}{\sqrt{x}}$ (8) $\lim_{x \to 0} \dfrac{x}{\tan x}$

11. 次の極限値を求めよ.

(1) $\lim_{x \to 0} \dfrac{\arctan x}{x}$ (2) $\lim_{x \to \infty} \cos(\arctan x)$ (3) $\lim_{x \to \frac{\pi}{2}} \arctan(\sin x)$

12. 次の極限値を求めよ.

(1) $\lim_{x \to \infty} \left(1 - \dfrac{5}{x}\right)^x$ (2) $\lim_{x \to 0} (1 + 2x)^{\frac{1}{x}}$

13. 次の関数はどちらも $x = 0$ で不連続な関数である. その理由を述べよ.

(1) $f(x) = \begin{cases} \sin x & (x > 0) \\ 1 & (x = 0) \\ -\sin x & (x < 0) \end{cases}$ (2) $f(x) = [x]$ (ガウス記号)

14. 次の関数 $f(x)$ が $x = 0$ で連続となるように $f(0)$ を定めよ.

(1) $f(x) = \dfrac{\sin x}{x}$ $(x \neq 0)$ (2) $f(x) = x \sin \dfrac{1}{x}$ $(x \neq 0)$

────── B ──────

7. $f(x)$ は $[0, 1]$ で定義された連続関数とする. すべての $x \in [0, 1]$ について, $0 \leq f(x) \leq 1$ であるならば $f(c) = c$ となる $c \in [0, 1]$ が存在することを示せ.

8. $|x| < 1$ のとき

$$\arctan(\sqrt{2}\,x + 1) + \arctan(\sqrt{2}\,x - 1) = \arctan\frac{\sqrt{2}\,x}{1 - x^2}$$

が成り立つことを示せ．$|x| > 1$ ではどうか．

9. n を2以上の自然数，$f(x)$ を区間 $[0, 1]$ で連続で，$f(0) = f(1)$ をみたす関数とする．このとき

$$f(x_0) = f\left(x_0 + \frac{1}{n}\right)$$

をみたすような点 x_0 が $[0, 1]$ 内にあることを示せ．

$$\left(\begin{array}{l} \text{ヒント}: g(x) = f(x) - f\left(x + \dfrac{1}{n}\right) \text{ とおき,} \\ g(0) + g\left(\dfrac{1}{n}\right) + \cdots + g\left(\dfrac{n-1}{n}\right) = 0 \\ \quad \text{を示し，中間値の定理を用いよ．} \end{array} \right)$$

A の解答

10. (1) $\displaystyle\lim_{x \to 2} \frac{x - 2}{x^2 - 3x + 2} = \lim_{x \to 2} \frac{x - 2}{(x - 2)(x - 1)} = \lim_{x \to 2} \frac{1}{x - 1} = 1$

(2) $\displaystyle\lim_{x \to 0} \frac{x}{\sqrt{3x + 1} - 1} = \lim_{x \to 0} \frac{x(\sqrt{3x + 1} + 1)}{(\sqrt{3x + 1} - 1)(\sqrt{3x + 1} + 1)}$

$\displaystyle = \lim_{x \to 0} \frac{x(\sqrt{3x + 1} + 1)}{3x} = \lim_{x \to 0} \frac{\sqrt{3x + 1} + 1}{3} = \frac{2}{3}$

(3) $\displaystyle\lim_{x \to 1} \frac{\sqrt[3]{x} - 1}{\sqrt{x} - 1} = \lim_{x \to 1} \frac{(\sqrt[6]{x})^2 - 1}{(\sqrt[6]{x})^3 - 1} = \lim_{x \to 1} \frac{(\sqrt[6]{x} - 1)(\sqrt[6]{x} + 1)}{(\sqrt[6]{x} - 1)\{(\sqrt[6]{x})^2 + \sqrt[6]{x} + 1\}}$

$\displaystyle = \lim_{x \to 1} \frac{\sqrt[6]{x} + 1}{\sqrt[3]{x} + \sqrt[6]{x} + 1} = \frac{2}{3}$

(4) $\displaystyle\lim_{x \to 1} \frac{x^2 + 3x - 4}{x^2 - 1} = \lim_{x \to 1} \frac{(x + 4)(x - 1)}{(x + 1)(x - 1)} = \lim_{x \to 1} \frac{x + 4}{x + 1} = \frac{5}{2}$

(5) $\displaystyle\lim_{x \to \infty} \sqrt{x}(\sqrt{x} - \sqrt{x - 1}) = \lim_{x \to \infty} \frac{\sqrt{x}(\sqrt{x} - \sqrt{x - 1})(\sqrt{x} + \sqrt{x - 1})}{\sqrt{x} + \sqrt{x - 1}}$

$\displaystyle = \lim_{x \to \infty} \frac{1}{1 + \sqrt{1 - \frac{1}{x}}} = \frac{1}{2}$

(6) $\displaystyle\lim_{x \to \infty} \frac{\sqrt{x^2 - 2x}}{x} = \lim_{x \to \infty} \sqrt{1 - \frac{2}{x}} = 1$

(7) $\displaystyle\lim_{x \to +0} \frac{\sin x}{\sqrt{x}} = \lim_{x \to 0} \sqrt{x} \cdot \frac{\sin x}{x} = 0$

(8) $\displaystyle\lim_{x \to 0} \frac{x}{\tan x} = \lim_{x \to 0} \cos x \cdot \frac{1}{\frac{\sin x}{x}} = 1$

11. (1) $y = \arctan x \Leftrightarrow x = \tan y$ が $-\dfrac{\pi}{2} < y < \dfrac{\pi}{2}$ で成立．かつ

$\lim_{x \to 0} \arctan x = 0$ であるから

$$\lim_{x \to 0} \frac{\arctan x}{x} = \lim_{y \to 0} \frac{y}{\tan y} = \lim_{y \to 0} \frac{\cos y}{\frac{\sin y}{y}} = 1$$

(2) $y = \arctan x$ とおくと $\lim_{x \to \infty} \arctan x = \frac{\pi}{2}$ となるから

$$\lim_{x \to \infty} \cos(\arctan x) = \lim_{y \to \frac{\pi}{2}} \cos y = 0$$

(3) $y = \sin x$ とおくと $\lim_{x \to \frac{\pi}{2}} \sin x = 1$ より

$$\lim_{x \to \frac{\pi}{2}} \arctan(\sin x) = \lim_{y \to 1} \arctan y = \arctan 1 = \frac{\pi}{4}$$

12. (1) $\lim_{x \to \infty} \left(1 - \frac{5}{x}\right)^x = \lim_{-\frac{x}{5} \to -\infty} \left\{1 + \left(-\frac{x}{5}\right)^{-1}\right\}^{\left(-\frac{x}{5}\right)(-5)} = e^{-5}$

(2) $\lim_{x \to 0} (1 + 2x)^{\frac{1}{x}} = \lim_{2x \to 0} (1 + 2x)^{\left(\frac{1}{2x}\right)2} = e^2$

13. (1) $\lim_{x \to 0} f(x) = 0$, $f(0) = 1$ より $\lim_{x \to 0} f(x) \neq f(0)$ であるから.

(2) $\lim_{x \to +0} f(x) = 0$, $\lim_{x \to -0} f(x) = -1$ であるので, $\lim_{x \to 0} f(x)$ が存在しない.

14. (1) $\lim_{x \to 0} f(x) = 1$ より $f(0) = 1$ とすればよい.

(2) $\left|x \sin \frac{1}{x}\right| = |x| \left|\sin \frac{1}{x}\right| \leq |x| \to 0 \quad (x \to 0)$ より $\lim_{x \to 0} f(x) = 0$. よって $f(0) = 0$ とすればよい.

B の解答

7. $g(x) = x - f(x)$ とおけば, $g(x)$ は $[0,1]$ で定義された連続関数である. $g(0) = -f(0) \leq 0$, $g(1) = 1 - f(1) \geq 0$. $g(0) = 0$ のときは $f(0) = 0$. $g(1) = 0$ のときは $f(1) = 1$. $g(0) < 0, g(1) > 0$ のとき中間値の定理より $g(c) = 0$ となる $c(0 < c < 1)$ が存在する.

$$g(c) = 0 \Leftrightarrow f(c) = c$$

よって $f(c) = c$ となる $c \in [0,1]$ が存在する. (このような c を不動点という.)

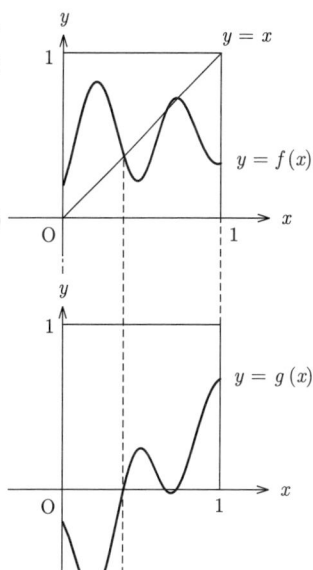

8. $\tan\left(\arctan(\sqrt{2}\,x+1)+\arctan(\sqrt{2}\,x-1)\right)=\dfrac{\sqrt{2}\,x+1+\sqrt{2}\,x-1}{1-(2x^2-1)}$

$\hspace{7cm}=\dfrac{\sqrt{2}\,x}{1-x^2}$

より $\arctan(\sqrt{2}\,x+1)+\arctan(\sqrt{2}\,x-1)=\arctan\dfrac{\sqrt{2}\,x}{1-x^2}+n\pi$.

$n=n(x)$ は $|x|<1$ で整数値をとる連続関数だから定数（中間値の定理）．よって $x=0$ として $n=0$．

また $x>1$ のときは $x\to\infty$ として $n=1$，$x<-1$ のときは $x\to-\infty$ として $n=-1$．（注：直角三角形の内角について考えると，$t>0$ のとき $\arctan\dfrac{1}{t}=\dfrac{\pi}{2}-\arctan t$ がわかる．これより $x=1$ のときは $\arctan(\sqrt{2}+1)+\arctan(\sqrt{2}-1)=\arctan(\sqrt{2}+1)+\arctan\dfrac{1}{\sqrt{2}+1}=\dfrac{\pi}{2}$ であり，$x=-1$ のときは $\arctan(-\sqrt{2}+1)+\arctan(-\sqrt{2}-1)=-\{\arctan(\sqrt{2}-1)+\arctan(\sqrt{2}+1)\}=-\dfrac{\pi}{2}$ となる．）

9. $g(x)=f(x)-f\left(x+\dfrac{1}{n}\right)$ とおくとき，$g(x_0)=0$ となる x_0 がもとめるもの．

$g(0)+g\left(\dfrac{1}{n}\right)+\cdots+g\left(\dfrac{n-1}{n}\right)$
$=\left(f(0)-f\left(\dfrac{1}{n}\right)\right)+\left(f\left(\dfrac{1}{n}\right)-f\left(\dfrac{2}{n}\right)\right)+\cdots$
$\hspace{4cm}+\left(f\left(\dfrac{n-1}{n}\right)-f(1)\right)=0$

だから，n 個の数 $g(0),g\left(\dfrac{1}{n}\right),\cdots,g\left(\dfrac{n-1}{n}\right)$ の全てが正，または全てが負ということはありえない．この中の1つ，例えば $g\left(\dfrac{i}{n}\right)$ が 0 のときは $x_0=\dfrac{i}{n}$ ととれる．どれも 0 でないときは，例えば $g\left(\dfrac{i}{n}\right)$ と $g\left(\dfrac{j}{n}\right)$ $(i<j)$ が異符号とすると，中間値の定理より区間 $\left(\dfrac{i}{n},\dfrac{j}{n}\right)$ の中に $g(x_0)=0$ となる x_0 が存在する．

1.2 導関数
1.2.1 微分可能性，導関数の定義，接線

定義 1. 関数 $f(x)$ について，次の極限

$$\lim_{x \to a} \frac{f(x) - f(a)}{x - a}$$

が存在するとき，この極限値を $x = a$ における $f(x)$ の微分係数といい，$f'(a)$ で表す．このとき，関数 $f(x)$ は $x = a$ で微分可能であるという．

定義 2. 区間 I の各点 x で関数 $y = f(x)$ が微分可能であるとき，微分係数 $f'(x)$ を区間 I 上の関数と考えて，$f(x)$ の導関数という．関数 $f(x)$ の導関数 $f'(x)$ を求めることを $f(x)$ を x について微分するという．導関数 $f'(x)$ は次のようにも表される．

$$\frac{dy}{dx},\ y',\ \frac{d}{dx}f(x)$$

定理 1. 関数 $f(x)$ が微分可能ならば連続である．

定理 2. 関数 $f(x), g(x)$ が微分可能であるとき，次の式が成り立つ．

(1) $\{cf(x)\}' = cf'(x)$

(2) $\{f(x) \pm g(x)\}' = f'(x) \pm g'(x)$

(3) $\{f(x) \cdot g(x)\}' = f'(x)g(x) + f(x)g'(x)$

(4) $\left\{\dfrac{g(x)}{f(x)}\right\}' = \dfrac{g'(x)f(x) - g(x)f'(x)}{\{f(x)\}^2}$ ($f(x) \neq 0$)

(5) $\{f(g(x))\}' = f'(g(x))g'(x)$

(6) $y = f(x)$ の逆関数 $y = f^{-1}(x)$ について

$$\frac{d}{dx}f^{-1}(x) = \frac{1}{\dfrac{d}{dy}f(y)} \quad \left(\frac{d}{dy}f(y) \neq 0\right)$$

(7) $y = f(x)$ が $x = \varphi(t), y = \psi(t)$ で定まるとき（$\varphi(t), \psi(t)$ は t で微分可能とする）

$$\frac{dy}{dx} = \frac{dy}{dt} \Big/ \frac{dx}{dt} \quad \left(\frac{dx}{dt} \neq 0\right)$$

定理 3. いろいろな関数の導関数

(1) $\dfrac{d}{dx}x^a = ax^{a-1}$

(2) $\dfrac{d}{dx}a^x = a^x \log a$ ($a > 0$)

(3) $\dfrac{d}{dx}e^x = e^x$

(4) $\dfrac{d}{dx}\log|x| = \dfrac{1}{x}$

(5) $\dfrac{d}{dx}\sin x = \cos x$

(6) $\dfrac{d}{dx}\cos x = -\sin x$

(7) $\dfrac{d}{dx}\tan x = \dfrac{1}{\cos^2 x}$

(8) $\dfrac{d}{dx}\arcsin x = \dfrac{1}{\sqrt{1-x^2}}$

(9) $\dfrac{d}{dx}\arccos x = -\dfrac{1}{\sqrt{1-x^2}}$

(10) $\dfrac{d}{dx}\arctan x = \dfrac{1}{1+x^2}$

定理 4. 関数 $y=f(x)$ が $x=a$ で微分可能であるとき，その微分係数 $f'(a)$ は曲線 $y=f(x)$ 上の点 $(a,f(a))$ での接線の傾きを表し，接線の方程式は

$$y - f(a) = f'(a)(x-a)$$

例題 1.

次の関数の $x=0$ での微分可能性を調べよ．

(1) $f(x) = |x|$ 　　(2) $f(x) = \begin{cases} x & (x \leq 0) \\ \sin x & (x > 0) \end{cases}$

(3) $f(x) = \begin{cases} 0 & (x \leq 0) \\ x & (x > 0) \end{cases}$ 　　(4) $f(x) = \begin{cases} x^2 & (x \leq 0) \\ x^{1000} & (x > 0) \end{cases}$

解答 (1) $\displaystyle\lim_{h\to+0}\dfrac{f(h)-f(0)}{h} = \lim_{h\to+0}\dfrac{h}{h} = 1$, $\displaystyle\lim_{h\to-0}\dfrac{f(h)-f(0)}{h} = \lim_{h\to-0}\dfrac{-h}{h} = -1$. よって $x=0$ で微分可能でない．

(2) $\displaystyle\lim_{h\to+0}\dfrac{f(h)-f(0)}{h} = \lim_{h\to+0}\dfrac{\sin h}{h} = 1$, $\displaystyle\lim_{h\to-0}\dfrac{f(h)-f(0)}{h} = \lim_{h\to-0}\dfrac{h}{h} = 1$. よって $x=0$ で微分可能である．

(3) $\displaystyle\lim_{h\to+0}\dfrac{f(h)-f(0)}{h} = \lim_{h\to+0}\dfrac{h}{h} = 1$, $\displaystyle\lim_{h\to-0}\dfrac{f(h)-f(0)}{h} = \lim_{h\to-0}\dfrac{0}{h} = 0$. よって微分可能でない．

(4) $\displaystyle\lim_{h\to+0}\dfrac{f(h)-f(0)}{h} = \lim_{h\to+0}h^{999} = 0$, $\displaystyle\lim_{h\to-0}\dfrac{f(h)-f(0)}{h} = \lim_{h\to-0}h = 0$. よって微分可能である．

例題 2.

次の関数の導関数を求めよ．

(1) $\log_2 x$ 　(2) x^x 　(3) $\arcsin ax$ 　(4) $\dfrac{x}{\sqrt{x^2+1}}$

解答 (1) $\log_2 x = \dfrac{\log x}{\log 2}$ より $(\log_2 x)' = \dfrac{1}{x\log 2}$

(2) $y=x^x$ とおく．両辺の対数をとると $\log y = x\log x$．この両辺を x で微分する：$\dfrac{y'}{y} = \log x + x\cdot\dfrac{1}{x} = 1+\log x$．$\therefore y' = x^x(1+\log x)$（対数微分法と呼ぶ）

(3) $(\arcsin x)' = \dfrac{1}{\sqrt{1-x^2}}$ より，$(\arcsin ax)' = \dfrac{a}{\sqrt{1-a^2x^2}}$

(4) $\left(\dfrac{x}{\sqrt{x^2+1}}\right)' = \dfrac{\sqrt{x^2+1} - x\dfrac{2x}{2\sqrt{x^2+1}}}{x^2+1} = \dfrac{x^2+1-x^2}{(x^2+1)\sqrt{x^2+1}} = (x^2+1)^{-\frac{3}{2}}$

―――――― **A** ――――――

1. 次の関数を微分せよ．

(1) $\dfrac{1}{x^2} - \dfrac{2}{x^3}$　(2) $\sin(3x+1) + \cos\left(\dfrac{1}{2}x-1\right) + \tan 2x$　(3) $(x^2+1)\cos 2x$

(4) $xe^x\sin x$　(5) $\dfrac{\sin x}{x}$　(6) $\dfrac{\log x}{x^2}$　(7) $\tan^3 x$　(8) $\sqrt{x^2+3x+1}$

(9) e^{x^3}　(10) $e^{e^{-x}}$　(11) $e^{\tan x}$　(12) $a^{bx}\ (a>0)$　(13) $\sinh x$

(14) $\cosh x$　(15) $\tanh x$　(16) $\arcsin\dfrac{x}{a}\ (a>0)$　(17) $\arctan\dfrac{x}{a}\ (a\ne 0)$

(18) $\arccos\dfrac{1}{x}$　(19) $\arcsin\sqrt{x}$　(20) $\log|\cos x|$　(21) $\log(\tanh x)$

2. 次の関数の導関数を求めよ．

(1) $\sqrt{1+\log x}$　(2) $\log(x+\sqrt{x^2-1})$　(3) $\sqrt{\dfrac{1-\sqrt{x}}{1+\sqrt{x}}}$

(4) $\arccos(2x\sqrt{1-x^2})$　(5) $\arcsin(2x^2-1)$　(6) $\arctan(x^2)$

(7) $\dfrac{1}{2}\left(x\sqrt{a^2-x^2} + a^2\arcsin\dfrac{x}{a}\right)\ (a>0)$　(8) $(x^2+2)^x$　(9) $x^{\sin x}$

(10) $x^{\frac{1}{x}}$

3. (1) $x=a\cos t,\ y=b\sin t$ のとき，$\dfrac{dy}{dx}$ を求めよ．

(2) $x=\dfrac{3at}{1+t^3},\ y=\dfrac{3at^2}{1+t^3}$ のとき，$\dfrac{dy}{dx}$ を求めよ．

4. (1) 放物線 $y=x^2$ の上の点 (α,α^2) における接線の方程式を求めよ．

(2) 放物線 $y=x^2$ の上の任意の異なる 2 点の x 座標を $\alpha,\ \beta$ とする．このとき，この 2 点における接線の交点の x 座標は $\dfrac{\alpha+\beta}{2}$ で与えられることを示せ．

(3) 任意の放物線 $y=Ax^2+Bx+C\ (A\ne 0)$ に対しても (2) と同様のことがいえることを示せ．

5. $x=a\cos t,\ y=b\sin t$ で表される曲線の $t=t_0$ における接線の方程式を

求めよ.

───────────── B ─────────────

1. 次の関数の導関数を求めよ.
   (1) e^{x^x} (2) x^{x^x}

2. $f(x) = |x|^{\frac{3}{2}}$ はすべての x で微分可能であることを示し, $f'(x)$ を求めよ.

3. 次の関数はすべての x で微分可能であることを示し, 導関数を求めよ.
   (1) $f(x) = x|x|$
   (2) $g(x) = \sin x |\sin x|$

4. $f(x) = \begin{cases} x^2 \sin \dfrac{1}{x} & (x \neq 0) \\ 0 & (x = 0) \end{cases}$ とする.
   (1) $f'(x)$ を求めよ.
   (2) $f'(x)$ は $x = 0$ で連続かどうか調べよ.

A の解答

1. (1) $-\dfrac{2}{x^3} + \dfrac{6}{x^4}$ (2) $3\cos(3x+1) - \dfrac{1}{2}\sin\left(\dfrac{1}{2}x - 1\right) + \dfrac{2}{\cos^2 2x}$

(3) $\left((x^2+1)\cos 2x\right)' = (x^2+1)'\cos 2x + (x^2+1)(\cos 2x)' = 2x\cos 2x - 2(x^2+1)\sin 2x$

(4) $(xe^x)' = (x+1)e^x$ より $(xe^x \sin x)' = (xe^x)'\sin x + xe^x(\sin x)' = e^x\{(x+1)\sin x + x\cos x\}$

(5) $\left(\dfrac{\sin x}{x}\right)' = \dfrac{(\sin x)'x - (x)'\sin x}{x^2} = \dfrac{x\cos x - \sin x}{x^2}$

(6) $\left(\dfrac{\log x}{x^2}\right)' = \dfrac{(\log x)'x^2 - \log x(x^2)'}{x^4} = \dfrac{x - 2x\log x}{x^4} = \dfrac{1 - 2\log x}{x^3}$

(7) $(\tan^3 x)' = 3\tan^2 x(\tan x)' = 3\tan^2 x \dfrac{1}{\cos^2 x}$

(8) $\dfrac{2x+3}{2\sqrt{x^2+3x+1}}$ (9) $(e^{x^3})' = e^{x^3}(x^3)' = 3x^2 e^{x^3}$

(10) $(e^{e^{-x}})' = e^{e^{-x}}(e^{-x})' = -e^{-x}e^{e^{-x}}$

(11) $(e^{\tan x})' = e^{\tan x}(\tan x)' = \dfrac{e^{\tan x}}{\cos^2 x}$

(12) $b\log a \cdot a^{bx}$ (13) $\cosh x$ (14) $\sinh x$ (15) $\dfrac{1}{\cosh^2 x}$

(16) $\left(\arcsin \dfrac{x}{a}\right)' = \dfrac{1}{\sqrt{1 - \left(\frac{x}{a}\right)^2}} \left(\dfrac{x}{a}\right)' = \dfrac{1}{\sqrt{1 - \frac{x^2}{a^2}}} \cdot \dfrac{1}{a} = \dfrac{1}{\sqrt{a^2 - x^2}}$

(17) $\left(\arctan \dfrac{x}{a}\right)' = \dfrac{\left(\frac{x}{a}\right)'}{1 + \left(\frac{x}{a}\right)^2} = \dfrac{a}{a^2 + x^2}$

(18) $\left(\arccos\dfrac{1}{x}\right)' = -\dfrac{1}{\sqrt{1-\dfrac{1}{x^2}}}\left(\dfrac{1}{x}\right)' = \dfrac{1}{x^2\sqrt{1-\dfrac{1}{x^2}}} = \dfrac{1}{|x|\sqrt{x^2-1}}$

(19) $(\arcsin\sqrt{x})' = \dfrac{1}{\sqrt{1-(\sqrt{x})^2}}(\sqrt{x})' = \dfrac{1}{2\sqrt{x(1-x)}}$

(20) $(\log|\cos x|)' = \dfrac{1}{\cos x}(\cos x)' = -\tan x$

(21) $\{\log(\tanh x)\}' = \dfrac{1}{\tanh x}\dfrac{1}{\cosh^2 x} = \dfrac{1}{\sinh x \cosh x} = \dfrac{2}{\sinh 2x}$

2. 与えられた関数を y とおいた．(8)〜(10) は両辺の対数をとって $\dfrac{dy}{dx}$ を求めた．

(1) $\dfrac{dy}{dx} = \dfrac{1}{2x\sqrt{1+\log x}}$ (2) $\dfrac{dy}{dx} = \dfrac{1}{x+\sqrt{x^2-1}}\left(1+\dfrac{x}{\sqrt{x^2-1}}\right) = \dfrac{1}{\sqrt{x^2-1}}$

(3) $w = \dfrac{1-\sqrt{x}}{1+\sqrt{x}}$ とおくと $y = \sqrt{w}$ となるので

$\dfrac{dy}{dx} = \dfrac{dy}{dw}\cdot\dfrac{dw}{dx} = \dfrac{1}{2\sqrt{w}}\left(\dfrac{1-\sqrt{x}}{1+\sqrt{x}}\right)' = \dfrac{1}{2}\sqrt{\dfrac{1+\sqrt{x}}{1-\sqrt{x}}}\dfrac{-1}{\sqrt{x}(1+\sqrt{x})^2} = -\sqrt{\dfrac{1+\sqrt{x}}{1-\sqrt{x}}}\dfrac{1}{2\sqrt{x}(1+\sqrt{x})^2}$

(4) $\dfrac{dy}{dx} = -\dfrac{2\sqrt{1-x^2} - \dfrac{2x^2}{\sqrt{1-x^2}}}{\sqrt{1-4x^2(1-x^2)}} = -\dfrac{2(1-2x^2)}{\sqrt{(1-2x^2)^2(1-x^2)}}$

$= \begin{cases} -\dfrac{2}{\sqrt{1-x^2}} & (1-2x^2 > 0) \\ \dfrac{2}{\sqrt{1-x^2}} & (1-2x^2 < 0) \end{cases}$

(5) $\dfrac{dy}{dx} = \dfrac{4x}{\sqrt{1-(2x^2-1)^2}} = \dfrac{2x}{\sqrt{x^2(1-x^2)}} = \begin{cases} \dfrac{2}{\sqrt{1-x^2}} & (x>0) \\ -\dfrac{2}{\sqrt{1-x^2}} & (x<0) \end{cases}$

(6) $\dfrac{dy}{dx} = \dfrac{2x}{1+x^4}$

(7) $\dfrac{1}{2}\left(x\sqrt{a^2-x^2} + a^2\arcsin\dfrac{x}{a}\right)' = \dfrac{1}{2}\left(\sqrt{a^2-x^2} - \dfrac{x^2}{\sqrt{a^2-x^2}} + a^2\dfrac{1}{a}\dfrac{1}{\sqrt{1-\left(\dfrac{x}{a}\right)^2}}\right)$

$= \dfrac{1}{2}\dfrac{(a^2-x^2) - x^2 + a^2}{\sqrt{a^2-x^2}} = \sqrt{a^2-x^2}$

(8) $\dfrac{dy}{dx} = y\dfrac{d}{dx}(x\log(x^2+2)) = (x^2+2)^x\left\{\log(x^2+2) + \dfrac{2x^2}{x^2+2}\right\}$

(9) $x^{\sin x}\left(\cos x\log x + \dfrac{\sin x}{x}\right)$　　　　(10) $x^{\frac{1}{x}-2}(1-\log x)$

3. (1) $\dfrac{dy}{dx} = -\dfrac{b\cos t}{a\sin t}$　(2) $\dfrac{dy}{dx} = \dfrac{t(2-t^3)}{1-2t^3}$

4. (1) $x = \alpha$ において $y' = 2\alpha$．よって，点 (α, α^2) における接線の方程式

は $y - \alpha^2 = 2\alpha(x - \alpha)$. $\therefore y = 2\alpha x - \alpha^2$.

(2) (1) より $x = \beta$ における接線の方程式は $y = 2\beta x - \beta^2$. よって, 交点の x 座標は $2\alpha x - \alpha^2 = 2\beta x - \beta^2$ をといて, $x = \dfrac{\alpha + \beta}{2}$.

(3) (2) と同様.

5. $\dfrac{dx}{dt} = -a\sin t, \dfrac{dy}{dt} = b\cos t$ より $\dfrac{dy}{dx} = -\dfrac{b\cos t}{a\sin t}$. よって, 接線の方程式は
$y - b\sin t_0 = -\dfrac{b\cos t_0}{a\sin t_0}(x - a\cos t_0)$, すなわち
$$\frac{x - a\cos t_0}{-a\sin t_0} = \frac{y - b\sin t_0}{b\cos t_0}$$

B の解答

1. (1) $e^{x^x} x^x (\log x + 1)$ (2) $x^{x^x} x^{x-1}\{1 + x\log x + x(\log x)^2\}$

2. $x > 0$ のとき $f'(x) = (x^{\frac{3}{2}})' = \dfrac{3\sqrt{x}}{2}$.

$x < 0$ のとき $f'(x) = \left((-x)^{\frac{3}{2}}\right)' = -\dfrac{3}{2}\sqrt{-x} = -\dfrac{3}{2}\sqrt{|x|}$.

$\displaystyle\lim_{h \to +0} \frac{f(h) - f(0)}{h} = \lim_{h \to +0} h^{\frac{1}{2}} = 0,$

$\displaystyle\lim_{h \to -0} \frac{f(h) - f(0)}{h} = \lim_{h \to -0} (-|h|^{\frac{1}{2}}) = 0.$ よって $f'(0) = 0$.

したがって $f'(x) = \begin{cases} \dfrac{3}{2}\sqrt{x} & (x \geq 0) \\ -\dfrac{3}{2}\sqrt{|x|} & (x < 0) \end{cases}$

3.

(1) $f(x) = \begin{cases} x^2 & (x \in (0, \infty)) \\ 0 & (x = 0) \\ -x^2 & (x \in (-\infty, 0)) \end{cases}$ であるから, $(0, \infty)$ または $(-\infty, 0)$

において $f(x)$ は微分可能であり, $f'(x) = \begin{cases} 2x & (x \in (0, \infty)) \\ -2x & (x \in (-\infty, 0)) \end{cases}$ である.

また
$$\lim_{h \to 0} \frac{f(h) - f(0)}{h} = \lim_{h \to 0} \frac{h|h|}{h} = \lim_{h \to 0} |h| = 0$$
であるから, 微分係数の定義より, $x = 0$ においても $f(x)$ は微分可能であり, $f'(0) = 0$ である. 以上より, $f(x)$ は実数全体で微分可能であり, $f'(x) = 2|x|$ である.

(2) $g(x) = f(\sin x)$ と表すことができ, $f(x)$ と $\sin x$ はともに実数全体で微分可能である. したがって, 合成関数の $g(x)$ も実数全体で微分可能であり
$$g'(x) = f'(\sin x)(\sin x)' = 2|\sin x|\cos x.$$

4. (1) $x \neq 0$ のとき $f'(x) = 2x\sin\dfrac{1}{x} - \cos\dfrac{1}{x}$.

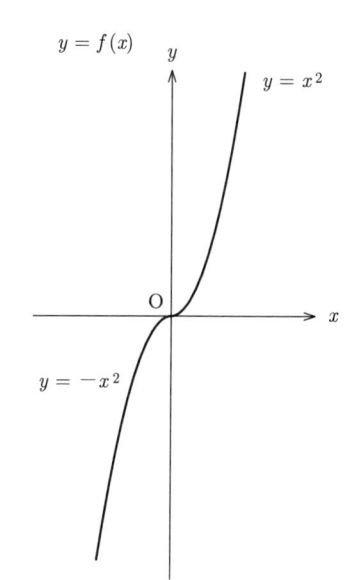

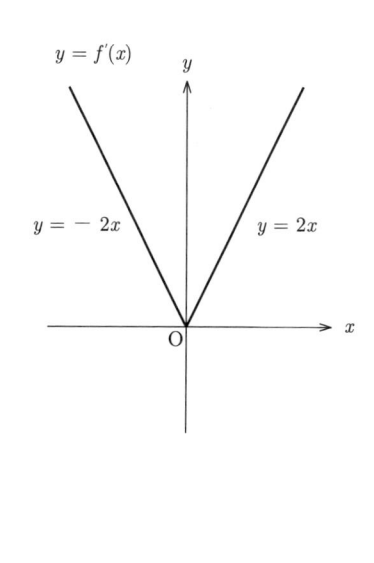

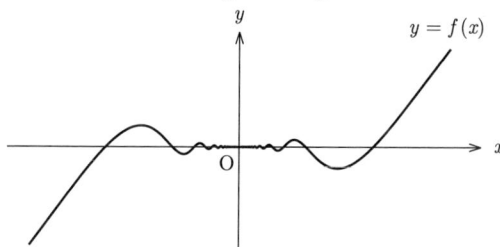

$x = 0$ のとき $\displaystyle\lim_{x \to 0}\dfrac{f(x) - f(0)}{x} = \lim_{x \to 0} x\sin\dfrac{1}{x} = 0$ より $f'(0) = 0$. よって

$$f'(x) = \begin{cases} 2x\sin\dfrac{1}{x} - \cos\dfrac{1}{x} & (x \neq 0) \\ 0 & (x = 0) \end{cases}$$

(2) $\displaystyle\lim_{x \to 0} 2x\sin\dfrac{1}{x} = 0$ であるが, $\displaystyle\lim_{x \to 0}\cos\dfrac{1}{x}$ は存在しないから $\displaystyle\lim_{x \to 0} f'(x)$ は存在しない. したがって, $f'(x)$ は $x = 0$ で連続でない.

(注：この $f(x)$ は導関数が連続にならないような関数の例である.)

1.2.2 高次導関数,ライプニッツの公式

定義 3. 関数 $y = f(x)$ の導関数 $f'(x)$ の導関数を $f(x)$ の 2 次導関数といい $f''(x)$ と表す.関数 $f''(x)$ の導関数を $f(x)$ の 3 次導関数といい $f'''(x)$ と表す.一般に,$f(x)$ の $n-1$ 次導関数の導関数を n 次導関数といい $f^{(n)}(x)$ と表す.$f^{(n)}(x)$ が存在するとき,$f(x)$ は n 回微分可能であるという.$f^{(n)}(x)$ は次のようにも表される:$\dfrac{d^n y}{dx^n},\ y^{(n)},\ \dfrac{d^n}{dx^n} f(x)$.

n 次導関数の例

(1) $\dfrac{d^n}{dx^n} \sin x = \sin\left(x + \dfrac{n\pi}{2}\right) \quad (-\infty < x < \infty)$

(2) $\dfrac{d^n}{dx^n} \cos x = \cos\left(x + \dfrac{n\pi}{2}\right) \quad (-\infty < x < \infty)$

(3) $\dfrac{d^n}{dx^n} \log x = (-1)^{n-1} \dfrac{(n-1)!}{x^n} \quad (x > 0)$

ライプニッツ(Leibniz)の公式

関数 $f(x)$ と $g(x)$ が n 回微分可能ならば,

$$\frac{d^n}{dx^n}\{f(x)g(x)\} = f^{(n)}(x)g(x) + \binom{n}{1} f^{(n-1)}(x)g'(x) + \cdots$$

$$+ \binom{n}{k} f^{(n-k)}(x)g^{(k)}(x) + \cdots + \binom{n}{n-1} f'(x)g^{(n-1)}(x)$$

$$+ f(x)g^{(n)}(x).$$

ここで

$$\binom{n}{k} = {}_nC_k = \frac{n!}{(n-k)!k!} \quad (0 \leq k \leq n,\ \text{ただし}\ 0! = 1)$$

例題 3.

数学的帰納法を用いて,ライプニッツの公式を証明せよ.

解答 $(fg)' = f'g + fg'$ より $n = 1$ のときは成立する.$n = k$ のとき

$$(fg)^{(k)} = {}_kC_0 f^{(k)} g + {}_kC_1 f^{(k-1)} g' + {}_kC_2 f^{(k-2)} g'' + \cdots$$

$$+ {}_kC_{k-1} f' g^{(k-1)} + {}_kC_k f g^{(k)}$$

が成立すると仮定する.この式の両辺を微分し,等式 ${}_kC_{r-1} + {}_kC_r = {}_{k+1}C_r$ を用いれば,証明すべき式が $n = k+1$ のときに成立することがわかる.

―――――――――――― A ――――――――――――

6. 数学的帰納法を用いて,以下を示せ.

(1) $f(x) = \sin x$ の n 次導関数は $f^{(n)}(x) = \sin\left(x + \dfrac{n}{2}\pi\right)$ である.

(2) $f(x) = \cos x$ の n 次導関数は $f^{(n)}(x) = \cos\left(x + \dfrac{n}{2}\pi\right)$ である.

(3) $f(x) = \log x$ の n 次導関数は $f^{(n)}(x) = (-1)^{n-1}\dfrac{(n-1)!}{x^n}$ である.

7. 次の関数の n 次導関数を求めよ.

(1) $\sqrt{x}$ (2) $\dfrac{1}{x(1+x)}$ (3) $\dfrac{x^3-2x^2}{1-x}$ (4) e^{ax} (5) xe^x

(6) $\dfrac{1}{\sqrt{1+x}}$ (7) $e^x \cos x$ (8) $x \sin x$ (9) $a^x (a>0)$

(10) $x \log x \, (n \geq 2)$

―――――――――――― B ――――――――――――

5. 次の関数の n 次導関数を求めよ.

(1) $\sin^3 x$ (2) $x^3 \sin x \,(n \geq 3)$ (3) $x^2 e^x$

6. 次の式を示せ.

(1) $(x^n \log x)^{(n)} = n!\left(\log x + 1 + \dfrac{1}{2} + \cdots + \dfrac{1}{n}\right)$

(2) $\displaystyle\sum_{k=1}^{n} \binom{n}{k} \dfrac{(-1)^{k-1}}{k} = 1 + \dfrac{1}{2} + \cdots + \dfrac{1}{n}$

7. $f(x)$ を x の関数とし,$F_n(x) = \displaystyle\sum_{k=0}^{n} \binom{n}{k} f^{(k)}(x)$ とおく.

(1) $F_n(x) = e^{-x}(e^x f(x))^{(n)}$ を示せ.

(2) $F_{n+1}(x) = F_n'(x) + F_n(x)$ を示せ.

(3) $\displaystyle\sum_{k=0}^{n} \binom{n}{k} \sin\left(x + \dfrac{k}{2}\pi\right) = 2^{\frac{n}{2}} \sin\left(x + \dfrac{n}{4}\pi\right)$ を示せ.

A の解答

6. (1) $f'(x) = \cos x = \sin\left(x + \dfrac{1}{2}\pi\right)$ より,証明すべき式は $n=1$ で成り立つ.$n=k$ のとき $f^{(k)}(x) = \sin\left(x + \dfrac{k}{2}\pi\right)$ が成立するとする.この式の両辺を微分して,$f^{(k+1)}(x) = \cos\left(x + \dfrac{k}{2}\pi\right) = \sin\left(x + \dfrac{k}{2}\pi + \dfrac{1}{2}\pi\right) = \sin\left(x + \dfrac{k+1}{2}\pi\right)$ を得る.よって数学的帰納法により,証明すべき式はすべての自然数 n で成り立つ.(2)(3) も同様に示せる.

7. (1) $f(x) = \sqrt{x}$ とおくと
$$f'(x) = \frac{1}{2}x^{-\frac{1}{2}}, \quad f''(x) = -\frac{1}{2^2}x^{-\frac{3}{2}}, \quad f'''(x) = (-1)^2\frac{1\cdot 3}{2^3}x^{-\frac{5}{2}},$$
$$f^{(4)}(x) = (-1)^3\frac{1\cdot 3\cdot 5}{2^4}x^{-\frac{7}{2}}, \quad \cdots,$$
$$\frac{d^n}{dx^n}f(x) = \frac{(-1)^{n-1}1\cdot 3\cdots(2n-3)}{2^n}x^{-n+\frac{1}{2}} \quad (n \geq 2)$$

(2)
$$\frac{d^n}{dx^n}\left(\frac{1}{x(1+x)}\right) = \frac{d^n}{dx^n}\left(\frac{1}{x} - \frac{1}{1+x}\right)$$
$$= (-1)^n n!\left\{\frac{1}{x^{n+1}} - \frac{1}{(1+x)^{n+1}}\right\}$$

(3)
$$\frac{d^n}{dx^n}\left(\frac{x^3 - 2x^2}{1-x}\right) = \frac{d^n}{dx^n}\left(-x^2 + x + 1 - \frac{1}{1-x}\right)$$
$$= \begin{cases} -2x + 1 - (1-x)^{-2} & (n=1) \\ -2 - 2(1-x)^{-3} & (n=2) \\ -n!(1-x)^{-n-1} & (n \geq 3) \end{cases}$$

(4)
$$\frac{d^n}{dx^n}e^{ax} = a^n e^{ax}$$

(5)
$$(xe^x)' = (x+1)e^x, (xe^x)'' = (x+2)e^x, \cdots, \frac{d^n}{dx^n}xe^x = (x+n)e^x$$

(6) $f(x) = \dfrac{1}{\sqrt{1+x}}$ とおく. $f'(x) = -\dfrac{1}{2}(1+x)^{-\frac{3}{2}}$,
$$f''(x) = \left(-\frac{1}{2}\right)\left(-\frac{3}{2}\right)(1+x)^{-\frac{5}{2}}, \cdots,$$
$$f^{(n)}(x) = (-1)^n\frac{1\cdot 3\cdot 5\cdots(2n-1)}{2^n}(1+x)^{-\frac{2n+1}{2}}$$

(7) $f(x) = e^x \cos x$ とおけば
$$f'(x) = e^x(\cos x - \sin x) = \sqrt{2}e^x \cos\left(x + \frac{\pi}{4}\right)$$
$$f''(x) = \sqrt{2}e^x\left\{\cos\left(x + \frac{\pi}{4}\right) - \sin\left(x + \frac{\pi}{4}\right)\right\} = (\sqrt{2})^2 e^x \cos\left(x + \frac{2\pi}{4}\right), \cdots,$$
$$f^{(n)}(x) = (\sqrt{2})^n e^x \cos\left(x + \frac{n\pi}{4}\right)$$

(8) $(x\sin x)^{(n)} = x\sin\left(x + \dfrac{n\pi}{2}\right) + n\sin\left(x + \dfrac{n-1}{2}\pi\right)$

(9) $(a^x)^{(n)} = a^x(\log a)^n$ \qquad (10) $(x\log x)^{(n)} = (-1)^n\dfrac{(n-2)!}{x^{n-1}}$

B の解答

5. (1)
$$\sin^3 x = \frac{1}{4}(3\sin x - \sin 3x), (\sin^3 x)' = \frac{1}{4}(3\cos x - 3\cos 3x), \cdots,$$
$$\frac{d^n}{dx^n}\sin^3 x = \frac{1}{4}\left\{3\sin\left(x+\frac{n\pi}{2}\right) - 3^n\sin\left(3x+\frac{n\pi}{2}\right)\right\}$$

(2) $\dfrac{d^k}{dx^k}\sin x = \sin\left(x+\dfrac{k\pi}{2}\right)$, $\dfrac{d^k}{dx^k}x^3 = 0$ $(k\geq 4)$ であるから，ライプニッツの公式から

$$(x^3 \sin x)^{(n)} = (\sin x)^{(n)} x^3 + \binom{n}{1}(\sin x)^{(n-1)}(x^3)'$$
$$+ \binom{n}{2}(\sin x)^{(n-2)}(x^3)'' + \binom{n}{3}(\sin x)^{(n-3)}(x^3)'''$$
$$= x^3 \sin\left(x+\frac{n\pi}{2}\right) + 3nx^2 \sin\left(x+\frac{n-1}{2}\pi\right)$$
$$+ 3n(n-1)x\sin\left(x+\frac{n-2}{2}\pi\right)$$
$$+ n(n-1)(n-2)\sin\left(x+\frac{n-3}{2}\pi\right)$$

(3) $(x^2 e^x)^{(n)} = e^x\{x^2 + 2nx + n(n-1)\}$

6. (1) $n=1$ のときは $(x\log x)' = \log x + 1$ で成立．n まで成り立つとすると
$$(x^{n+1}\log x)^{(n+1)} = \left((n+1)x^n \log x + x^n\right)^{(n)}$$
$$= (n+1)(x^n \log x)^{(n)} + n!$$
$$= (n+1)!\left(\log x + 1 + \frac{1}{2} + \cdots + \frac{1}{n}\right) + n!$$
$$= (n+1)!\left(\log x + 1 + \frac{1}{2} + \cdots + \frac{1}{n+1}\right)$$

(2)
$$(x^n \log x)^{(n)} = \sum_{k=0}^{n} \binom{n}{k}(x^n)^{(n-k)}(\log x)^{(k)}$$
$$= n!\log x + \sum_{k=1}^{n} \binom{n}{k} n(n-1)\cdots(k+1)x^k \frac{(-1)^{k-1}(k-1)!}{x^k}$$
$$= n!\log x + n!\sum_{k=1}^{n}\binom{n}{k}\frac{(-1)^{k-1}}{k}$$

これと (1) より $\displaystyle\sum_{k=1}^{n}\begin{pmatrix}n\\k\end{pmatrix}\frac{(-1)^{k-1}}{k} = 1 + \frac{1}{2} + \cdots + \frac{1}{n}$

7. (1) ライプニッツの公式より

$$(e^x f(x))^{(n)} = e^x \sum_{k=0}^{n}\begin{pmatrix}n\\k\end{pmatrix} f^{(k)}(x)$$

である.

(2) (1) より

$$F_n'(x) = -e^{-x}(e^x f(x))^{(n)} + e^{-x}(e^x f(x))^{(n+1)}$$
$$= -F_n(x) + F_{n+1}(x)$$

(3) $f(x) = \sin x$ のとき $f^{(k)}(x) = \sin\left(x + \dfrac{k}{2}\pi\right)$. だから $F_n(x) = 2^{\frac{n}{2}} \sin\left(x + \dfrac{n}{4}\pi\right)$ を示せばよい.

$n = 1$ のとき, $F_1(x) = f(x) + f'(x) = \sin x + \cos x = \sqrt{2}\sin\left(x + \dfrac{\pi}{4}\right)$. また n で成立すれば, (2) より

$$F_{n+1}(x) = F_n'(x) + F_n(x)$$
$$= 2^{\frac{n}{2}}\left(\cos\left(x + \frac{n}{4}\pi\right) + \sin\left(x + \frac{n}{4}\pi\right)\right)$$
$$= 2^{\frac{n+1}{2}} \sin\left(x + \frac{n+1}{4}\pi\right).$$

すなわち $n+1$ でも成立する.

1.3 平均値の定理

定理 1 (ロール (**Rolle**) の定理). 関数 $f(x)$ が区間 (a,b) で微分可能であり, 区間 $[a,b]$ で連続であるとする. この関数が $f(a) = f(b)$ を満たしているならば, $f'(c) = 0$ となる c が $a < c < b$ の範囲に存在する.

定理 2 (平均値の定理). 関数 $f(x)$ が区間 (a,b) で微分可能であり, 区間 $[a,b]$ で連続であるならば, $f'(c) = \dfrac{f(b) - f(a)}{b - a}$ となる c が $a < c < b$ の範囲に存在する.

定理 3 (コーシー (**Cauchy**) の平均値の定理). 二つの関数 $f(x)$, $g(x)$ が区間 (a,b) で微分可能であり $[a,b]$ で連続であって, $g(x)$ については $g(a) \neq g(b)$ であり, 区間 (a,b) では $f'(x) = 0$, $g'(x) = 0$ を同時に満たす x の値は存在しないとする. このとき, $g'(c) \neq 0$ かつ $\dfrac{f'(c)}{g'(c)} = \dfrac{f(b) - f(a)}{g(b) - g(a)}$ となる c が $a < c < b$ の範囲に存在する.

定理 4 (ド・ロピタル (**de l'Hospital**) の定理). (1) 二つの関数 $f(x)$, $g(x)$ が a を内部に含む区間で微分可能であり, その区間の a 以外の点では $g'(x) \neq 0$ であって, $f(a) = g(a) = 0$ を満たしているとする. このとき, 極限値 $\lim\limits_{x \to a} \dfrac{f'(x)}{g'(x)}$ が存在するならば, $\lim\limits_{x \to a} \dfrac{f(x)}{g(x)} = \lim\limits_{x \to a} \dfrac{f'(x)}{g'(x)}$ となる.

(2) (1) は $\lim\limits_{x \to a} f(x) = \pm\infty$, $\lim\limits_{x \to a} g(x) = \pm\infty$ であるときにも成立する. また, $x \to a$ ではなく $x \to a \pm 0, x \to \pm\infty$ であるときにも成立する.

例題 1.

関数 $f(x)$ が (a,b) で微分可能, $[a,b]$ で連続であるとする. このとき, 関数 $g(x) = \dfrac{f(b) - f(a)}{b - a}(x - a) + f(a) - f(x)$ にロールの定理を適用して, $f(x)$ についての平均値の定理を示せ.

解答 関数 $g(x)$ は $[a,b]$ で連続, (a,b) で微分可能. また, $g(a) = g(b) = 0$ である. よって, ロールの定理より $g'(c) = 0$ をみたす $c \in (a,b)$ が存在する. これは, $f(x)$ についての平均値の定理に他ならない.

例題 2.

次の極限値を求めよ.
(1) $\lim\limits_{x \to 0} \dfrac{e^{2x} - \cos x}{\sin 3x}$ 　　(2) $\lim\limits_{x \to +0} x \log x$

解答 (1) $\dfrac{0}{0}$ 型だから，ド・ロピタルの定理より
$$\lim_{x\to 0}\frac{e^{2x}-\cos x}{\sin 3x}=\lim_{x\to 0}\frac{2e^{2x}+\sin x}{3\cos 3x}=\frac{2}{3}$$

(2) $\displaystyle\lim_{x\to +0}x\log x=\lim_{x\to +0}\frac{\log x}{\frac{1}{x}}$ は $\dfrac{\infty}{\infty}$ 型なので，ド・ロピタルの定理より
$$\lim_{x\to +0}\frac{\log x}{\frac{1}{x}}=\lim_{x\to +0}\frac{\frac{1}{x}}{\left(-\frac{1}{x^2}\right)}=\lim_{x\to +0}(-x)=0$$

例題 3.

次を示せ．
(1) $\displaystyle\lim_{x\to\infty}\frac{e^x}{x^n}=\infty$ （n は自然数） (2) $\displaystyle\lim_{x\to\infty}\frac{\log x}{x^\alpha}=0$ （α は正の実数）

解答 ド・ロピタルの定理より
$$\lim_{x\to\infty}\frac{e^x}{x^n}=\lim_{x\to\infty}\frac{e^x}{nx^{n-1}}=\lim_{x\to\infty}\frac{e^x}{n(n-1)x^{n-2}}=\cdots=\lim_{x\to\infty}\frac{e^x}{n!}=\infty$$

及び
$$\lim_{x\to\infty}\frac{\log x}{x^\alpha}=\lim_{x\to\infty}\frac{1/x}{\alpha x^{\alpha-1}}=\lim_{x\to\infty}\frac{1}{\alpha x^\alpha}=0$$

を得る．すなわち，指数関数 e^x は x のどんな正巾よりも速く増大し，また，対数関数 $\log x$ は x のどんな正巾よりも遅く増大する．

例題 4.

次の極限値を求めよ．
(1) $\displaystyle\lim_{x\to\infty}(x+1)^{\frac{1}{\log x}}$ (2) $\displaystyle\lim_{x\to +0}x^x$ (3) $\displaystyle\lim_{x\to +0}(\sin x)^{\frac{1}{\log x}}$

解答 (1) $y=(x+1)^{\frac{1}{\log x}}$ とおくと
$$\lim_{x\to\infty}\log y=\lim_{x\to\infty}\frac{\log(x+1)}{\log x}=\lim_{x\to\infty}\frac{x}{x+1}=1.$$
よって $\displaystyle\lim_{x\to\infty}y=e$.

(2) $y=x^x$ とおくと，例題 2 より $\displaystyle\lim_{x\to +0}\log y=\lim_{x\to +0}x\log x=0$.
$\therefore\ \displaystyle\lim_{x\to +0}y=1$.

(3) $y=(\sin x)^{\frac{1}{\log x}}$ とおき，ド・ロピタルの定理を用いて
$$\lim_{x\to +0}\log y=\lim_{x\to +0}\frac{\log\sin x}{\log x}=\lim_{x\to +0}\frac{x}{\sin x}\cos x=1.$$
よって $\displaystyle\lim_{x\to +0}y=e$.

1.3 平均値の定理

─────── A ───────

1. $f(x) = x^3$ に対し，区間 $(a,b) = (0,3)$ で平均値の定理
$$f'(c) = \frac{f(b) - f(a)}{b - a} \quad (a < c < b)$$
を適用したときの c の値を求めよ．

2. コーシーの平均値の定理
$$\frac{f(b) - f(a)}{g(b) - g(a)} = \frac{f'(c)}{g'(c)} \quad (a < c < b)$$
に対し，$f(x) = x^3$, $g(x) = x^2$ とおいた場合の c の値を求めよ．

3. $[a,b]$ で連続，(a,b) で微分可能であるが，$[a,b]$ では微分可能ではない関数 $f(x)$ の例をあげよ．

4. 次の極限値を求めよ．
(1) $\displaystyle\lim_{x \to 0} \frac{1 - \cos x}{x^2}$
(2) $\displaystyle\lim_{x \to 0} \frac{a^x - b^x}{x}$ $(a > 0, b > 0)$
(3) $\displaystyle\lim_{x \to 0} \frac{x - \arcsin x}{x^3}$
(4) $\displaystyle\lim_{x \to 0} \frac{\sin x - xe^x}{x^2}$
(5) $\displaystyle\lim_{x \to 0} \left(\frac{1}{\sin x} - \frac{1}{x} \right)$
(6) $\displaystyle\lim_{x \to 1} x^{\frac{1}{1-x}}$
(7) $\displaystyle\lim_{x \to +0} x^{\frac{1}{x}}$
(8) $\displaystyle\lim_{x \to \infty} x \left(\frac{\pi}{2} - \arctan x \right)$

─────── B ───────

1. $\displaystyle\lim_{x \to \infty} \left(\cos \frac{a}{x} \right)^x$ $(a \neq 0)$ を求めよ．

2. $a_1, a_2, \cdots, a_n$ を正の定数とするとき，
$$\lim_{x \to 0} \left(\frac{a_1^x + a_2^x + \cdots + a_n^x}{n} \right)^{\frac{n}{x}}$$
を求めよ．

3. 平均値の定理を用いて
$$\lim_{x \to \infty} f'(x) = \alpha \text{ ならば } \lim_{x \to \infty} (f(x+1) - f(x)) = \alpha$$
となることを証明せよ．

4. $0 < \alpha < 1$ とする．平均値の定理を用いて
$$\lim_{n \to \infty} \{(n+1)^\alpha - n^\alpha\}$$
を求めよ．

5. (1) ある区間で定義された関数 $f(x)$ がリプシッツ（Lipschitz）の条件をみたすとは，定数 $M > 0$ があって，区間のすべての点 x, y に対して
$$|f(x) - f(y)| \leq M|x - y|$$
が成り立つときにいう（M をリプシッツ定数という）．

$f(x)$ が閉区間 I で微分可能で，かつ $f'(x)$ が I で連続ならば，$f(x)$ はリプシッツの条件をみたすことを示せ．

(2) $\quad |\sin x - \sin y| \leq |x - y| \ (-\infty < x < \infty, -\infty < y < \infty)$

を示せ．

6. $f(x) = 2\log x + 1$ とする．

(1) $f(\alpha) = \alpha$ となる α が 3 と 4 の間に唯一つ存在することを示せ．

(2) $a_1 = 3$, $a_{n+1} = f(a_n) \ (n \geq 1)$ により数列 $\{a_n\}$ を定めるとき

$$0 < \alpha - a_n < \left(\frac{2}{3}\right)^{n-1} \quad (n \geq 1)$$

が成り立つことを示せ．

7. 関数 $f(x)$ と $g(x)$ はコーシーの平均値の定理の仮定を満たすとする．このとき，関数 $F(x) = (f(x) - f(a))(g(b) - g(a)) - (g(x) - g(a))(f(b) - f(a))$ にロールの定理を適用して，コーシーの平均値の定理を示せ．

A の解答

1. 平均値の定理より

$$f'(c) = \frac{f(b) - f(a)}{b - a} = \frac{f(3) - f(0)}{3 - 0} = 9.$$

$f'(c) = 3c^2 = 9$ より，$c = \pm\sqrt{3}$．しかし，$a < c < b$ から，$c = \sqrt{3}$．

2. $\dfrac{f(b) - f(a)}{g(b) - g(a)} = \dfrac{b^3 - a^3}{b^2 - a^2} = \dfrac{a^2 + ab + b^2}{a + b}, \dfrac{f'(c)}{g'(c)} = \dfrac{3c^2}{2c} = \dfrac{3}{2}c.$

ゆえに $c = \dfrac{2(a^2 + ab + b^2)}{3(a + b)}$．

3. $f(x) = \sqrt{(b-x)(x-a)}$ とおくと

$$f'(x) = \frac{a + b - 2x}{2\sqrt{(b-x)(x-a)}} \quad (a < x < b)$$

であり，$x = a, b$ では $f'(x)$ は存在しない．このような関数に対してもロールの定理は適用できる．

4.

(1) $\displaystyle\lim_{x \to 0} \frac{1 - \cos x}{x^2}$ は $\dfrac{0}{0}$ 型なのでド・ロピタルの定理より

$\displaystyle\lim_{x \to 0} \frac{1 - \cos x}{x^2} = \lim_{x \to 0} \frac{\sin x}{2x} = \frac{1}{2}\lim_{x \to 0} \frac{\sin x}{x} = \frac{1}{2}$

(2) $\displaystyle\lim_{x \to 0} \frac{a^x - b^x}{x} = \lim_{x \to 0} \frac{a^x \log a - b^x \log b}{1} = \log \frac{a}{b}$

(3) $\displaystyle\lim_{x \to 0} \frac{x - \arcsin x}{x^3} = \lim_{x \to 0} \frac{1 - \frac{1}{\sqrt{1-x^2}}}{3x^2} = \lim_{x \to 0} \frac{-x^2}{3x^2\sqrt{1-x^2}\left(\sqrt{1-x^2} + 1\right)} = -\frac{1}{6}$

(4) 2 回ド・ロピタルの定理を使う．

$$\lim_{x \to 0} \frac{\sin x - xe^x}{x^2} = \lim_{x \to 0} \frac{\cos x - e^x - xe^x}{2x} = \lim_{x \to 0} \frac{-\sin x - e^x - e^x - xe^x}{2} = -1$$

(5) $\infty - \infty$ 型だから通分する.
$$\lim_{x \to 0}\left(\frac{1}{\sin x} - \frac{1}{x}\right) = \lim_{x \to 0}\frac{x - \sin x}{x \sin x} = \lim_{x \to 0}\frac{1 - \cos x}{\sin x + x \cos x} = \lim_{x \to 0}\frac{\sin x}{2\cos x - x \sin x} = 0$$

(6) $\displaystyle\lim_{x \to 1}\frac{\log x}{1 - x} = \lim_{x \to 1}\frac{\frac{1}{x}}{-1} = -1.$ よって $\displaystyle\lim_{x \to 1} x^{\frac{1}{1-x}} = e^{-1}$

(7) $x \to +0$ のとき $\dfrac{1}{x}\log x \to -\infty$ $\therefore \displaystyle\lim_{x \to +0} x^{\frac{1}{x}} = \lim_{x \to +0} e^{\frac{1}{x}\log x} = 0$

(8) $\displaystyle\lim_{x \to \infty} x\left(\frac{\pi}{2} - \arctan x\right) = \lim_{x \to \infty}\frac{\frac{\pi}{2} - \arctan x}{\frac{1}{x}} = \lim_{x \to \infty}\frac{-\frac{1}{1+x^2}}{-\frac{1}{x^2}} = \lim_{x \to \infty}\frac{1}{1 + \frac{1}{x^2}} = 1$

B の解答

1. $\displaystyle\lim_{x \to \infty} x \log \cos \frac{a}{x} = \lim_{x \to \infty}\frac{\log \cos \frac{a}{x}}{\frac{1}{x}} = \lim_{x \to \infty}\frac{\frac{-\sin \frac{a}{x} \cdot \left(-\frac{a}{x^2}\right)}{\cos \frac{a}{x}}}{-\frac{1}{x^2}} = \lim_{x \to \infty}\left(-a \tan \frac{a}{x}\right) = 0.$

よって $\displaystyle\lim_{x \to \infty}(\cos \frac{a}{x})^x = e^0 = 1.$

2. $y = \left(\dfrac{a_1^x + a_2^x + \cdots + a_n^x}{n}\right)^{\frac{n}{x}}$ とおくと
$$\lim_{x \to 0}\log y = n \lim_{x \to 0}\frac{\log(a_1^x + a_2^x + \cdots + a_n^x) - \log n}{x}$$
$\dfrac{0}{0}$ 型ゆえ, ド・ロピタルの定理を使って
$$\lim_{x \to 0}\log y = n \lim_{x \to 0}\frac{a_1^x \log a_1 + a_2^x \log a_2 + \cdots + a_n^x \log a_n}{a_1^x + a_2^x + \cdots + a_n^x}$$
$$= \log a_1 + \log a_2 + \cdots + \log a_n = \log(a_1 a_2 \cdots a_n)$$
$$\therefore \lim_{x \to 0} y = a_1 a_2 \cdots a_n.$$

3. 平均値の定理によって
$$\frac{f(x+1) - f(x)}{(x+1) - x} = f(x+1) - f(x) = f'(c_x) \quad (x < c_x < x + 1)$$
をみたす c_x が存在する. $c_x \to \infty\ (x \to \infty)$ より
$$\lim_{x \to \infty}(f(x+1) - f(x)) = \lim_{x \to \infty} f'(c_x) = \alpha$$

4. $f(x) = x^\alpha$ とおくと, $f'(x) = \alpha x^{\alpha - 1}$. 平均値の定理より $n < c < n + 1$ をみたす c があって
$$(n+1)^\alpha - n^\alpha = \alpha c^{\alpha - 1}$$
よって $0 < \alpha < 1$ だから
$$\lim_{n \to \infty}\{(n+1)^\alpha - n^\alpha\} = \lim_{c \to \infty}\alpha c^{\alpha - 1} = 0.$$

5. (1) 仮定より定数 $M > 0$ があって
$$|f'(x)| \le M \quad (x \in I).$$

x, y を I の任意の 2 点とすると，平均値の定理より x と y の間の点 c があって $f(x) - f(y) = f'(c)(x - y)$. よって
$$|f(x) - f(y)| = |f'(c)||x - y| \leq M|x - y|.$$
したがって
$$|f(x) - f(y)| \leq M|x - y| \quad (x, y \in I)$$
となる．

(2) $f(x) = \sin x$ のとき，$|f'(x)| = |\cos x| \leq 1$. あとは (1) の証明と同様．

6. (1) $F(x) = f(x) - x$ は $F'(x) = \dfrac{2}{x} - 1$ より $0 < x < 2$ で増加，$x > 2$ で減少．$F(2) = \log 4 - 1 > 0$, $\displaystyle\lim_{x \to +0} F(x) = \lim_{x \to \infty} F(x) = -\infty$ となるから方程式 $f(x) = x$ は $0 < x < 2$ で 1 つ解をもち $(x = 1)$，$x > 2$ で 1 つ解 α をもつが，$F(3) = \log 9 - 2 > 0$, $F(4) = \log 16 - 3 < 0$ $(e^3 > 2.7^3 > 8 + 12 \times 0.7 > 16)$ により $3 < \alpha < 4$ である．

(2) まず $a_1 < \alpha$ である．$a_1 < a_2 < \cdots < a_{n-1} < \alpha$ であると仮定すると，$f(x)$ は増加関数だから
$$a_{n-1} = f(a_{n-2}) < f(a_{n-1}) = a_n < f(\alpha) = \alpha.$$
したがって，すべての n に対して $a_1 < a_2 < \cdots < a_n < \alpha$ となる．
平均値の定理より
$$0 < \alpha - a_n = f(\alpha) - f(a_{n-1}) = (\alpha - a_{n-1})f'(c), \quad a_{n-1} < c < \alpha.$$
ここで $f'(c) = \dfrac{2}{c} < \dfrac{2}{a_1} = \dfrac{2}{3}$ より $\alpha - a_n < (\alpha - a_{n-1}) \cdot \dfrac{2}{3}$. したがって
$0 < \alpha - a_n < (\alpha - a_1)\left(\dfrac{2}{3}\right)^{n-1}$. $\alpha < 4$ であるから $0 < \alpha - a_n < \left(\dfrac{2}{3}\right)^{n-1}$.

7. $F(a) = F(b) = 0$ より，ロールの定理から $F'(c) = f'(c)(g(b) - g(a)) - g'(c)(f(b) - f(a)) = 0$ を満たす $c (a < c < b)$ が存在する．仮定より $g(b) - g(a) \neq 0$. もし $g'(c) = 0$ ならば，上式より $f'(c) = 0$. これは仮定に反する．よって $g'(c) \neq 0$, そして主張を得る．

1.4 テイラーの定理

定理 1 (テイラー（Taylor）の定理). 関数 $f(x)$ が a を内部に含む区間で n 回微分可能であるとする．このとき，

$$f(x) = f(a) + f'(a)(x-a) + \frac{f''(a)}{2!}(x-a)^2 + \frac{f'''(a)}{3!}(x-a)^3 + \cdots$$
$$+ \frac{f^{(n-1)}(a)}{(n-1)!}(x-a)^{n-1} + \frac{f^{(n)}(c)}{n!}(x-a)^n$$

を満たす c が a と x の間に存在する．ここで，$R_n(x) = \dfrac{f^{(n)}(c)}{n!}(x-a)^n$ を剰余項と呼ぶ．

定理 1 で $\theta = \dfrac{c-a}{x-a}$ とおくと，$0 < \theta < 1$, $c = a + \theta(x-a)$. よって，剰余項 $R_n(x)$ は $R_n(x) = \dfrac{f^{(n)}(a + \theta(x-a))}{n!}(x-a)^n$ と表せる．

定理 2. 関数 $f(x)$ が 0 を内部に含む区間で n 回微分可能とする．このとき

$$f(x) = f(0) + f'(0)x + \frac{f''(0)}{2!}x^2 + \cdots + \frac{f^{(n-1)}(0)}{(n-1)!}x^{n-1} + \frac{f^{(n)}(\theta x)}{n!}x^n$$

をみたす θ が 0 と 1 の間に存在する．

テイラー展開． 関数 $f(x)$ が a を内部に含む区間で無限回微分可能であるとする．このとき，テイラーの定理の剰余項 $R_n(x)$ が $\lim\limits_{n\to\infty} R_n(x) = 0$ となるならば，$f(x)$ を

$$f(x) = f(a) + f'(a)(x-a) + \frac{f''(a)}{2!}(x-a)^2 + \frac{f'''(a)}{3!}(x-a)^3 + \cdots$$
$$+ \frac{f^{(n)}(a)}{n!}(x-a)^n + \cdots$$

と無限級数の和として表すことができる．この右辺の無限級数を関数 $f(x)$ の $x = a$ のまわりのテイラー展開もしくはテイラー級数と呼ぶ．$x = a + h$ とおいて，次の形もよく用いる．

$$f(a+h) = f(a) + f'(a)h + \frac{f''(a)}{2!}h^2 + \cdots + \frac{f^{(n)}(a)}{n!}h^n + \cdots$$

マクローリン展開． $x = 0$ のまわりのテイラー展開のことをマクローリン（Maclaurin）展開といい，

$$f(x) = f(0) + f'(0)x + \frac{f''(0)}{2!}x^2 + \frac{f'''(0)}{3!}x^3 + \cdots + \frac{f^{(n)}(0)}{n!}x^n + \cdots$$

という形式になる．マクローリン展開には次のようなものがある．

$$\frac{1}{1-x} = 1 + x + x^2 + x^3 + \cdots + x^n + \cdots \qquad (-1 < x < 1)$$

$$e^x = 1 + x + \frac{x^2}{2!} + \frac{x^3}{3!} + \cdots + \frac{x^n}{n!} + \cdots \qquad (-\infty < x < \infty)$$

$$\sin x = x - \frac{x^3}{3!} + \frac{x^5}{5!} - \cdots + (-1)^m \frac{x^{2m+1}}{(2m+1)!} + \cdots \qquad (-\infty < x < \infty)$$

$$\cos x = 1 - \frac{x^2}{2!} + \frac{x^4}{4!} - \cdots + (-1)^m \frac{x^{2m}}{(2m)!} + \cdots \qquad (-\infty < x < \infty)$$

$$\log(1+x) = x - \frac{x^2}{2} + \frac{x^3}{3} + \cdots + (-1)^{n-1}\frac{x^n}{n} + \cdots \qquad (-1 < x \leq 1)$$

$$\arcsin x = x + \frac{1}{6}x^3 + \frac{3}{40}x^5 + \cdots + \frac{1 \cdot 3 \cdots (2m-1)}{m!\, 2^m (2m+1)} x^{2m+1} + \cdots \qquad (-1 \leq x \leq 1)$$

$$\arctan x = x - \frac{x^3}{3} + \frac{x^5}{5} - \cdots + (-1)^m \frac{x^{2m+1}}{2m+1} + \cdots \qquad (-1 \leq x \leq 1)$$

$$(1+x)^\alpha = 1 + \binom{\alpha}{1} x + \binom{\alpha}{2} x^2 + \cdots + \binom{\alpha}{n} x^n + \cdots \qquad (-1 < x < 1)$$

ただし

$$\binom{\alpha}{k} = \frac{\alpha(\alpha-1)\cdots(\alpha-k+1)}{k!}$$

注. 指数関数のマクローリン展開 $e^x = 1 + x + \dfrac{x^2}{2!} + \dfrac{x^3}{3!} + \cdots$ において x を ix (i は虚数単位) におきかえると, $\cos x, \sin x$ のマクローリン展開を用いることによって, オイラー (Euler) の公式とよばれる関係式

$$e^{ix} = \cos x + i \sin x$$

が導かれる.

例題 1.

f'' が連続であるとき,
$$\lim_{h \to 0} \frac{f(x+h) - 2f(x) + f(x-h)}{h^2} = f''(x)$$
となることを示せ.

解答 テイラーの定理により

$$f(x+h) = f(x) + hf'(x) + \frac{h^2}{2} f''(x + \theta_1 h) \quad (0 < \theta_1 < 1)$$

$$f(x-h) = f(x) - hf'(x) + \frac{h^2}{2} f''(x - \theta_2 h) \quad (0 < \theta_2 < 1)$$

であるから
$$f(x+h) - 2f(x) + f(x-h) = \frac{h^2}{2}\{f''(x+\theta_1 h) + f''(x-\theta_2 h)\}$$
$f''(x)$ が連続なので
$$\lim_{h\to 0}\frac{f(x+h) - 2f(x) + f(x-h)}{h^2} = \lim_{h\to 0}\frac{f''(x+\theta_1 h) + f''(x-\theta_2 h)}{2} = f''(x)$$

例題 2.

(1) $e^x = 1 + x + \dfrac{x^2}{2!} + \dfrac{x^3}{3!} + \dfrac{x^4}{4!} + \cdots \quad (-\infty < x < \infty)$ を用いて，次の式が成り立つことを示せ．
$$\cosh x = \frac{e^x + e^{-x}}{2} = 1 + \frac{x^2}{2!} + \frac{x^4}{4!} + \cdots \quad (-\infty < x < \infty)$$
$$\sinh x = \frac{e^x - e^{-x}}{2} = x + \frac{x^3}{3!} + \frac{x^5}{5!} + \cdots \quad (-\infty < x < \infty)$$

(2) $\cos x = 1 - \dfrac{x^2}{2!} + \dfrac{x^4}{4!} - \cdots, \ \sin x = x - \dfrac{x^3}{3!} + \dfrac{x^5}{5!} - \cdots$ を用いて $x = 0$ の近くで次の式が成り立つことを示せ．
$$\tan x = x + \frac{x^3}{3!} + \cdots$$

(3) (1) を用いて，$x = 0$ の近くで次の式が成り立つことを示せ．
$$\tanh x = x - \frac{x^3}{3!} + \cdots$$

解答 (1) $e^{-x} = 1 - x + \dfrac{x^2}{2!} - \dfrac{x^3}{3!} + \dfrac{x^4}{4!} - \cdots \quad (-\infty < x < \infty)$ だから
$$\cosh x = \frac{e^x + e^{-x}}{2} = 1 + \frac{x^2}{2!} + \frac{x^4}{4!} + \cdots,$$
$$\sinh x = \frac{e^x - e^{-x}}{2} = x + \frac{x^3}{3!} + \frac{x^5}{5!} + \cdots.$$

(2) $\tan x = \dfrac{\sin x}{\cos x}$ だから

$$\begin{array}{r}
x + \dfrac{x^3}{3} + \cdots \\
1 - \dfrac{x^2}{2} + \dfrac{x^4}{24} - \cdots \overline{\big) x - \dfrac{x^3}{6} + \dfrac{x^5}{120} - \cdots}\\
\underline{x - \dfrac{x^3}{2} + \dfrac{x^5}{24} - \cdots}\\
\dfrac{x^3}{3} - \dfrac{x^5}{30} + \cdots
\end{array}$$

より
$$\tan x = x + \frac{x^3}{3} + \cdots.$$

(3) $\tanh x = \dfrac{\sinh x}{\cosh x}$ だから

$$
\begin{array}{r}
x - \dfrac{x^3}{3} + \cdots \\
1 + \dfrac{x^2}{2} + \dfrac{x^4}{24} + \cdots \overline{\Big) x + \dfrac{x^3}{6} + \dfrac{x^5}{120} + \cdots} \\
\underline{x + \dfrac{x^3}{2} + \dfrac{x^5}{24} + \cdots} \\
-\dfrac{x^3}{3} - \dfrac{x^5}{30} + \cdots
\end{array}
$$

より

$$\tanh x = x - \frac{x^3}{3} + \cdots.$$

──────────── A ────────────

1. 次の関数をマクローリン展開せよ．

(1) $\dfrac{1}{3+x}$ (2) e^{-3x} (3) $\log(1-2x)$ (4) $\dfrac{1}{\sqrt{1-x^2}}$

2. 次の関数をマクローリン展開し，0でない係数の項を少なくとも4項は示せ．

(1) e^{-x^2} (2) $\dfrac{1}{1-x+x^2}$

3. e^x にテイラーの定理（剰余項 R_3）を適用して，$e^{0.01}$ の近似値を小数第6位まで求めよ．

4. $f(x) = x^2 - xe^x + \sin x$, $g(x) = x - \arctan x$ とする．このとき

(1) $x = 0$ の近くで $f(x), g(x)$ をマクローリン展開せよ．

(2) $\displaystyle\lim_{x \to 0} \frac{f(x)}{g(x)}$ を (1) を用いて求めよ．

──────────── B ────────────

1. $\cos x$ にテイラーの定理（剰余項 R_5）を適用して，$\cos 0.1$ の近似値を求めよ．誤差も評価せよ．

2. e^x にテイラーの定理（剰余項 R_4）を適用して，$\sqrt{e}$ の近似値を求めよ．誤差も評価せよ．

3. 次の問に答えよ．

(1) $f(x) = \dfrac{1}{x}$ を $x = 2$ のまわりでテイラー展開せよ．

(2) x の関数 y が $y'' = xy$ をみたすとき，y がマクローリン級数に展開できるものとして，x^4 の項まで求めよ．ただし，$y(0) = 1$, $y'(0) = 1$ とする．

(3) e^{x-x^2} をマクローリン級数に展開したとき，x^4 の項まで求めよ．

4. テイラーの定理を用いて, e が無理数であることを示せ.

$$\begin{pmatrix} \text{ヒント}: e = \dfrac{m}{n}(m, n \text{ は自然数}) \text{ と仮定し,} \\ \text{テイラーの定理より} \\ e = 1 + \dfrac{1}{1!} + \dfrac{1}{2!} + \cdots + \dfrac{1}{n!} + \dfrac{e^\theta}{(n+1)!} \text{を導け,} \\ \text{この両辺に } n! \text{をかけてみよ.} \ 2 < e < 3 \text{ に注意.} \end{pmatrix}$$

5. $x = 0$ の近くで次の関数をマクローリン展開せよ.

(1) $\dfrac{x}{1-x}$　(2) $x - \log(1+x)$

(3) $x^2 - \sin x \log(1+x)$　（最初の 3 項を求めよ.）

A の解答

1. (1) $\dfrac{1}{3+x} = \dfrac{1}{3}\left(1 + \dfrac{x}{3}\right)^{-1} = \dfrac{1}{3} - \dfrac{x}{3^2} + \dfrac{x^2}{3^3} - \cdots + (-1)^k \dfrac{x^k}{3^{k+1}} + \cdots$

(2) $\quad e^{-3x} = 1 + (-3x) + \dfrac{(-3x)^2}{2!} + \cdots + \dfrac{(-3x)^k}{k!} + \cdots$

$\qquad = 1 - 3x + \dfrac{3^2 x^2}{2!} + \cdots + (-1)^k \dfrac{3^k x^k}{k!} + \cdots$

(3) $\quad \log(1-2x) = \log\{1 + (-2x)\}$

$\qquad = (-2x) - \dfrac{(-2x)^2}{2} + \dfrac{(-2x)^3}{3} - \cdots + (-1)^{k-1} \dfrac{(-2x)^k}{k} + \cdots$

$\qquad = -2x - 2x^2 - \dfrac{2^3}{3}x^3 - \cdots - \dfrac{2^k}{k}x^k - \cdots$

(4) $x^2 = t$ とおいて $(1-t)^{-1/2}$ を展開すると 2 項展開式から

$\dfrac{1}{\sqrt{1-x^2}} = (1-t)^{-1/2}$

$\qquad = 1 + \begin{pmatrix} -\frac{1}{2} \\ 1 \end{pmatrix}(-t) + \begin{pmatrix} -\frac{1}{2} \\ 2 \end{pmatrix}(-t)^2 + \cdots + \begin{pmatrix} -\frac{1}{2} \\ k \end{pmatrix}(-t)^k + \cdots$

$\qquad = 1 + \dfrac{-\frac{1}{2}}{1!}(-t) + \dfrac{-\frac{1}{2}\left(-\frac{1}{2}-1\right)}{2!}(-t)^2 + \cdots$

$\qquad\quad + \dfrac{-\frac{1}{2}\left(-\frac{1}{2}-1\right)\cdots\left(-\frac{1}{2}-k+1\right)}{k!}(-t)^k + \cdots$

$\qquad = 1 + \dfrac{1}{2}x^2 + \dfrac{1 \cdot 3}{2^2 \cdot 2!}x^4 + \cdots + \dfrac{1 \cdot 3 \cdots (2k-1)}{2^k \cdot k!}x^{2k} + \cdots$

2.

(1) e^t のマクローリン展開は

$$e^t = 1 + t + \dfrac{1}{2}t^2 + \dfrac{1}{6}t^3 + \cdots + \dfrac{1}{n!}t^n + \cdots$$

よって $t = -x^2$ に代入すると
$$e^{-x^2} = 1 - x^2 + \frac{1}{2}x^4 - \frac{1}{6}x^6 + \cdots + \frac{(-1)^n}{n!}x^{2n} + \cdots$$

(2)
$$\begin{array}{r}
1 + x - x^3 - x^4 + x^6 + \cdots \\
1 - x + x^2 \overline{\smash{\big)}\, 1 } \\
\underline{1 - x + x^2} \\
x - x^2 \\
\underline{x - x^2 + x^3} \\
-x^3 \\
\underline{-x^3 + x^4 - x^5} \\
-x^4 + x^5 \\
\underline{-x^4 + x^5 - x^6} \\
x^6
\end{array}$$

より $\dfrac{1}{1-x+x^2} = 1 + x - x^3 - x^4 + x^6 + \cdots$ を得る.

$$\frac{1}{1-x+x^2} = 1 + (x - x^2) + (x - x^2)^2 + (x - x^2)^3 + \cdots$$

とすることや

$$1 = (1 - x + x^2)(a_0 + a_1 x + a_2 x^2 + \cdots)$$

から漸化式を出すこともできるが，現実には割り算で十分であろう.

3. テイラーの定理より
$$e^x = 1 + x + \frac{x^2}{2} + \frac{x^3}{6}e^{\theta x} \quad (0 < \theta < 1)$$
となる θ が存在する. ゆえに
$$e^{0.01} = 1 + 0.01 + \frac{0.0001}{2} + \frac{0.000001}{6}e^{0.01\theta} \quad (0 < \theta < 1)$$
ところで $1 < e^{0.01\theta} < e < 3$ より
$$\frac{0.000001}{6} < \frac{0.000001}{6}e^{0.01\theta} < \frac{0.000001}{2}$$
ゆえに $1.01005016 < e^{0.01} < 1.0100505$ から $e^{0.01}$ の小数第 6 位までは 1.010050 である.

4. (1)
$$f(x) = x^2 - x\left(1 + x + \frac{x^2}{2!} + \frac{x^3}{3!} + \frac{x^4}{4!} + \cdots\right) + x - \frac{x^3}{3!} + \frac{x^5}{5!} - \cdots$$
$$= \left(-\frac{1}{2!} - \frac{1}{3!}\right)x^3 - \frac{1}{3!}x^4 + \left(-\frac{1}{4!} + \frac{1}{5!}\right)x^5 + \cdots$$
$$= -\frac{2}{3}x^3 - \frac{1}{3!}x^4 - \frac{4}{5!}x^5 + \cdots$$

$$g(x) = x - \left(x - \frac{x^3}{3} + \frac{x^5}{5} - \cdots\right) = \frac{1}{3}x^3 - \frac{1}{5}x^5 + \cdots$$

(2)
$$\lim_{x\to 0} \frac{f(x)}{g(x)} = \lim_{x\to 0} \frac{-\frac{2}{3}x^3 - \frac{1}{3!}x^4 - \frac{4}{5!}x^5 + \cdots}{\frac{1}{3}x^3 - \frac{1}{5}x^5 + \cdots}$$
$$= \lim_{x\to 0} \frac{-\frac{2}{3} - \frac{1}{3!}x - \frac{4}{5!}x^2 + \cdots}{\frac{1}{3} - \frac{1}{5}x^2 + \cdots} = -2$$

B の解答

1. $\cos x = 1 - \frac{1}{2}x^2 + \frac{1}{4!}x^4 - \frac{\sin(\theta x)}{5!}x^5 \quad (0 < \theta < 1)$ より

$$\cos 0.1 = \underbrace{1 - \frac{1}{2}\left(\frac{1}{10}\right)^2 + \frac{1}{4!}\left(\frac{1}{10}\right)^4}_{=0.9950041\dot{6}} - \frac{\sin\frac{\theta}{10}}{5!}\left(\frac{1}{10}\right)^5$$

ここで，剰余項は

$$\left|-\frac{\sin\frac{\theta}{10}}{5!}\left(\frac{1}{10}\right)^5\right| \le \frac{1}{5!}\left(\frac{1}{10}\right)^5 = 8.\dot{3} \times 10^{-8} < 1 \times 10^{-7}$$

と評価できる．

よって $\cos 0.1$ を 0.99500416 と近似すれば誤差 ε は $\varepsilon < 1 \times 10^{-7}$ である．

2.
$$e^x = 1 + x + \frac{x^2}{2!} + \frac{x^3}{3!} + R_4, \ R_4 = \frac{e^{\theta x}}{4!}x^4 \quad (0 < \theta < 1)$$

$x = \frac{1}{2}$ とおいて x^3 の項までを計算すると

$$1 + \frac{1}{2} + \frac{1}{2!}\left(\frac{1}{2}\right)^2 + \frac{1}{3!}\left(\frac{1}{2}\right)^3 = 1.6458\dot{3}$$

$x = \frac{1}{2}$ のとき R_4 を評価すると，$e < 3$ 及び $\sqrt{3} < 2$ より

$$|R_4| = \left|\frac{e^{\frac{\theta}{2}}}{4!}\left(\frac{1}{2}\right)^4\right| < \left|\frac{\sqrt{3}}{4!}\left(\frac{1}{2}\right)^4\right| < \frac{1}{4!}\left(\frac{1}{2}\right)^3 = 0.005208\dot{3} < 1 \times 10^{-2}$$

よって $\sqrt{e}$ の近似値として 1.6458 をとれば誤差 ε は $\varepsilon < 1 \times 10^{-2}$ である．

3.

(1) $x - 2 = t$ とおけば $f(x) = \frac{1}{t+2} = \frac{1}{2}\frac{1}{1+\frac{t}{2}}$ となる．

$\left|\frac{t}{2}\right| < 1$ のとき，すなわち $|x - 2| < 2$ のとき

$$f(x) = \frac{1}{2}\left\{1 - \frac{t}{2} + \left(\frac{t}{2}\right)^2 - \cdots + (-1)^n\left(\frac{t}{2}\right)^n + \cdots\right\}$$
$$= \frac{1}{2} - \frac{1}{2^2}(x-2) + \frac{1}{2^3}(x-2)^2 - \cdots + (-1)^n\frac{1}{2^{n+1}}(x-2)^n + \cdots$$

(2) $y'' = xy$ より $y''(0) = 0$. $y''' = y + xy'$ より $y'''(0) = 1$. $y^{(4)} = 2y' + xy''$ より $y^{(4)}(0) = 2$.

よって
$$y = y(0) + y'(0)x + \frac{y''(0)}{2!}x^2 + \frac{y'''(0)}{3!}x^3 + \frac{y^{(4)}(0)}{4!}x^4 + \cdots$$
$$= 1 + x + \frac{1}{6}x^3 + \frac{1}{12}x^4 + \cdots$$

(3) $e^{x-x^2} = e^x \cdot e^{-x^2}$
$$= \left(1 + x + \frac{x^2}{2!} + \frac{x^3}{3!} + \frac{x^4}{4!} + \cdots\right)\left(1 - x^2 + \frac{x^4}{2!} - \frac{x^6}{3!} + \cdots\right)$$

よって x^4 の項までは
$$1 + x + \left(\frac{1}{2!} - 1\right)x^2 + \left(-1 + \frac{1}{3!}\right)x^3 + \left(\frac{1}{2!} - \frac{1}{2!} + \frac{1}{4!}\right)x^4$$
$$= 1 + x - \frac{1}{2}x^2 - \frac{5}{6}x^3 + \frac{1}{24}x^4$$

4. $e = \dfrac{m}{n}$ (m, n は自然数) と仮定する. テイラーの定理より
$$e^x = 1 + \frac{x}{1!} + \frac{x^2}{2!} + \cdots + \frac{x^n}{n!} + \frac{e^{\theta x} x^{n+1}}{(n+1)!} \quad (0 < \theta < 1)$$

$x = 1$として
$$e = 1 + \frac{1}{1!} + \frac{1}{2!} + \cdots + \frac{1}{n!} + \frac{e^\theta}{(n+1)!}$$

$n!$ を両辺にかけると
$$n!e = n! + n! + \frac{n!}{2!} + \cdots + 1 + \frac{e^\theta}{n+1}.$$

仮定より左辺は自然数となるから, $\dfrac{e^\theta}{n+1}$ も自然数.

$$1 \leq \frac{e^\theta}{n+1} < \frac{e}{n+1} < \frac{3}{n+1}$$

よって $n + 1 < 3$ より $n = 1$, したがって $e = m$ (自然数) となり $2 < e < 3$ に矛盾.

5. (1) $$\frac{x}{1-x} = x(1 + x + x^2 + x^3 + x^4 + \cdots)$$
$$= x + x^2 + x^3 + x^4 + x^5 + \cdots$$

(2) $$x - \log(1+x) = x - \left(x - \frac{x^2}{2} + \frac{x^3}{3} - \frac{x^4}{4} + \frac{x^5}{5} - \cdots\right)$$
$$= \frac{x^2}{2} - \frac{x^3}{3} + \frac{x^4}{4} - \frac{x^5}{5} + \cdots$$

(3) $x^2 - \sin x \log(1+x)$

$$= x^2 - \left(x - \frac{x^3}{3!} + \frac{x^5}{5!} - \cdots\right)\left(x - \frac{x^2}{2} + \frac{x^3}{3} - \frac{x^4}{4}\cdots\right)$$
$$= x^2 - \left(x^2 - \frac{x^3}{2} + \frac{x^4}{3} - \frac{x^4}{3!} + \frac{x^5}{12} + \cdots\right)$$
$$= \frac{x^3}{2} - \frac{x^4}{6} - \frac{x^5}{12} + \cdots$$

1.5 微分法の応用

関数の増減

定理 1. 関数 $f(x)$ を $[a,b]$ で連続，(a,b) で微分可能とする．このとき，

すべての $x \in (a,b)$ に対して $f'(x) > 0$ ならば $f(a) < f(b)$ であり，

すべての $x \in (a,b)$ に対して $f'(x) < 0$ ならば $f(a) > f(b)$ である．

関数の極値

$\varepsilon > 0$ を十分小さな正の定数とする．関数 $f(x)$ が区間 $(a-\varepsilon, a+\varepsilon)$ の a と異なるすべての点 x に対して

$$f(x) < f(a)$$

のとき，$f(x)$ は $x = a$ で極大になるといい，$f(a)$ を極大値という．また

$$f(x) > f(a)$$

のとき $f(x)$ は $x = a$ で極小になるといい，$f(a)$ を極小値という．極大値と極小値を合わせて極値という．

定理 2. 区間 I で $f(x)$ が微分可能であるとき，I 上の極値を与える点 a において $f'(a) = 0$ が成り立つ．

曲線の凹凸

曲線 $y = f(x)$ 上のどの 2 点を結んだ線分もこの曲線に交わることなく，常に曲線の上にある場合，曲線 $y = f(x)$ は下に凸であるといい，線分が曲線の下にある場合，上に凸であるという．また，下に凸と上に凸が入れ換わる点を変曲点という．

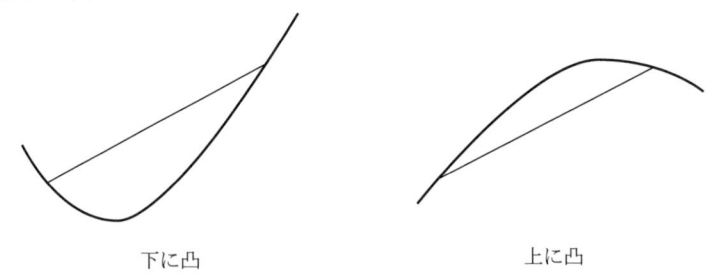

下に凸　　　　　　　　上に凸

定理 3. 関数 $f(x)$ が区間 I で微分可能で，I 上で接線がすべて曲線 $y = f(x)$ の下にある場合，曲線 $y = f(x)$ は下に凸であり，接線がすべて上にある場合は曲線 $y = f(x)$ は上に凸である．

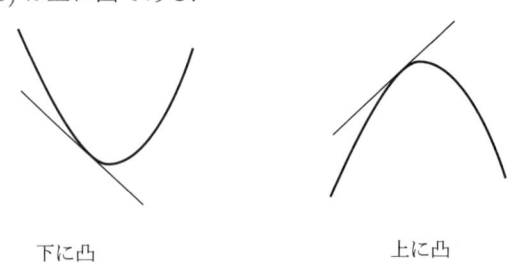

下に凸　　　　　　　　上に凸

1.5 微分法の応用

定理 4. 関数 $f(x)$ が区間 I で 2 回微分可能とする．I 上のすべての点で
$f''(x) > 0$ であるとき I で曲線 $y = f(x)$ は下に凸であり，
$f''(x) < 0$ であるとき I で曲線 $y = f(x)$ は上に凸である．

例題 1.

関数 $y = e^{-x^2}$ について，増減及びグラフの凹凸を調べよ．また，極値，変曲点があるならば，それらをすべて求めて，関数のグラフを描け．

解答 $f(x) = e^{-x^2}$ とおくと，$f'(x) = -2xe^{-x^2}$，$f''(x) = 2e^{-x^2}(2x^2 - 1) = 4e^{-x^2}\left(x + \frac{\sqrt{2}}{2}\right)\left(x - \frac{\sqrt{2}}{2}\right)$ より

x	$\cdots$	$-\frac{\sqrt{2}}{2}$	$\cdots$	0	$\cdots$	$\frac{\sqrt{2}}{2}$	$\cdots$
y'	$+$	$+$	$+$	0	$-$	$-$	$-$
y''	$+$	0	$-$	$-$	$-$	0	$+$
y	↗	$e^{-\frac{1}{2}}$	↗	1	↘	$e^{-\frac{1}{2}}$	↘

例題 2.

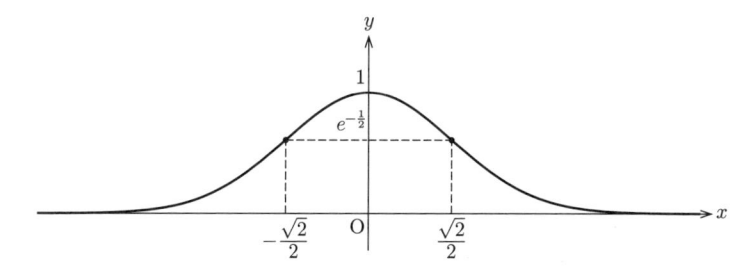

関数 $y = e^{x^3}$ と閉区間 $I = [-2, 1]$ について次の問に答えよ．

(1) I における増減表を書け．ただし，$\left(\frac{2}{3}\right)^{\frac{1}{3}} = 0.87358\cdots$ である．

(2) I 上で変曲点，極値，最大値，最小値があるならばそれを求めよ．

(3) I 上で $y = e^{x^3}$ と $y = 1$ のグラフを同一平面上に描け．

解答 (1) $y' = 3x^2 e^{x^3}$，$y'' = 3x(2 + 3x^3)e^{x^3}$ より

x	-2	$\cdots$	$-\left(\dfrac{2}{3}\right)^{\frac{1}{3}}$	$\cdots$	0	$\cdots$	1
y'	$+$	$+$	$+$	$+$	0	$+$	$+$
y''	$+$	$+$	0	$-$	0	$+$	$+$
y	e^{-8}	↗	$e^{-\frac{2}{3}}$	↗	1	↗	e

(2) 変曲点は $\left(-\left(\dfrac{2}{3}\right)^{\frac{1}{3}}, e^{-\frac{2}{3}}\right)$, $(0,1)$. $x=-2$ において最小値 e^{-8}, また $x=1$ において最大値 e をとる. 極値はない.

(3) (1) の増減表より

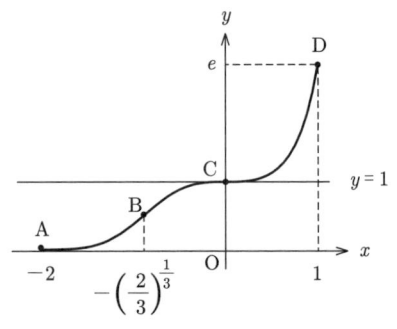

点 A の y 座標は最小値 $e^{-8} = 0.000335\cdots$ であり, $x<-2$ においてはこれより小さい値をとる. すなわち, グラフは急速に x 軸に近づいていく. 点 B,C は変曲点. 点 C におけるグラフの接線は $y=1$. 手描きにおいても, 例えば $\tan x$ と x^3 の原点における傾きの違いのように, 下図 (1) と (2) の差は意識すべきである. 点 D の y 座標は最大値 e であり, x が 1 より大きくなるにつれ $y=e^{x^3}$ の値は急速に増大していく. (例えば, $x=2$ においてもすでに $e^{2^3} = 2980.957\cdots$ である!)

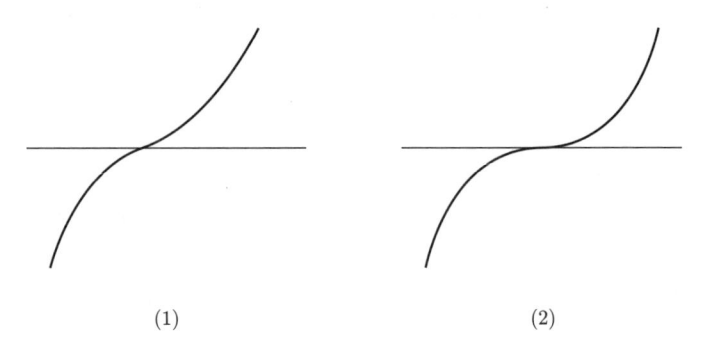

(1)　　　　　　　　　(2)

例題 3.

関数 $f(x) = e^{-\frac{1}{x}} \, (x \neq 0)$ について

(1) $f'(x), f''(x)$ を求めよ.
(2) $f''(x) = 0$ となる x を求めよ.
(3) $y = f(x)$ のグラフを描け.

解答

(1) $f'(x) = \left(-\dfrac{1}{x}\right)' e^{-\frac{1}{x}} = \dfrac{1}{x^2} e^{-\frac{1}{x}}$

$f''(x) = \left(\dfrac{1}{x^2}\right)' e^{-\frac{1}{x}} + \dfrac{1}{x^2} \left(e^{-\frac{1}{x}}\right)'$

$= -\dfrac{2}{x^3} e^{-\frac{1}{x}} + \dfrac{1}{x^4} e^{-\frac{1}{x}}$

$= \dfrac{1-2x}{x^4} e^{-\frac{1}{x}}.$

(2) (1) より $f''(x) = 0 \Leftrightarrow 1-2x = 0 \Leftrightarrow x = \dfrac{1}{2}$

(3) (1) より $f'(x) > 0$ だから $f(x)$ は増加

(2) より点 $\left(\dfrac{1}{2}, e^{-2}\right)$ が $y = f(x)$ の変曲点

$\lim\limits_{x \to \infty} f(x) = 1, \ \lim\limits_{x \to -\infty} f(x) = \lim\limits_{t \to \infty} e^{\frac{1}{t}} = 1,$

$\lim\limits_{x \to 0+0} f(x) = 0, \ \lim\limits_{x \to 0-0} f(x) = +\infty$

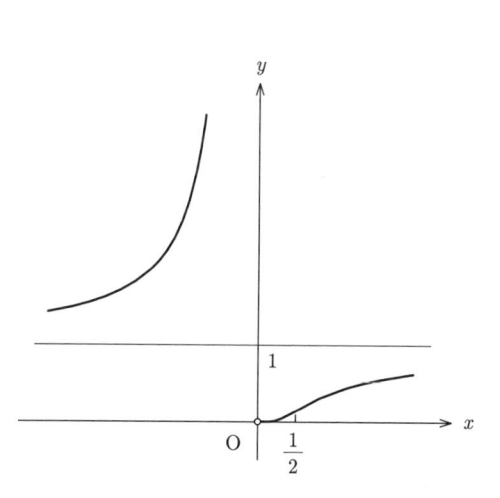

例題 4.

曲線 $y = x \arctan \dfrac{1}{x} \, (x \neq 0)$ の概形を描け.

解答 $f(x) = x \arctan \dfrac{1}{x}$ とおく. $f(-x) = f(x)$ だから $x > 0$ で考えればよいが

$$\lim_{x \to 0} f(x) = 0, \ \lim_{x \to \infty} f(x) = 1$$

また $f'(x) = \arctan \dfrac{1}{x} + x \dfrac{1}{1+\frac{1}{x^2}} \left(-\dfrac{1}{x^2}\right) = \arctan \dfrac{1}{x} - \dfrac{x}{1+x^2}$

$f''(x) = -\dfrac{1}{1+x^2} - \dfrac{1-x^2}{(1+x^2)^2} = -\dfrac{2}{(1+x^2)^2}$

により $\lim\limits_{x \to +0} f'(x) = \dfrac{\pi}{2}, f''(x) < 0$

以上から

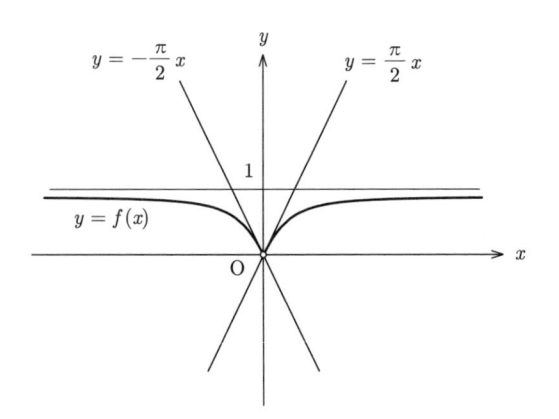

---例題 5.---
曲線 $y^2 = x^2 + x^3$ の概形を描け.

解答 $y = tx$ とすると $x = t^2 - 1, y = t^3 - t$.

$$\frac{dy}{dx} = \frac{\dot{y}}{\dot{x}} = \frac{3}{2}t - \frac{1}{2t}, \quad \frac{d^2y}{dx^2} = \frac{d}{dx}\frac{\dot{y}}{\dot{x}} = \frac{d}{dt}\frac{\dot{y}}{\dot{x}} \Big/ \frac{dx}{dt} = \frac{\ddot{y}\dot{x} - \dot{y}\ddot{x}}{\dot{x}^2}\frac{1}{\dot{x}} = \frac{\dot{x}\ddot{y} - \ddot{x}\dot{y}}{\dot{x}^3}$$
$$= \frac{1}{2t}\left(\frac{3}{2} + \frac{1}{2t^2}\right) \quad \text{より}$$

━━━━━━ A ━━━━━━

1. 次の不等式を示せ.

(1) $e^x \geq 1 + x \quad (-\infty < x < \infty)$

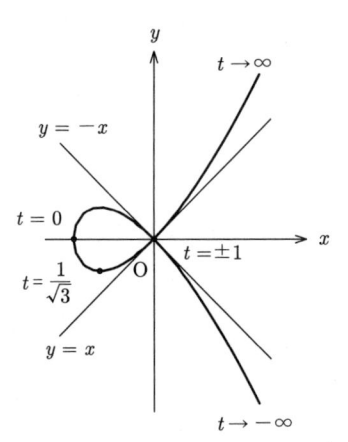

(2) $e^x > 1 + x + \dfrac{x^2}{2} \quad (x > 0)$

(3) $\dfrac{x}{1+x^2} < \arctan x < x \quad (x > 0)$

2. 関数 $f(x) = \sqrt{x^2 + x^3}$ の極値をもとめよ.

3. $3^x + 4^x = 5^x$ の実数解は $x = 2$ のみであることを示せ．

4. 不等式
$$\left(\frac{x+1}{2}\right)^{x+1} \leq x^x \quad (x > 0)$$
を示せ．

5. 関数 $y = f(x) = \dfrac{4x}{x^2+1}$ の増減及びグラフの凹凸を調べ，グラフの概形をかけ．

6. 次の関数のグラフの概形をかけ．
   (1) $y = e^{-\frac{1}{x^2}}$ $(x \neq 0)$ (2) $y = \arcsin(x^3 + 1)$ (3) $y = \sin^3 x$

7. 次の曲線の $\dfrac{d^2y}{dx^2}$ を t の関数として求め，曲線の凹凸を求めよ．
   (1) $x = a\cos t, y = b\sin t$ $(a, b > 0)$
   (2) $x = a\cos^3 t, y = a\sin^3 t$ $(a > 0)$
   (3) $x = a(t - \sin t), y = a(1 - \cos t)$ $(a > 0)$

──────── B ────────

1. $[0, 1]$ で定義された連続関数列 $\{f_n(x)\}$ に対し
$$M_n = \max_{0 \leq x \leq 1} |f_n(x)|$$
とおく．$f_n(x)$ を
$$f_n(x) = x^n(1 - x) \quad \cdots\cdots \text{①}$$
$$f_n(x) = n^2 x^n(1 - x)^2 \quad \cdots\cdots \text{②}$$
$$f_n(x) = \frac{n^3 x}{1 + n^4 x^2} \quad \cdots\cdots \text{③}$$
としたとき，$\lim_{n \to \infty} M_n = 0$ となるのはどれか．

2. $a_1 = \sqrt{2}$, $a_{n+1} = \sqrt{2}^{a_n}$ $(n \geq 1)$ と定義した数列 $\{a_n\}$ について
   (1) $\{a_n\}$ は単調増加であることを示せ．
   (2) $\{a_n\}$ は上に有界であること（ある定数 M があって全ての n について $a_n \leq M$ が成り立つこと）を示せ．
   (3) $\lim_{n \to \infty} a_n$ を求めよ．

3. 次の曲線の概形を描け．
   (1) $y^2 = xy + x^3$ (2) $y^3 = x^2 + x^3$ (3) $y^3 = x^2y + x^4$
   (4) $y^4 - x^2y + x^4 = 0$ (5) $y^4 - x^2y + x^3 = 0$

4. 次の問に答えよ（ただし i は虚数単位で，$e^{ix} = \cos x + i\sin x$ である）．
   (1) $f(x) = e^{1+ix}$ とおく．$f\left(\dfrac{\pi}{2}\right), f(\pi), |f(x)|$ を求めよ．また，x が閉区間 $[0, \pi]$ を動くとき，その値 $f(x)$ の動く範囲を複素数平面に図示せよ．

(2) $g(x) = e^{(1+i)x}$ とおく．$g\left(\dfrac{\pi}{2}\right), g(\pi), g(2\pi), |g(x)|$ を求めよ．また x が閉区間 $[0, 2\pi]$ を動くとき，その値 $g(x)$ の動く範囲を複素数平面に図示せよ．

5. 区間 (a, b) で $f''(x) > 0$, すなわち曲線 $y = f(x)$ は下に凸であると仮定する．次の不等式を示せ．

(1) $f(p_1 x_1 + p_2 x_2) \le p_1 f(x_1) + p_2 f(x_2)$ $(x_1, x_2 \in (a, b),\ p_1 + p_2 = 1,\ p_1, p_2 \ge 0)$

(2) $f(p_1 x_1 + \cdots + p_n x_n) \le p_1 f(x_1) + \cdots + p_n f(x_n)$
$(x_1, x_2, \cdots, x_n \in (a, b),\ p_1 + p_2 + \cdots + p_n = 1,\ p_1, p_2, \cdots, p_n \ge 0)$

(3) $f\left(\dfrac{a_1 x_1 + \cdots + a_n x_n}{a_1 + \cdots + a_n}\right) \le \dfrac{a_1 f(x_1) + \cdots + a_n f(x_n)}{a_1 + \cdots + a_n}$
$(x_1, x_2, \cdots, x_n \in (a, b),\ a_1, a_2, \cdots, a_n \ge 0)$

（イェンセン（Jensen）の不等式）

(4) イェンセンの不等式を用いることにより，$x_1, x_2, \cdots, x_n \ge 0$ に対し，
$$\frac{x_1 + \cdots + x_n}{n} \ge (x_1 x_2 \cdots x_n)^{\frac{1}{n}}$$
を示せ．

A の解答

1. (1) $f(x) = e^x - 1 - x$ とおく．$f'(x) = e^x - 1 = 0$ を解いて $x = 0$.

x	$\cdots$	0	$\cdots$
$f'(x)$	$-$	0	$+$
$f(x)$	$\searrow$	0	$\nearrow$

増減表より $f(x) \ge 0$, よって $e^x \ge 1 + x$.

(2) $f(x) = e^x - 1 - x - \dfrac{x^2}{2}$ とおく．(1) の証明から，$x > 0$ のとき $f'(x) = e^x - 1 - x > 0$. よって $x > 0$ のとき $f(x)$ は単調増加だから $f(x) > f(0) = 0$, すなわち $e^x > 1 + x + \dfrac{x^2}{2}\ (x > 0)$.

(3) $f(x) = x - \arctan x$ とおけば $f'(x) = 1 - \dfrac{1}{1+x^2} = \dfrac{x^2}{1+x^2} > 0\ (x \ne 0)$. $f(x)$ は単調増加だから $x > 0$ のとき $f(x) > f(0) = 0$. $\therefore \arctan x < x\ (x > 0)$.

$g(x) = \arctan x - \dfrac{x}{1+x^2}$ とおけば，$g'(x) = \dfrac{1}{1+x^2} - \dfrac{1-x^2}{(1+x^2)^2} = \dfrac{2x^2}{(1+x^2)^2} > 0\ (x \ne 0)$. $g(x)$ は単調増加だから $x > 0$ のとき $g(x) > g(0) = 0$. $\therefore \dfrac{x}{1+x^2} < \arctan x\ (x > 0)$.

2. $x^2 + x^3 = x^2(1+x) \ge 0$ より $x \ge -1$ が定義域．$f'(x) = \dfrac{2x + 3x^2}{2\sqrt{x^2+x^3}} = \dfrac{x(2+3x)}{2|x|\sqrt{1+x}}$ より $f'(x) = 0$ となるのは $x = -\dfrac{2}{3}$ のときに限る．$x = -1, 0$ で

は $f'(x)$ は存在しない ($\lim_{x\to -1+0} f'(x) = \infty$, $\lim_{x\to \pm 0} f'(x) = \pm 1$ (複号同順)) が, $x=0$ の前後で $f'(x)$ の符号が変わる.

x	-1	$\cdots$	$-\dfrac{2}{3}$	$\cdots$	0	$\cdots$
$f'(x)$	/	$+$	0	$-$	/	$+$
$f(x)$	0	↗	極大	↘	極小	↗

したがって, $x=-\dfrac{2}{3}$ で極大値 $\dfrac{2\sqrt{3}}{9}$, $x=0$ で極小値 0 をとる. ($f(-1)=0$ だがこれは極小値とはいわない (最小値ではある). 極値の定義をみよ.)

3. $f(x) = \left(\dfrac{3}{5}\right)^x + \left(\dfrac{4}{5}\right)^x - 1$ とおくと

$$f'(x) = \left(\dfrac{3}{5}\right)^x \log\dfrac{3}{5} + \left(\dfrac{4}{5}\right)^x \log\dfrac{4}{5} < 0, \quad \lim_{x\to\infty} f(x) = -1, \quad \lim_{x\to -\infty} f(x) = \infty$$

であるから, 中間値の定理より方程式 $f(x)=0$ は実数解をただ一つもち, それは $x=2$ である.

4.
$$x\log x \geq (x+1)\log\dfrac{x+1}{2} \quad (x>0)$$

を示せばよいが,

$$F(x) = x\log x - (x+1)\log\dfrac{x+1}{2} \quad (x>0)$$

とおくと,

$$F'(x) = \log x - \log\dfrac{x+1}{2}, \quad F''(x) = \dfrac{1}{x} - \dfrac{1}{x+1} > 0$$

であるから $F(x)$ は下に凸である.

従って $F'(x)=0$ を満たす $x=1$ で最小値 $F(1)=0$ をとるから, $F(x) \geq 0$ $(x>0)$.

5.
$$f'(x) = \dfrac{4(x^2+1-2x^2)}{(x^2+1)^2} = \dfrac{4(1-x^2)}{(x^2+1)^2}$$

であるから, $f'(x)=0$ となるものは $x=\pm 1$ である. また $\lim_{x\to\pm\infty} f(x) = \lim_{x\to\pm\infty} f'(x) = 0$.

ゆえに, $f(x)$ の増減表はつぎのようになる.

x	$\cdots$	-1	$\cdots$	1	$\cdots$
$f'(x)$	$-$	0	$+$	0	$-$
$f(x)$	↘	極小	↗	極大	↘

さらに
$$f''(x) = \dfrac{4\{-2x(x^2+1)^2 - (1-x^2)4(x^2+1)x\}}{(x^2+1)^4} = \dfrac{8x(x-\sqrt{3})(x+\sqrt{3})}{(x^2+1)^3}$$

であるから, $f''(x)=0$ となるのは $x=-\sqrt{3}$, $x=0$, $x=\sqrt{3}$ である. したがって

x	$\cdots$	$-\sqrt{3}$	$\cdots$	0	$\cdots$	$\sqrt{3}$	$\cdots$
$f''(x)$	$-$	0	$+$	0	$-$	0	$+$
$f(x)$	⌢	$-\dfrac{\sqrt{3}}{4}$	⌣	0	⌢	$\dfrac{\sqrt{3}}{4}$	⌣

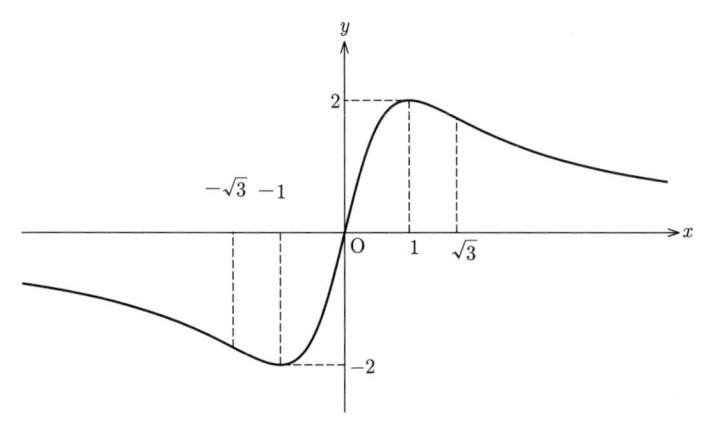

6. (1) $f(x) = e^{-\frac{1}{x^2}}$ とおく．$f(-x) = f(x)$ だから $x > 0$ で考えればよいが，

$$\lim_{x \to +0} f(x) = 0, \lim_{x \to \infty} f(x) = 1.$$

また $f'(x) = \dfrac{2}{x^3} e^{-\frac{1}{x^2}}$ より，$f'(x) > 0 \, (x > 0)$ かつ

$$\lim_{x \to +0} f'(x) = \lim_{x \to \infty} f'(x) = 0.$$

$f''(x) = \dfrac{2}{x^4} \left(\dfrac{2}{x^2} - 3 \right) e^{-\frac{1}{x^2}}$ より，点 $\left(\pm\sqrt{\dfrac{2}{3}}, e^{-\frac{3}{2}} \right)$ が変曲点．

以上より

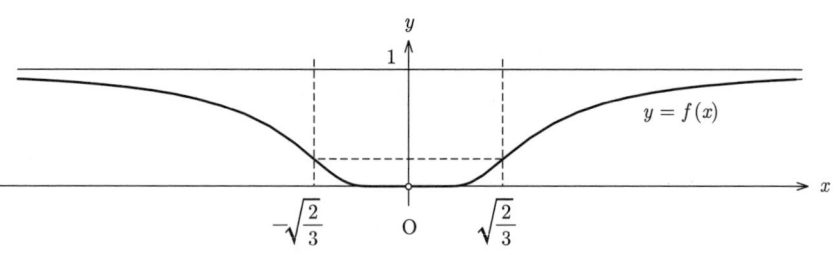

(注．$f(x) = \begin{cases} e^{-\frac{1}{x^2}} & (x \neq 0) \\ 0 & (x = 0) \end{cases}$ は $(-\infty, \infty)$ で無限回微分可能であるが，$x = 0$ でテイラー展開できない関数の例である．)

(2) 定義域は，$-1 \leq x^3 + 1 \leq 1$ より $-\sqrt[3]{2} \leq x \leq 0$.

$y' = \dfrac{3x^2}{\sqrt{1 - (x^3 + 1)^2}} = \dfrac{3x^2}{\sqrt{-x^3(2 + x^3)}} = \dfrac{3\sqrt{-x}}{\sqrt{2 + x^3}} > 0$ より単調増加．

$y'' = \dfrac{3(x^3-1)}{\sqrt{-x}\sqrt{(2+x^3)^3}} < 0$ より上に凸.

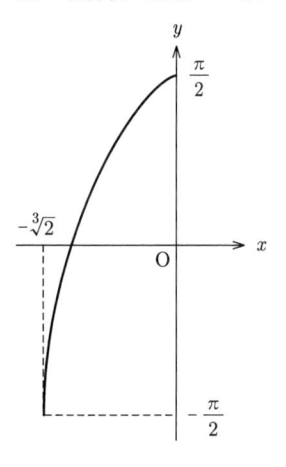

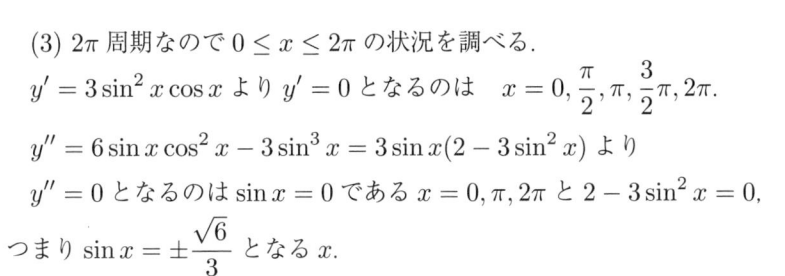

x	$-\sqrt[3]{2}$	$\cdots$	0
y'		$+$	0
y	$-\dfrac{\pi}{2}$	↗	$\dfrac{\pi}{2}$

(3) 2π 周期なので $0 \leq x \leq 2\pi$ の状況を調べる.

$y' = 3\sin^2 x \cos x$ より $y' = 0$ となるのは $x = 0, \dfrac{\pi}{2}, \pi, \dfrac{3}{2}\pi, 2\pi$.

$y'' = 6\sin x \cos^2 x - 3\sin^3 x = 3\sin x(2 - 3\sin^2 x)$ より

$y'' = 0$ となるのは $\sin x = 0$ である $x = 0, \pi, 2\pi$ と $2 - 3\sin^2 x = 0$,

つまり $\sin x = \pm\dfrac{\sqrt{6}}{3}$ となる x.

下図より $0 < \alpha < \dfrac{\pi}{2}$ で $\sin \alpha = \dfrac{\sqrt{6}}{3}$ とすると $x = \alpha, \pi - \alpha, \pi + \alpha, 2\pi - \alpha$.

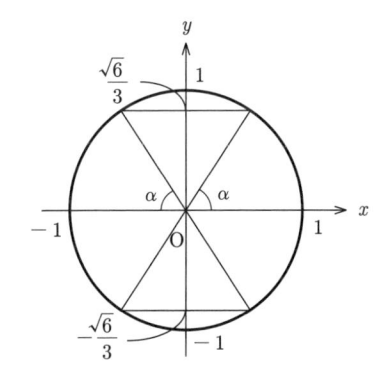

x	0	$\cdots$	α	$\cdots$	$\dfrac{\pi}{2}$	$\cdots$	$\pi - \alpha$	$\cdots$	π
y'	0	$+$	$+$	$+$	0	$-$	$-$	$-$	0
y''	0	$+$	0	$-$	$-$	$-$	0	$+$	0
y	0	↗	$\dfrac{2}{9}\sqrt{6}$	↗	1	↘	$\dfrac{2}{9}\sqrt{6}$	↘	0

$\cdots$	$\pi + \alpha$	$\cdots$	$\dfrac{3}{2}\pi$	$\cdots$	$2\pi - \alpha$	$\cdots$	2π
$-$	$-$	$-$	0	$+$	$+$	$+$	0
$-$	0	$+$	$+$	$+$	0	$-$	0
↘	$-\dfrac{2}{9}\sqrt{6}$	↘	-1	↗	$-\dfrac{2}{9}\sqrt{6}$	↗	0

7. (1) $\dfrac{dx}{dt}=-a\sin t, \dfrac{d^2x}{dt^2}=-a\cos t, \dfrac{dy}{dt}=b\cos t, \dfrac{d^2y}{dt^2}=-b\sin t$ より

$$\dfrac{d^2y}{dx^2}=\dfrac{\dot x\ddot y-\ddot x\dot y}{\dot x^3}=\dfrac{ab\sin^2 t+ab\cos^2 t}{-a^3\sin^3 t}=-\dfrac{b}{a^2\sin^3 t}$$

よって，$2n\pi<t<(2n+1)\pi$ のとき $\dfrac{d^2y}{dx^2}<0$ より上に凸，

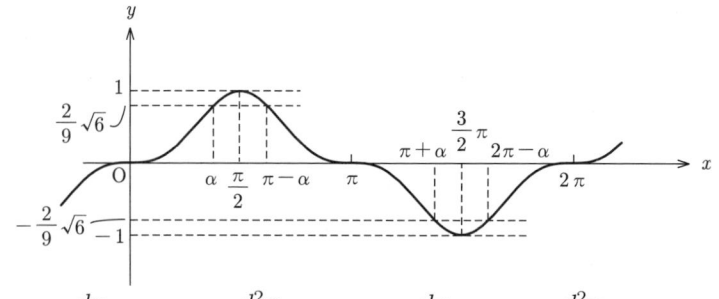

$(2n-1)\pi<t<2n\pi$ のとき $\dfrac{d^2y}{dx^2}>0$ より下に凸．

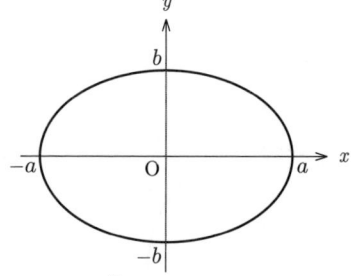

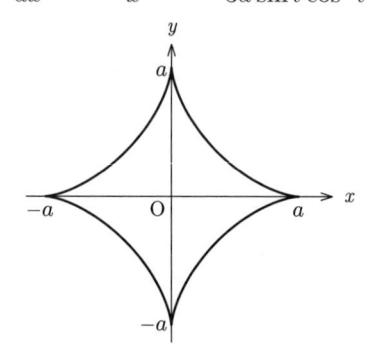

(2) $\dfrac{dx}{dt}=-3a\cos^2 t\sin t, \dfrac{d^2x}{dt^2}=-3a(\cos^3 t-2\sin^2 t\cos t),$

$\dfrac{dy}{dt}=3a\sin^2 t\cos t, \dfrac{d^2y}{dt^2}=3a(2\cos^2 t\sin t-\sin^3 t)$ より

$$\dfrac{d^2y}{dx^2}=\dfrac{\dot x\ddot y-\ddot x\dot y}{\dot x^3}=\dfrac{1}{3a\sin t\cos^4 t}$$

ゆえに，

$$2n\pi<t<2n\pi+\dfrac{\pi}{2}, 2n\pi+\dfrac{\pi}{2}<t<(2n+1)\pi$$

のとき $\dfrac{d^2y}{dx^2} > 0$ より下に凸.

$$(2n-1)\pi < t < (2n-1)\pi + \dfrac{\pi}{2}, (2n-1)\pi + \dfrac{\pi}{2} < t < 2n\pi$$

のとき $\dfrac{d^2y}{dx^2} < 0$ より上に凸.

(3) $\dfrac{dx}{dt} = a(1-\cos t), \dfrac{d^2x}{dt^2} = a\sin t, \dfrac{dy}{dt} = a\sin t, \dfrac{d^2y}{dt^2} = a\cos t$

より

$$\dfrac{d^2y}{dx^2} = \dfrac{\dot{x}\ddot{y} - \ddot{x}\dot{y}}{\dot{x}^3} = -\dfrac{1}{a(1-\cos t)^2}$$

ゆえに,$t \neq 2n\pi$ のとき $\dfrac{d^2y}{dx^2} < 0$ より曲線はつねに上に凸.

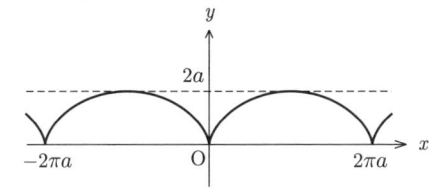

B の解答

1. ①

$$f_n'(x) = nx^{n-1} - (n+1)x^n$$

より

$$M_n = f_n\left(\dfrac{n}{n+1}\right) = \dfrac{1}{\left(1+\dfrac{1}{n}\right)^n}\dfrac{1}{n+1} \to 0 \quad (n \to \infty)$$

②

$$f_n'(x) = n^2\{nx^{n-1}(1-x)^2 - 2x^n(1-x)\}$$
$$= n^2 x^{n-1}(1-x)\{n(1-x) - 2x\}$$

より

$$M_n = f_n\left(\dfrac{n}{n+2}\right) = \dfrac{4}{\left(1+\dfrac{2}{n}\right)^2}\left(\dfrac{n}{n+2}\right)^n \to \dfrac{4}{e^2} \quad (n \to \infty)$$

③

$$f_n'(x) = \dfrac{n^3}{1+n^4x^2} - \dfrac{2n^7x^2}{(1+n^4x^2)^2} = n^3\dfrac{1-n^4x^2}{(1+n^4x^2)^2}$$

より

$$M_n = f_n\left(\dfrac{1}{n^2}\right) = \dfrac{n}{2} \to \infty \quad (n \to \infty)$$

以上から ①.

2. (1)　(i) $a_1 = \sqrt{2} = \sqrt{2}^1 < \sqrt{2}^{\sqrt{2}} = a_2$

(ii) $a_{n-1} < a_n$ が成り立つとすると，$a_n = \sqrt{2}^{a_{n-1}} < \sqrt{2}^{a_n} = a_{n+1}$ より $a_n < a_{n+1}$.

(i) (ii) より数学的帰納法によって $\{a_n\}$ は単調増加.

(2)　(i) $a_1 = \sqrt{2} < 2$

(ii) $a_{n-1} < 2$ が成り立つとすると $a_n = \sqrt{2}^{a_{n-1}} < \sqrt{2}^2 = 2$ より $a_n < 2$.

(i) (ii) より数学的帰納法によって $\{a_n\}$ は上に有界.

(3)　(1) (2) より $\alpha = \lim_{n \to \infty} a_n$ が存在する．漸化式より $\alpha = \sqrt{2}^\alpha$ が成立するので両辺の対数をとると $\dfrac{\log \alpha}{\alpha} = \dfrac{\log 2}{2}$ が成立する．

$f(x) = \dfrac{\log x}{x}$ とおけば $f'(x) = \dfrac{1 - \log x}{x^2}$ で $f'(x) = 0$ となるのは $x = e$ のときのみ．また $\lim_{x \to +0} f(x) = -\infty$, $\lim_{x \to +\infty} f(x) = 0$（ド・ロピタルの定理を用いる）なのでグラフの概形は増減表

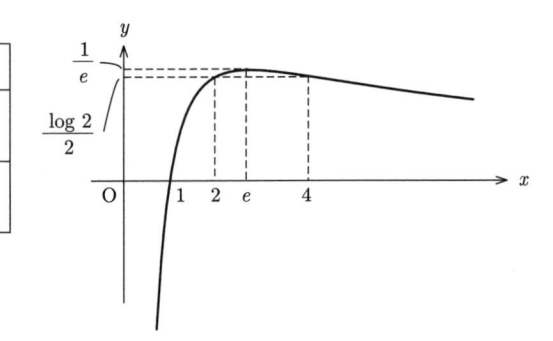

x	0	$\cdots$	e	$\cdots$
$f'(x)$		$+$	0	$-$
$f(x)$		↗	$\dfrac{1}{e}$	↘

より得る．

$f(x) = \dfrac{\log 2}{2}$ となる x は $x = 2, 4$ のみであることがわかるが，$a_n < 2$ より $\lim_{n \to \infty} a_n = \alpha \leq 2$ であるから $\alpha = 2$.

3. 増減表は書かずに解答する．

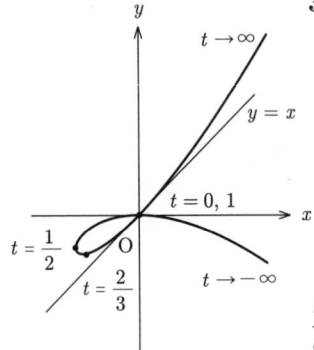

(1)　$y = tx$ とおくと $x = t^2 - t$, $y = t^3 - t^2$.

$\dfrac{dy}{dx} = \dfrac{\dot{y}}{\dot{x}} = \dfrac{3t^2 - 2t}{2t - 1} = \dfrac{3}{2}t - \dfrac{1}{4} - \dfrac{1}{4(2t-1)}$,

$\dfrac{d^2y}{dx^2} = \dfrac{\dfrac{d}{dt}\left(\dfrac{dy}{dx}\right)}{\dfrac{dx}{dt}} = \dfrac{\dot{x}\ddot{y} - \ddot{x}\dot{y}}{\dot{x}^3} = \dfrac{1}{2t-1}\left\{\dfrac{3}{2} + \dfrac{1}{2(2t-1)^2}\right\}$

$\dfrac{dy}{dx} = 0$ となるのは $t = 0, \dfrac{2}{3}$ のときであり，$t = \dfrac{1}{2}$ では $\dfrac{dy}{dx}, \dfrac{d^2y}{dx^2}$ の値は存在しない．

1.　$t < 0$ では $\dfrac{dx}{dt} < 0, \dfrac{dy}{dt} > 0$ であるため，t の値が $t \to -\infty$ となるにつれて

x 座標は増加し y 座標は減少する．よって $t=0$ における $(x,y)=(0,0)$ から右下の方へ曲線は伸びている．

2. $0<t<\dfrac{1}{2}$ では $\dfrac{dx}{dt}<0$, $\dfrac{dy}{dt}<0$ であるため，t の値が増加するにつれて x 座標は減少し y 座標も減少する．よって $t=0$ における $(x,y)=(0,0)$ から左下の方へ曲線は伸びて，$t=\dfrac{1}{2}$ における $(x,y)=(-\dfrac{1}{4},-\dfrac{1}{8})$ に至る．

3. $\dfrac{1}{2}<t<\dfrac{2}{3}$ では $\dfrac{dx}{dt}>0$, $\dfrac{dy}{dt}<0$ であるため，t の値が増加するにつれて x 座標は増加し y 座標は減少する．よって $t=\dfrac{1}{2}$ における $(x,y)=(-\dfrac{1}{4},-\dfrac{1}{8})$ から右下の方へ曲線は伸びて，$t=\dfrac{2}{3}$ における $(x,y)=(-\dfrac{2}{9},-\dfrac{4}{27})$ に至る．

4. $t>\dfrac{2}{3}$ では $\dfrac{dx}{dt}>0$, $\dfrac{dy}{dt}>0$ であるため，t の値が増加するにつれて x 座標は増加し y 座標も増加する．よって，$t=\dfrac{2}{3}$ における $(x,y)=(-\dfrac{2}{9},-\dfrac{4}{27})$ から右上に曲線は伸びている．

また，$t<\dfrac{1}{2}$ では $\dfrac{d^2y}{dx^2}<0$ から曲線は上に凸，$t>\dfrac{1}{2}$ では $\dfrac{d^2y}{dx^2}>0$ から曲線は下に凸である．以上の考察により，この曲線は前ページの図のような形状であることがわかる．

(2) $y=tx$ とおくと $x=\dfrac{1}{t^3-1}$, $y=\dfrac{t}{t^3-1}$．

$$\dot{x}=-\dfrac{3t^2}{(t^3-1)^2}, \quad \dot{y}=\dfrac{t^3-1-3t^3}{(t^3-1)^2}=-\dfrac{1+2t^3}{(t^3-1)^2}$$

$$\dfrac{dy}{dx}=\dfrac{\dot{y}}{\dot{x}}=\dfrac{2t^3+1}{3t^2}=\dfrac{2}{3}t+\dfrac{1}{3t^2}$$

$$\dfrac{d^2y}{dx^2}=\left(\dfrac{2}{3}-\dfrac{2}{3}\dfrac{1}{t^3}\right)\bigg/\left(-\dfrac{3t^2}{(t^3-1)^2}\right)=-\dfrac{2}{9}\dfrac{(t^3-1)^3}{t^5}$$

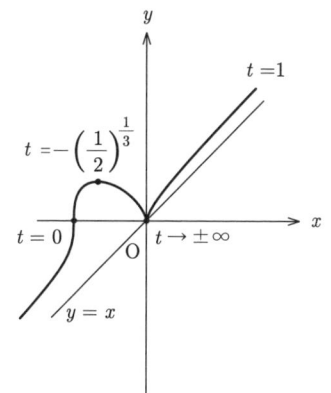

(3) $y=tx$ とおくと $x=t^3-t$, $y=t^4-t^2$．

$$\dot{x}=3t^2-1, \quad \dot{y}=4t^3-2t$$

$$\dfrac{dy}{dx}=\dfrac{\dot{y}}{\dot{x}}=\dfrac{4t^3-2t}{3t^2-1}, \quad \dfrac{d^2y}{dx^2}=\dfrac{2(6t^4-3t^2+1)}{(3t^2-1)^3}$$

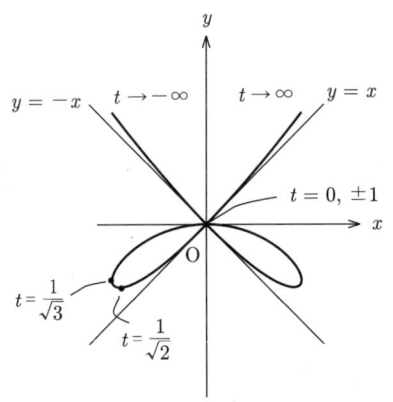

(4) $y = tx$ とおくと $x = \dfrac{t}{1+t^4}$, $y = \dfrac{t^2}{1+t^4}$.

$$\dot{x} = \dfrac{1-3t^4}{(1+t^4)^2}, \quad \dot{y} = \dfrac{2t(1-t^4)}{(1+t^4)^2}$$

$$\dfrac{d^2y}{dx^2} = \dfrac{2(3t^4+1)(1+t^4)^3}{(1-3t^4)^3}$$

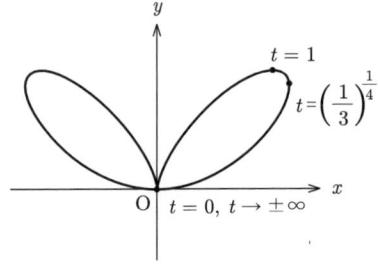

(5) $x = ty$ とおくと $x = t^3 - t^4$, $y = t^2 - t^3$.

$$\dot{x} = 3t^2 - 4t^3, \quad \dot{y} = 2t - 3t^2$$

$$\dfrac{dy}{dx} = \dfrac{2-3t}{3t-4t^2}, \quad \dfrac{d^2y}{dx^2} = \dfrac{-2(6t^2-8t+3)}{t^4(3-4t)^3}$$

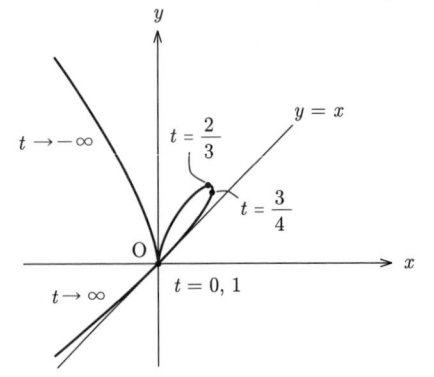

4. (1) $f\left(\dfrac{\pi}{2}\right) = e^{1+\frac{\pi}{2}i} = e\left(\cos\dfrac{\pi}{2} + i\sin\dfrac{\pi}{2}\right) = ie$

$f(\pi) = e(\cos\pi + i\sin\pi) = -e,\ |f(x)| = \sqrt{e^{1+ix}e^{1-ix}} = \sqrt{e^2} = e$

(2) $g\left(\dfrac{\pi}{2}\right) = e^{\frac{\pi}{2}}e^{\frac{\pi}{2}i} = ie^{\frac{\pi}{2}},\ g(\pi) = -e^{\pi},\ g(2\pi) = e^{2\pi},\ |g(x)| = e^x$

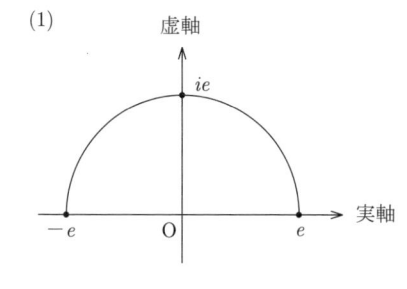

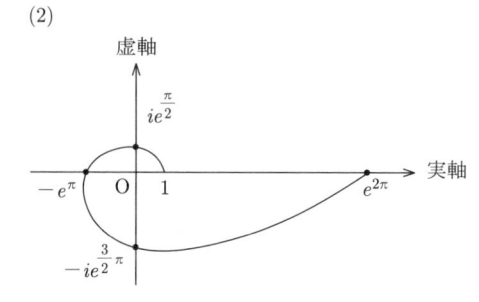

5. (1) $F(x) = f(p_1x_1 + p_2x) - p_1f(x_1) - p_2f(x)$ とおく．平均値の定理より，$F'(x) = p_2f'(p_1x_1 + p_2x) - p_2f'(x) = p_2(p_1x_1 + p_2x - x)f''(\xi) = p_1p_2(x_1 - x)f''(\xi)$ を満たす ξ がある．$f'' > 0$ より，F' は $x = x_1$ の前後で正から負に符号が変化する．よって $F(x_1) = 0$ が最大値．すなわち $F(x) \leq 0$．

(2) 帰納法で証明する．$n-1$ まで成立すると仮定．$p = p_1 + \cdots + p_{n-1}$，$q_k = \dfrac{p_k}{p}\ (k = 1, 2, \cdots, n-1)$ とおく．$q_1 + \cdots + q_{n-1} = 1$ かつ $p + p_n = 1$ である．

$$f(p_1x_1 + \cdots + p_nx_n) = f(p(q_1x_1 + \cdots + q_{n-1}x_{n-1}) + p_nx_n)$$
$$\leq pf(q_1x_1 + \cdots + q_{n-1}x_{n-1}) + p_nf(x_n)$$
$$\leq p(q_1f(x_1) + \cdots + q_{n-1}f(x_{n-1})) + p_nf(x_n)$$
$$= p_1f(x_1) + \cdots + p_nf(x_n)$$

(3) (2) において，$p_k = \dfrac{a_k}{a_1 + \cdots + a_n}\ (k = 1, 2, \cdots, n)$ とおけばよい．

(4) $f(x) = -\log x$ は $(0, \infty)$ で下に凸．イェンセンの不等式で $a_1 = a_2 = \cdots = a_n = 1$ とおけば，

$$-\log\left(\dfrac{x_1 + x_2 + \cdots + x_n}{n}\right) \leq -\dfrac{\log x_1 + \cdots + \log x_n}{n}$$

これより主張を得る．

第 2 章

1 変数関数の積分

2.1 面積，定積分，不定積分

定義 1 (定積分の定義). $f(x)$ は閉区間 $[a,b]$ で定義された有界な関数であるとする．$[a,b]$ に分点をとり，その分割を Δ とおく．すなわち

$$\Delta : a = x_0 < x_1 < x_2 < \cdots < x_{i-1} < x_i < \cdots < x_n = b.$$

$$|\Delta| = \max\{\Delta x_i | i = 1, 2, \cdots, n\}, \quad \text{ただし} \Delta x_i = x_i - x_{i-1}$$

とおく．各小区間 $[x_{i-1}, x_i]$ から代表点 c_i ($x_{i-1} \leq c_i \leq x_i$) をとり，和 (リーマン和という)

$$\sum_{i=1}^{n} f(c_i) \Delta x_i$$

をつくる．分割 Δ を限りなく細かくしていくとき (すなわち $|\Delta| \to 0$ とするとき)，和 $\displaystyle\sum_{i=1}^{n} f(c_i) \Delta x_i$ が分割の仕方や代表点 c_i のとり方に関わらず一定の値 I に収束するならば，$f(x)$ は $[a,b]$ で積分可能であるという．$f(x)$ が積分可能なとき，この極限値 I を $f(x)$ の a から b までの定積分といい，$\displaystyle\int_a^b f(x)\,dx$ と表す：

$$\int_a^b f(x)\,dx = \lim_{|\Delta|\to 0} \sum_{i=1}^{n} f(c_i)\Delta x_i = I.$$

定積分 $\displaystyle\int_a^b f(x)\,dx$ における a, b をそれぞれ下端，上端といい，$f(x)$ を被積分関数という．閉区間 $[a,b]$ で連続な関数は $[a,b]$ で積分可能である．なお，区間の分割を用いて，面積（正，負を付けた）すなわち定積分を定義することを区分求積法という．

注．$f(x)$ は半開区間 $(a,b]$ で定義された連続な関数であり，端点 $x = a$ において右極限 $\alpha = \displaystyle\lim_{x \to a+0} f(x)$ をもつとする．このとき，$f(a) = \alpha$ と定めることによって $f(x)$ を閉区間 $[a,b]$ で定義された連続な関数へ一意的に拡張できる．したがって，$f(x)$ は $[a,b]$ で積分可能である．

定理 1 (積分の平均値の定理). 閉区間 $[a,b]$ で連続な関数 $f(x)$ に対して
$$\int_a^b f(x)dx = f(c)(b-a)$$
となる c $(a<c<b)$ が存在する.

定理 2. $f(x)$ を区間 I で連続な関数, a を I の 1 点とする. I の点 x に対して $F(x) = \int_a^x f(t)\,dt$ とおくと, $F'(x) = f(x)$ が成り立つ.

定義 2. 関数 $f(x)$ に対し, $F'(x) = f(x)$ をみたす微分可能な関数 $F(x)$ を $f(x)$ の原始関数という. $F(x)$ が $f(x)$ の 1 つの原始関数のとき, 原始関数の一般形 $F(x) + C$ (C は定数) を $f(x)$ の不定積分といい, $\int f(x)\,dx$ と表す. すなわち $\int f(x)\,dx = F(x) + C$. 定数 C を積分定数という.

定理 3 (微分積分学の基本定理). $f(x)$ は閉区間 $[a,b]$ で連続な関数とする. $f(x)$ の原始関数の 1 つを $F(x)$ とすれば
$$\int_a^b f(x)dx = F(b) - F(a)$$
が成り立つ.

例題 1.

次の極限値を定積分の形で表せ.
$$S = \lim_{n\to\infty} \frac{1}{n}\left(\sin\frac{\pi}{n} + \sin\frac{2\pi}{n} + \sin\frac{3\pi}{n} + \cdots + \sin\frac{n\pi}{n}\right)$$

解答

$x_k = \dfrac{\pi}{n}k$ とおくと, $x_k - x_{k-1} = \dfrac{\pi}{n}$ だから, 考えている区間が $[0,\pi]$ であることがわかる. よって, $f(x) = \sin x$ とおくと

$$\frac{1}{n}\left(\sin\frac{\pi}{n} + \sin\frac{2\pi}{n} + \sin\frac{3\pi}{n} + \cdots + \sin\frac{n\pi}{n}\right)$$
$$= \frac{1}{\pi}\sum_{k=1}^n \sin x_k (x_k - x_{k-1}) = \frac{1}{\pi}\sum_{k=1}^n f(x_k)(x_k - x_{k-1}).$$

故に $S = \dfrac{1}{\pi}\int_0^\pi f(x)dx = \dfrac{1}{\pi}\int_0^\pi \sin x\,dx.$

> **例題 2.**
>
> x 軸,曲線 $y = x^2$ 及び直線 $x = 1$ で囲まれた図形の面積を区分求積法により求めよ.

解答

⟨1⟩ 線分 $0 \leq x \leq 1$ を n 等分し,各分点を $x_k = \dfrac{k}{n}$ とする $(k = 0, 1, 2, \cdots, n)$.

⟨2⟩ $f(x) = x^2$ とおき,4 点 $(x_{k-1}, 0)$, $(x_k, 0)$, $(x_k, f(x_k))$, $(x_{k-1}, f(x_k))$ を頂点とする長方形の面積を R_k と表すと

$$R_k = f(x_k)(x_k - x_{k-1}) = \frac{x_k^2}{n} = \frac{k^2}{n^3} \ (k = 1, 2, \cdots, n).$$

⟨3⟩ R_k の総面積を S_Δ と表すと

$$S_\Delta = \sum_{k=1}^n R_k = \sum_{k=1}^n \frac{k^2}{n^3} = \frac{(n+1)(2n+1)}{6n^2}$$

となる.一方

⟨2′⟩ 4 点 $(x_{k-1}, 0)$, $(x_k, 0)$, $(x_k, f(x_{k-1}))$, $(x_{k-1}, f(x_{k-1}))$ を頂点とする長方形の面積を r_k と表すと

$$r_k = f(x_{k-1})(x_k - x_{k-1}) = \frac{x_{k-1}^2}{n} = \frac{(k-1)^2}{n^3} \ (k = 1, 2, \cdots, n).$$

⟨3′⟩ r_k の総面積を s_Δ と表すと

$$s_\Delta = \sum_{k=1}^n r_k = \sum_{k=1}^n \frac{(k-1)^2}{n^3} = \sum_{k=1}^n \frac{k^2}{n^3} - \frac{1}{n} = \frac{(n+1)(2n+1)}{6n^2} - \frac{1}{n}.$$

⟨4⟩ 求める面積を S とする.面積の大小関係 $s_\Delta \leq S \leq S_\Delta$ と,極限 $\displaystyle\lim_{n\to\infty} s_\Delta = \lim_{n\to\infty} S_\Delta = \frac{1}{3}$ が成立するので,はさみ打ちの原理より $S = \dfrac{1}{3}$.

> **例題 3.**
>
> 連続関数 $f(x)$ に対し,次を示せ.
>
> (1) $\dfrac{d}{dx}\displaystyle\int_0^{x^2} f(t)dt = 2xf(x^2)$ 　　(2) $\dfrac{d}{dx}\displaystyle\int_{-x}^{x} f(t)dt = f(x) + f(-x)$

解答 　$f(x)$ の原始関数を $F(x)$ とする.$F'(x) = f(x)$ および合成関数の微分法より

(1) $\dfrac{d}{dx}\displaystyle\int_0^{x^2} f(t)dt = \dfrac{d}{dx}[F(t)]_0^{x^2} = \dfrac{d}{dx}\{F(x^2) - F(0)\}$

$$= F'(x^2)\left(\frac{d}{dx}x^2\right) = 2xf(x^2)$$

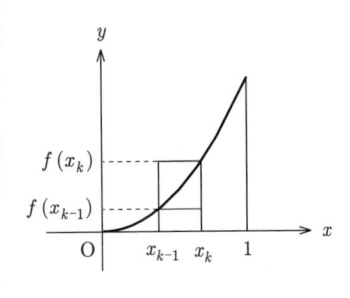

(2) $\dfrac{d}{dx}\displaystyle\int_{-x}^{x} f(t)dt = \dfrac{d}{dx}\{F(x)-F(-x)\} = f(x) - f(-x)\left\{\dfrac{d}{dx}(-x)\right\}$
$= f(x) + f(-x)$

例題 4.

$f(x) = |x|$ の原始関数を求めよ.

解答 $F(x) = \displaystyle\int_0^x |t|dt$ とおくと, $F(x)$ は原始関数の 1 つである.

$x \geq 0$ のとき $F(x) = \displaystyle\int_0^x |t|dt = \int_0^x t\,dt = \dfrac{1}{2}\left[t^2\right]_0^x = \dfrac{1}{2}x^2$.

$x < 0$ のとき $F(x) = \displaystyle\int_0^x |t|dt = \int_0^x (-t)dt = -\dfrac{1}{2}\left[t^2\right]_0^x = -\dfrac{1}{2}x^2$.

よって
$$F(x) = \begin{cases} \dfrac{1}{2}x^2 & (x \geq 0 \text{ のとき}) \\ -\dfrac{1}{2}x^2 & (x < 0 \text{ のとき}) \end{cases}.$$

(注: $F(x) = \dfrac{1}{2}x|x|$ ともかける.)

---————— **A** —————

1. 次の定積分を求めよ.

(1) $\displaystyle\int_1^2 xdx$ (2) $\displaystyle\int_2^3 x^2 dx$ (3) $\displaystyle\int_0^\pi \cos t dt$ (4) $\displaystyle\int_1^e \dfrac{1}{u}du$ (5) $\displaystyle\int_{-1}^1 e^x dx$

2. 積分の平均値の定理で $f(x) = x$ とおくとき, c を a, b で表せ.

3. 次の関数を求めよ.

(1) $\dfrac{d}{dt}\displaystyle\int_0^t \log(1+x)dx$ (2) $\dfrac{d}{dx}\displaystyle\int_{x^2}^1 \cos\left(\dfrac{1+t^2}{1+t}\right)dt$

(3) $\dfrac{d}{du}\displaystyle\int_1^u \dfrac{x}{1+x^2}dx$ (4) $\dfrac{d}{du}\displaystyle\int_u^{u^2} f(y)dy$

4. 次の極限を求めよ.

(1) $\displaystyle\lim_{h\to 0}\dfrac{1}{h}\int_0^h \left(\dfrac{1}{x} - \dfrac{1}{e^x-1}\right)dx$ (2) $\displaystyle\lim_{h\to 0}\dfrac{1}{h}\int_0^h \left(\dfrac{1}{x} - \dfrac{1}{\sin x}\right)dx$

5. 次の極限値を定積分の形で表せ.

(1) $S = \displaystyle\lim_{n\to\infty}\dfrac{1}{n^3}(1^2 + 2^2 + 3^2 + \cdots + n^2)$

(2) $S = \displaystyle\lim_{n\to\infty}\dfrac{1}{n\sqrt{n}}(\sqrt{n} + \sqrt{n+1} + \sqrt{n+2} + \cdots + \sqrt{n+n-1})$

6. x 軸,直線 $y = x$ 及び直線 $x = 1$ で囲まれた図形の面積 S を区分求積法により求めよ.

──────────── **B** ────────────

1. $f(x) = |\sin x|$ $(x \geq 0)$ の原始関数を求めよ.

2. $\displaystyle\lim_{n \to \infty} \sum_{k=1}^{n} \sin \frac{k}{n^2}$ を求めよ.

3. (1) $x \geq 0$ のとき
$$\left| \frac{1}{1+x} - \sum_{k=0}^{n-1} (-x)^k \right| \leq x^n$$
を示せ.

(2) (1) を利用して
$$\frac{\pi}{4} = \sum_{n=0}^{\infty} \frac{(-1)^n}{2n+1}$$
を示せ.

4. $\displaystyle\lim_{a \to 0} \frac{1}{a^3} \left(\int_0^1 \frac{\sin ax}{x} dx - a \right)$ を求めよ.

5. 定積分 $\displaystyle\int_0^1 e^{-x^2} dx$ の値を小数第 5 位まで求めよ.

A の解答

1. (1) $\left(\dfrac{x^2}{2}\right)' = x$ だから,$\displaystyle\int_1^2 x\, dx = \left[\dfrac{x^2}{2}\right]_1^2 = \dfrac{3}{2}$

(2) $\left(\dfrac{x^3}{3}\right)' = x^2$ だから,$\displaystyle\int_2^3 x^2\, dx = \left[\dfrac{x^3}{3}\right]_2^3 = \dfrac{19}{3}$

(3) $(\sin t)' = \cos t$ だから,$\displaystyle\int_0^\pi \cos t\, dt = [\sin t]_0^\pi = 0$

(4) $(\log u)' = \dfrac{1}{u}$ だから,$\displaystyle\int_1^e \dfrac{1}{u} du = [\log u]_1^e = 1$

(5) $(e^x)' = e^x$ だから,$\displaystyle\int_{-1}^1 e^x dx = [e^x]_{-1}^1 = e - e^{-1}$

2. $f(c) = \frac{1}{b-a}\int_a^b f(x)dx$ で $f(x) = x$ とおくと

$$c = \frac{1}{b-a}\int_a^b x\,dx$$
$$= \frac{1}{b-a} \cdot \frac{1}{2}(b^2 - a^2) = \frac{b+a}{2}$$
$$\therefore c = \frac{a+b}{2}.$$

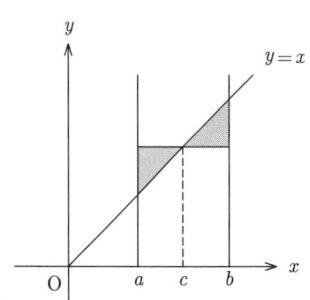

3. (1) $\log(1+t)$　(2) $-2x\cos\dfrac{1+x^4}{1+x^2}$　(3) $\dfrac{u}{1+u^2}$　(4) $2uf(u^2) - f(u)$

4. (1) $f(x) = \frac{1}{x} - \frac{1}{e^x - 1}$ とおく．このとき $\lim_{x \to 0} f(x) = \dfrac{1}{2}$ がわかる（例えばド・ロピタルの定理）から，$f(0) = \dfrac{1}{2}$ とおくと $f(x)$ は $x = 0$ で連続．よって定理 1 より 0 と h の間の c があって

$$\int_0^h \left(\frac{1}{x} - \frac{1}{e^x - 1}\right)dx = f(c)h.$$

したがって

$$\lim_{h \to 0} \frac{1}{h}\int_0^h \left(\frac{1}{x} - \frac{1}{e^x - 1}\right)dx = \lim_{h \to 0} f(c) = f(0) = \frac{1}{2}.$$

(2) (1) と同様．0

5. (1) $x_k = \dfrac{k}{n}$ とおくと，$x_k - x_{k-1} = \dfrac{1}{n}$ だから，考えている区間が $[0,1]$ であることがわかる．よって，$f(x) = x^2$ とおくと

$$\frac{1}{n^3}(1^2 + 2^2 + 3^2 + \cdots + n^2)$$
$$= \frac{1}{n}\left(\left(\frac{1}{n}\right)^2 + \left(\frac{2}{n}\right)^2 + \left(\frac{3}{n}\right)^2 + \cdots + \left(\frac{n}{n}\right)^2\right)$$
$$= \sum_{k=1}^n x_k^2(x_k - x_{k-1}) = \sum_{k=1}^n f(x_k)(x_k - x_{k-1}).$$

故に $S = \displaystyle\int_0^1 f(x)dx = \int_0^1 x^2 dx.$

(2) $x_k = \dfrac{k-1}{n}$ とおくと，$x_k - x_{k-1} = \dfrac{1}{n}$ だから，考えている区間が $[0,1]$ であることがわかる．よって，$f(x) = \sqrt{1+x}$ とおくと

$$\frac{1}{n\sqrt{n}}(\sqrt{n} + \sqrt{n+1} + \sqrt{n+2} + \cdots + \sqrt{n+n-1})$$
$$= \frac{1}{n}\left(\sqrt{1+0} + \sqrt{1+\frac{1}{n}} + \sqrt{1+\frac{2}{n}} + \cdots + \sqrt{1+\frac{n-1}{n}}\right)$$
$$= \sum_{k=1}^n \sqrt{1+x_k}(x_k - x_{k-1}) = \sum_{k=1}^n f(x_k)(x_k - x_{k-1}).$$

故に $S = \displaystyle\int_0^1 f(x)dx = \int_0^1 \sqrt{1+x}dx$.

6. 例題 2 と同じ記号を用いる.
$$S_\Delta = \frac{n(n+1)}{2n^2}, \quad s_\Delta = \frac{n(n-1)}{2n^2}$$
となるから, $\displaystyle\lim_{n\to\infty} s_\Delta = \lim_{n\to\infty} S_\Delta = \frac{1}{2}$. よって $S = \dfrac{1}{2}$.

B の解答

1. $F(x) = \displaystyle\int_0^x |\sin t|dt$ とおくと, $F(x)$ は原始関数の 1 つである.

$(n-1)\pi \leq x \leq n\pi \ (n = 1, 2, \cdots)$ のとき
$$\int_0^x f(t)dt = \sum_{k=1}^{n-1} \int_{(k-1)\pi}^{k\pi} |\sin t|dt + \int_{(n-1)\pi}^x |\sin t|dt.$$
$|\sin t|$ は周期 π であるから
$$\int_{(k-1)\pi}^{k\pi} |\sin t|dt = \int_0^\pi |\sin t|dt = \int_0^\pi \sin t \, dt = 2.$$
また, $(n-1)\pi \leq t \leq n\pi$ で $|\sin t| = (-1)^{n-1}\sin t$ であるから
$$\begin{aligned}
\int_0^x f(t)dt &= 2(n-1) + \int_{(n-1)\pi}^x (-1)^{n-1}\sin t \, dt \\
&= 2(n-1) + (-1)^n[\cos t]_{(n-1)\pi}^x \\
&= 2(n-1) + (-1)^n\cos x + 1
\end{aligned}$$
従って $F(x) = (-1)^n\cos x + 2n - 1, \quad (n-1)\pi \leq x \leq n\pi$
である.

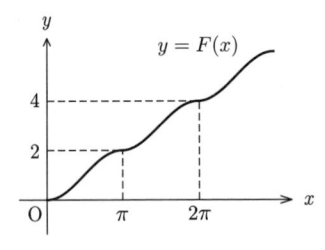

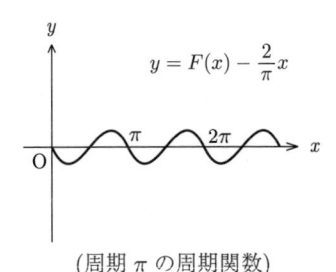

(周期 π の周期関数)

2. $x \geq 0$ において $x - \dfrac{x^3}{6} \leq \sin x \leq x$ であるから
$$\frac{1}{n}\sum_{k=1}^n \frac{k}{n} \geq \sum_{k=1}^n \sin\frac{k}{n^2} \geq \frac{1}{n}\sum_{k=1}^n \frac{k}{n} - \frac{1}{6n^2}\frac{1}{n}\sum_{k=1}^n \left(\frac{k}{n}\right)^3.$$
$$\lim_{n\to\infty} \frac{1}{n}\sum_{k=1}^n \frac{k}{n} = \int_0^1 x \, dx = \frac{1}{2}, \quad \lim_{n\to\infty} \frac{1}{n}\sum_{k=1}^n \left(\frac{k}{n}\right)^3 = \int_0^1 x^3 \, dx = \frac{1}{4}$$

であるから
$$\lim_{n\to\infty}\sum_{k=1}^{n}\sin\frac{k}{n^2}=\frac{1}{2}.$$

3. (1)
$$\frac{1}{1+x}=\sum_{k=0}^{n-1}(-x)^k+\frac{(-x)^n}{1+x}$$

より
$$\left|\frac{1}{1+x}-\sum_{k=0}^{n-1}(-x)^k\right|=\frac{x^n}{1+x}\leq x^n$$

(2)
$$\left|\frac{\pi}{4}-\sum_{k=0}^{n-1}\frac{(-1)^k}{2k+1}\right|=\left|\int_0^1\left(\frac{1}{1+x^2}-\sum_{k=0}^{n-1}(-1)^kx^{2k}\right)dx\right|$$
$$\leq\int_0^1\left|\frac{1}{1+x^2}-\sum_{k=0}^{n-1}(-x^2)^k\right|dx$$
$$\leq\int_0^1 x^{2n}dx=\frac{1}{2n+1}$$

より
$$\frac{\pi}{4}=\lim_{n\to\infty}\sum_{k=0}^{n-1}\frac{(-1)^k}{2k+1}=\sum_{n=0}^{\infty}\frac{(-1)^n}{2n+1}$$

4. テイラーの公式より
$$\left|\sin x-x+\frac{x^3}{6}\right|\leq\frac{|x|^5}{120}$$

となるから
$$\left|\frac{\sin ax}{x}-a+\frac{a^3}{6}x^2\right|\leq\frac{|a|^5}{120}x^4$$
$$\therefore\quad\left|\int_0^1\frac{\sin ax}{x}dx-a+\frac{a^3}{18}\right|$$
$$=\left|\int_0^1\left(\frac{\sin ax}{x}-a+\frac{a^3}{6}x^2\right)dx\right|$$
$$\leq\int_0^1\left|\frac{\sin ax}{x}-a+\frac{a^3}{6}x^2\right|dx\leq\frac{|a|^5}{120}\int_0^1 x^4dx=\frac{|a|^5}{600}.$$
$$\therefore\quad\lim_{a\to 0}\frac{1}{a^3}\left(\int_0^1\frac{\sin ax}{x}dx-a\right)+\frac{1}{18}=0$$
$$\therefore\quad\lim_{a\to 0}\frac{1}{a^3}\left(\int_0^1\frac{\sin ax}{x}dx-a\right)=-\frac{1}{18}$$

5.
$$0 \leq e^{-x} - \left\{1 - x + \cdots - \frac{x^{2n-1}}{(2n-1)!}\right\} \leq \frac{x^{2n}}{(2n)!} \quad (x \geq 0)$$

により

$$0 \leq \int_0^1 e^{-x^2} dx - \int_0^1 \left\{\sum_{k=0}^4 \frac{x^{4k}}{(2k)!} - \sum_{k=0}^4 \frac{x^{4k+2}}{(2k+1)!}\right\} dx \leq \int_0^1 \frac{x^{20}}{10!} dx$$

従って

$$0 \leq \int_0^1 e^{-x^2} dx - \left\{\sum_{k=0}^4 \frac{1}{(4k+1)(2k)!} - \sum_{k=0}^4 \frac{1}{(4k+3)(2k+1)!}\right\}$$

$$\leq \frac{1}{21 \cdot 10!} = 0.00000001$$

$0! = 1$ $\qquad$ $\dfrac{1}{3} = 0.333333$

$\dfrac{1}{5 \cdot 2!} = 0.1$ $\qquad$ $\dfrac{1}{7 \cdot 3!} = 0.0238095$

$\dfrac{1}{9 \cdot 4!} = 0.0046296$ $\qquad$ $\dfrac{1}{11 \cdot 5!} = 0.0007575$ $\qquad$ 1.1047378

$\dfrac{1}{13 \cdot 6!} = 0.0001068$ $\qquad$ $\dfrac{1}{15 \cdot 7!} = 0.0000132$ $\qquad$ $\underline{-)\ 0.3579136}$

$\dfrac{1}{17 \cdot 8!} = 0.0000014$ $\qquad$ $\dfrac{1}{19 \cdot 9!} = 0.0000001$ $\qquad$ 0.7468242

$\underline{}$ $\qquad$ $\underline{}$

1.1047378 $\qquad\qquad$ 0.3579136

$$\int_0^1 e^{-x^2} dx = 1.1047378 - 0.3579136 = 0.7468242$$

とすると小数 8 位以下切り捨ての誤差は高々 $\pm 10^{-7}$ だから，小数 5 位までは正しい数字である．

2.2 積分の計算法

不定積分の公式

$$\int f(x)dx = \int f(x(t))x'(t)dt, \ x = x(t) \quad \text{(置換積分法)}$$

$$\int f(x)g'(x)dx = f(x)g(x) - \int f'(x)g(x)dx \quad \text{(部分積分法)}$$

定積分の公式

$$\int_a^b f(x)dx = \int_\alpha^\beta f(x(t))x'(t)dt$$

ここで $x = x(t)$, $x(\alpha) = a, x(\beta) = b$ （置換積分法）

$$\int_a^b f(x)g'(x)dx = [f(x)g(x)]_a^b - \int_a^b f'(x)g(x)dx \quad \text{(部分積分法)}$$

基本的な不定積分（積分定数は省略する．）

(1) $\displaystyle\int x^a dx = \frac{1}{a+1}x^{a+1} \quad (a \neq -1)$

(2) $\displaystyle\int a^x dx = \frac{1}{\log a}a^x \quad (a > 0, a \neq 1)$

(3) $\displaystyle\int e^{ax} dx = \frac{1}{a}e^{ax} \quad (a \neq 0)$

(4) $\displaystyle\int \frac{1}{ax+b}dx = \frac{1}{a}\log|ax+b| \quad (a \neq 0)$

(5) $\displaystyle\int \sin ax\, dx = -\frac{1}{a}\cos ax \quad (a \neq 0)$

(6) $\displaystyle\int \cos ax\, dx = \frac{1}{a}\sin ax \quad (a \neq 0)$

(7) $\displaystyle\int \tan ax\, dx = -\frac{1}{a}\log|\cos ax| \quad (a \neq 0)$

(8) $\displaystyle\int \frac{1}{\cos^2 ax}dx = \frac{1}{a}\tan ax \quad (a \neq 0)$

(9) $\displaystyle\int \frac{1}{a^2+x^2}dx = \frac{1}{a}\arctan \frac{x}{a} \quad (a \neq 0)$

(10) $\displaystyle\int \frac{1}{\sqrt{a^2-x^2}}dx = \arcsin \frac{x}{|a|} \quad (a \neq 0)$

(11) $\displaystyle\int \sqrt{a^2-x^2}\, dx = \frac{1}{2}\left(x\sqrt{a^2-x^2} + a^2 \arcsin \frac{x}{|a|}\right) \quad (a \neq 0)$

(12) $\displaystyle\int \frac{1}{\sqrt{x^2+a}}dx = \log\left|x + \sqrt{x^2+a}\right| \quad (a \neq 0)$

(13) $\displaystyle\int \sqrt{x^2+a}\, dx = \frac{1}{2}\left(x\sqrt{x^2+a} + a\log\left|x + \sqrt{x^2+a}\right|\right) \quad (a \neq 0)$

$$(14) \quad \int \frac{f'(x)}{f(x)} dx = \log |f(x)|$$

有理関数の不定積分（部分分数展開を用いる.）

有理関数 $f(x)$（$\frac{x \text{の多項式}}{x \text{の多項式}}$ の形の関数）は部分分数展開によって (i) x の多項式 (ii) $\frac{b}{(x+a)^m}$ (iii) $\frac{cx+d}{(x^2+ax+b)^n}$ $(a^2-4b<0)$ の形の関数の和になる．よって，有理関数の不定積分はこれら (i)〜(iii) の関数の不定積分がわかれば出てくる．（なお，(iii) の形の関数の不定積分は漸化式を用いることもある.）

三角関数の不定積分

$R(u,v)$ を u, v の有理式とするとき，$R(\cos x, \sin x)$ の不定積分は $t = \tan \frac{x}{2}$ とおくことにより有理関数の不定積分に帰着できる．

$$\sin x = \frac{2t}{1+t^2}, \quad \cos x = \frac{1-t^2}{1+t^2}, \quad \tan x = \frac{2t}{1-t^2}, \quad dx = \frac{2}{1+t^2} dt$$

である．もし $R(\cos x, \sin x)$ が $\cos^2 x, \sin^2 x, \sin x \cos x, \tan x$ のみの有理関数であるときは，$t = \tan x$ とおくと有理関数の積分に帰着される．（これらは一般論であり，場合によっては他の変数変換で計算した方が簡単なこともある.）

無理関数の不定積分

無理関数を含む関数の不定積分は一般的に初等関数で表すことができない．特別な場合だけ述べておく．

(i) $f(x)$ が x と $\sqrt[n]{ax+b}$ $(a \neq 0)$ の有理関数で表されているとき $t = \sqrt[n]{ax+b}$ とおけば $x = \frac{t^n - b}{a}$, $dx = \frac{n}{a} t^{n-1} dt$ となり t の有理関数の不定積分に帰着できる．

(ii) $f(x)$ が x と $\sqrt{ax^2+bx+c}$ $(a \neq 0)$ の有理関数で表されているとき，$a > 0$ のとき $\sqrt{ax^2+bx+c} = t - \sqrt{a}\,x$ とおけば t の有理関数の不定積分に帰着できる．また，$ax^2+bx+c = 0$ が相異なる 2 つ実数解 α, β をもつとき，$t = \sqrt{\frac{a(x-\beta)}{x-\alpha}}$ とおけば t の有理関数の不定積分に帰着できる．

以上，いずれにしても被積分関数の形を見て，適切な判断をした方がよいであろう．（経験が重要である.）

例題 1.

次の不定積分を計算せよ．
$$\int \frac{x^2+1}{x^2-x+1} dx$$

解答 $\frac{x^2+1}{x^2-x+1} = 1 + \frac{x}{x^2-x+1}$ で，$(x^2-x+1)' = 2x-1$ に注意して

$$\int \frac{x^2+1}{x^2-x+1} dx = \int \left(1 + \frac{x}{x^2-x+1}\right) dx$$

$$= x + \int \frac{\frac{1}{2}(2x-1) + \frac{1}{2}}{x^2 - x + 1} dx$$
$$= x + \frac{1}{2} \int \frac{2x-1}{x^2 - x + 1} dx + \frac{1}{2} \int \frac{1}{x^2 - x + 1} dx$$

$\int \dfrac{2x-1}{x^2-x+1}dx$ については

$$\int \frac{2x-1}{x^2-x+1}dx = \int \frac{(x^2-x+1)'}{x^2-x+1}dx = \log|x^2-x+1|$$
$$= \log(x^2-x+1).$$

$\int \dfrac{1}{x^2-x+1}dx$ については

$$\int \frac{1}{x^2-x+1}dx = \int \frac{1}{(x-\frac{1}{2})^2 + \frac{3}{4}}dx = \int \frac{1}{(x-\frac{1}{2})^2 + (\frac{\sqrt{3}}{2})^2}dx$$

と変形し $t = x - \dfrac{1}{2}$ とおくと, $dt = dx$ より

$$\int \frac{1}{(x-\frac{1}{2})^2 + (\frac{\sqrt{3}}{2})^2}dx = \int \frac{1}{t^2 + (\frac{\sqrt{3}}{2})^2}dt = \frac{1}{\frac{\sqrt{3}}{2}}\arctan\frac{t}{\frac{\sqrt{3}}{2}}$$
$$= \frac{2}{\sqrt{3}}\arctan\frac{2(x-\frac{1}{2})}{\sqrt{3}} = \frac{2}{\sqrt{3}}\arctan\frac{2x-1}{\sqrt{3}}.$$

よって
$$\int \frac{x^2+1}{x^2-x+1}dx = x + \frac{1}{2}\log(x^2-x+1) + \frac{1}{\sqrt{3}}\arctan\frac{2x-1}{\sqrt{3}}$$

例題 2.

次の不定積分を求めよ.
$$\int \frac{dx}{(x+3)^2(x^2+1)}$$

解答 $\dfrac{1}{(x+3)^2(x^2+1)} = \dfrac{A}{x+3} + \dfrac{B}{(x+3)^2} + \dfrac{Cx+D}{x^2+1}$ とおいて, 通分すると

$$1 = A(x+3)(x^2+1) + B(x^2+1) + (x+3)^2(Cx+D)$$

$x = -3$ を代入して $B = \dfrac{1}{10}$. $x = 0, 1, -1$ を代入すると

$$A + 3D = \frac{3}{10}, \quad A + 2(C+D) = \frac{1}{10}, \quad A + (-C+D) = \frac{1}{5}$$

を得る. この連立方程式を解くと

$$A = \frac{3}{50}, \quad C = -\frac{3}{50}, \quad D = \frac{4}{50}$$

よって
$$\frac{1}{(x+3)^2(x^2+1)} = \frac{1}{50}\left(\frac{3}{x+3} + \frac{5}{(x+3)^2} - \frac{3x-4}{x^2+1}\right)$$

すると
$$\int \frac{dx}{(x+3)^2(x^2+1)} = \frac{1}{50}\int \left(\frac{3}{x+3} + \frac{5}{(x+3)^2} - \frac{3x-4}{x^2+1}\right)dx$$
$$= \frac{1}{50}\left(3\log|x+3| - \frac{5}{x+3} - \frac{3}{2}\log(x^2+1) + 4\arctan x\right)$$

例題 3.

次の不定積分を求めよ.

(1) $\displaystyle\int \frac{1}{1+\cos x}dx$ (2) $\displaystyle\int \frac{1}{1+\sin x \cos x}dx$

解答 (1) $t = \tan\dfrac{x}{2}$ とおくと $dx = \dfrac{2}{1+t^2}dt,\ \cos x = \dfrac{1-t^2}{1+t^2}$ だから

$$\int \frac{1}{1+\cos x}dx = \int \frac{1}{1+\frac{1-t^2}{1+t^2}} \cdot \frac{2}{1+t^2}dt$$
$$= \int dt = t = \tan\frac{x}{2}$$

(2) $t = \tan x$ とおくと $\sin x \cos x = \tan x \cdot \cos^2 x = \dfrac{t}{1+t^2}$,

$dx = \dfrac{1}{1+t^2}dt$ により

$$\int \frac{1}{1+\sin x \cos x}dx = \int \frac{1}{1+t+t^2}dt$$
$$= \frac{2}{\sqrt{3}}\arctan\frac{2t+1}{\sqrt{3}}$$
$$= \frac{2}{\sqrt{3}}\arctan\frac{2\tan x + 1}{\sqrt{3}}$$

例題 4.

不定積分 $\displaystyle\int x\sqrt{1-2x^2}\,dx$ を求めよ.

解答 $t = 1-2x^2$ とおくと $-\dfrac{1}{4}dt = xdx$ より

$$\int x\sqrt{1-2x^2}dx = -\frac{1}{4}\int \sqrt{t}\,dt$$
$$= -\frac{1}{6}(1-2x^2)\sqrt{1-2x^2}$$

例題 5.

不定積分 $\displaystyle\int \frac{dx}{\sqrt{x^2-1}}$ を求めよ.

解答

$\sqrt{x^2-1} = t+x$ とおくと

$$x^2 - 1 = t^2 + 2xt + x^2 \quad \text{より} \quad x = \frac{-(1+t^2)}{2t} \quad \therefore dx = \frac{1-t^2}{2t^2}dt$$

また

$$\sqrt{x^2-1} = t+x = t - \frac{1+t^2}{2t} = \frac{t^2-1}{2t}$$

よって

$$\int \frac{dx}{\sqrt{x^2-1}} = \int \frac{2t}{t^2-1} \cdot \frac{1-t^2}{2t^2}\,dt$$

$$= -\int \frac{dt}{t} = -\log|t|$$

$$= -\log\left|\sqrt{x^2-1} - x\right| \left(= \log\left|x + \sqrt{x^2-1}\right|\right)$$

例題 6.

次の不定積分を求めよ.
(1) $\displaystyle\int \frac{x^2}{\sqrt{x^2+1}}\,dx$ (2) $\displaystyle\int \frac{x^2}{\sqrt{2-x^2}}\,dx$ (3) $\displaystyle\int x\sqrt[3]{1+x}\,dx$

解答 (1) $\dfrac{x^2}{\sqrt{x^2+1}} = \sqrt{x^2+1} - \dfrac{1}{\sqrt{x^2+1}}$ と変形する.

$$\int \frac{x^2}{\sqrt{x^2+1}}\,dx = \frac{1}{2}\left(x\sqrt{x^2+1} - \log\left|x+\sqrt{x^2+1}\right|\right)$$

(2) $x = \sqrt{2}\sin\theta \left(-\dfrac{\pi}{2} < \theta < \dfrac{\pi}{2}\right)$ とおく.

$$\int \frac{x^2}{\sqrt{2-x^2}}\,dx = \arcsin\frac{x}{\sqrt{2}} - \frac{1}{2}x\sqrt{2-x^2}$$

(3) $t = \sqrt[3]{1+x}$ とおく. $\displaystyle\int x\sqrt[3]{1+x}\,dx = \frac{3}{7}(\sqrt[3]{1+x})^7 - \frac{3}{4}(\sqrt[3]{1+x})^4$

例題 7.

関数 $\dfrac{1}{\sqrt{x}\,(1+\sqrt[3]{x})}$ を積分せよ.

解答 $t = \sqrt[6]{x}$ とおくと $x = t^6,\ dx = 6t^5 dt$

$$\int \frac{1}{\sqrt{x}\,(1+\sqrt[3]{x})}\,dx = \int \frac{6t^5}{t^3(1+t^2)}\,dt = \int \frac{6t^2}{1+t^2}\,dt$$

$$\begin{aligned}
&= \int \left(6 - \frac{6}{1+t^2}\right) dt = 6t - 6\arctan t \\
&= 6\sqrt[6]{x} - 6\arctan \sqrt[6]{x}
\end{aligned}$$

例題 8.

定積分 $\displaystyle\int_0^{\frac{\pi}{2}} \frac{1}{2+\cos x} dx$ を求めよ.

解答

$t = \tan \dfrac{x}{2}$ とおくと

$$\begin{aligned}
\int_0^{\frac{\pi}{2}} \frac{1}{2+\cos x} dx &= \int_0^1 \frac{1}{2 + \frac{1-t^2}{1+t^2}} \cdot \frac{2}{1+t^2} dt \\
&= \int_0^1 \frac{2}{3+t^2} dt \\
&= \left[\frac{2}{\sqrt{3}} \arctan \frac{t}{\sqrt{3}}\right]_0^1 \\
&= \frac{2}{\sqrt{3}} \arctan \frac{1}{\sqrt{3}} = \frac{\pi}{3\sqrt{3}}
\end{aligned}$$

———————— **A** ————————

1. 次の不定積分を求めよ.

(1) $\displaystyle\int \left(\frac{1}{x} + \frac{1}{\sqrt[3]{x}}\right) dx$ (2) $\displaystyle\int \left(\cos x + \frac{3}{\cos^2 x} - \frac{1}{x^2}\right) dx$

(3) $\displaystyle\int \left(\frac{1}{\sqrt{1-x^2}} - \frac{1}{\sqrt{x}}\right) dx$ (4) $\displaystyle\int \left(1 - \frac{1}{x^2} + \frac{1}{1+x^2}\right) dx$

2. 次の不定積分を置換積分法を用いて求めよ.

(1) $\displaystyle\int \cos 3x \, dx$ (2) $\displaystyle\int e^{-3x} dx$ (3) $\displaystyle\int \sqrt{4x-1} \, dx$

(4) $\displaystyle\int \frac{1}{e^x + 1} dx$ (5) $\displaystyle\int \frac{(\log x)^3}{x} dx$ (6) $\displaystyle\int \frac{1}{2x+5} dx$

(7) $\displaystyle\int \frac{x}{\sqrt{a^2 - x^2}} dx \quad (a \neq 0)$ (8) $\displaystyle\int \frac{1}{(a^2+x^2)^{\frac{3}{2}}} dx \quad (a > 0)$

(9) $\displaystyle\int \frac{1}{(a^2-x^2)^{\frac{3}{2}}} dx \quad (a > 0)$

3. 次の不定積分を部分積分法を用いて求めよ.

(1) $\displaystyle\int xe^{3x} dx$ (2) $\displaystyle\int x \sin x \, dx$ (3) $\displaystyle\int x \cos 2x \, dx$

(4) $\displaystyle\int \frac{\log x}{x^2} dx$ (5) $\displaystyle\int \log x\, dx$ (6) $\displaystyle\int \arcsin x\, dx$

(7) $\displaystyle\int x \arctan x\, dx$ (8) $\displaystyle\int x^2 \cos x\, dx$ (9) $\displaystyle\int x \log(x-1)\, dx$

(10) $\displaystyle\int e^x \sin x\, dx$ (11) $\displaystyle\int \cos(\log x) dx$

4. 次の不定積分を計算せよ.

(1) $\displaystyle\int \frac{1}{x^2-6x+11} dx$ (2) $\displaystyle\int \frac{5x-4}{(2x-3)(x+2)} dx$ (3) $\displaystyle\int \frac{x^3}{x^2-1} dx$

(4) $\displaystyle\int \frac{dx}{(x+1)(x^2+1)}$ (5) $\displaystyle\int \frac{2x+3}{(x+1)(x-2)^2} dx$ (6) $\displaystyle\int \frac{2x-1}{x^2+x+1} dx$

(7) $\displaystyle\int \frac{2x}{(x-1)^2(x^2+1)} dx$

5. $I_n = \displaystyle\int \frac{dx}{(x^2+1)^n}$ $(n=1,2,\cdots)$ とする.

(1) 次の等式を証明せよ.
$$I_{n+1} = \frac{x}{2n(x^2+1)^n} + \frac{2n-1}{2n} I_n \quad (n=1,2,\cdots)$$

(2) I_2 および I_3 を求めよ.

(3) $I = \displaystyle\int \frac{x^2}{(x^2+1)^2} dx$ を求めよ.

6. 次の不定積分を求めよ.

(1) $\displaystyle\int \frac{1+\sin x}{1+\cos x} dx$ (2) $\displaystyle\int \frac{dx}{\sin x}$ (3) $\displaystyle\int \frac{5}{2+\tan x} dx$

7. 不定積分 $I = \displaystyle\int \frac{\sin^2 x}{\cos^3 x} dx$ を求めよ

8. 次の不定積分を求めよ.

(1) $\displaystyle\int \left(x + \sqrt{x-1} - \sqrt[3]{x-1}\right) dx$ (2) $\displaystyle\int \frac{1}{x\sqrt{x+1}} dx$

(3) $\displaystyle\int \frac{\sqrt{x^2+a}}{x^2} dx$ $(a \neq 0)$ (4) $\displaystyle\int \frac{dx}{\sqrt{x^2+a}}$ $(a \neq 0)$

9. 次の定積分を求めよ.

(1) $\displaystyle\int_0^{\frac{\pi}{2}} \sin^2 x\, dx$ (2) $\displaystyle\int_0^{\frac{\pi}{2}} \cos^2 x\, dx$ (3) $\displaystyle\int_0^1 x e^{-x} dx$

(4) $\displaystyle\int_0^{\frac{\pi}{4}} \tan x\, dx$ (5) $\displaystyle\int_1^2 \frac{e^x}{e^x - 1} dx$ (6) $\displaystyle\int_1^2 \log x\, dx$

(7) $\displaystyle\int_{-4}^{-8} \frac{dx}{x+3}$ (8) $\displaystyle\int_0^{\frac{\pi}{4}} \cos^3 x\, dx$ (9) $\displaystyle\int_0^{\sqrt{3}} \frac{1+x}{1+x^2} dx$

(10) $\int_0^2 x\log(x^2+1)dx$　　(11) $\int_1^2 xe^{x^2}dx$　　(12) $\int_{-\frac{\pi}{2}}^{\frac{\pi}{2}} \frac{1}{2+\sin\theta}d\theta$

10. a を定数とするとき，定積分
$$\int_0^\pi \frac{\sin x}{\sqrt{1-2a\cos x+a^2}}dx$$
を求めよ．

11. $I_n = \int_0^{\frac{\pi}{2}} \sin^n x\, dx = \int_0^{\frac{\pi}{2}} \cos^n x\, dx\ (n=0,1,2,\cdots)$ を求めよ．

12. 次の場合に $\lim_{n\to\infty} \int_0^1 f_n(x)dx$ を求めよ．

(1) $f_n(x) = x^n(1-x)$　　(2) $f_n(x) = n^2 x^n(1-x)^2$　　(3) $f_n(x) = \dfrac{n^3 x}{1+n^4 x^2}$

13. 半径 1 の円周上を角速度 1 で等速円運動する点 P がある．

円の中心 A が x 軸上を動くとき，xy 平面における P の速さと A の速さが常に等しいとすれば A の座標は時間 t のどのような関数となるか．

ただし，P の最初の位置は y 軸上の点 $(0,1)$，A の最初の位置は原点とする．

──────── **B** ────────

1. 不定積分 $\int \dfrac{dx}{x^4+1}$ を求めよ．

2. (1) $\int \dfrac{\log x}{x}dx$ を求めよ．

(2) $\lim_{n\to\infty} \dfrac{1}{(\log n)^2}\sum_{k=1}^n \dfrac{\log k}{k}$ を求めよ．

3. $x>0$ のとき
$$\lim_{n\to\infty}\sum_{k=1}^n \left\{\log\left(x+\frac{2k}{n^2+k^2}\right)-\log x\right\}$$
を求めよ．

4. (1) $\lim_{x\to\infty} \dfrac{1}{\log x}\int_0^x \dfrac{1}{\sqrt{1+u^2}}du$ を求めよ．

(2) $\lim_{x\to\infty} \dfrac{1}{\log x}\int_0^x \dfrac{1}{\sqrt[3]{1+u^3}}du$ を求めよ．

5. 閉区間 $[a,b]$ で連続な関数 $f(x), g(x)$ (ただし $f(x)\not\equiv 0$) に対して，不等式
$$\left(\int_a^b f(x)g(x)\,dx\right)^2 \leq \left(\int_a^b f(x)^2\,dx\right)\left(\int_a^b g(x)^2\,dx\right)$$

が成り立つことを示せ（シュワルツの不等式）．さらに等号が成り立つのは
$$g(x) = cf(x) \quad (c\text{ はある定数})$$
とかけるときに限ることを示せ．

$$\begin{pmatrix} \text{ヒント：すべての実数 } t \text{ に対して，不等式}\\ \int_a^b \{tf(x) + g(x)\}^2\,dx \geq 0 \\ \text{が成り立つことに注意せよ．}\end{pmatrix}$$

6. $\int_0^1 f(x)dx = 1$ となる実数値連続関数 $f(x)$ で
$$\int_0^1 (1+x^2)f(x)^2 dx$$
の値を最小にするものを求めよ．（シュワルツの不等式を利用せよ）

A の解答

1. (1) $\displaystyle\int \left(\frac{1}{x} + \frac{1}{\sqrt[3]{x}}\right) dx = \log|x| + \frac{3}{2}\sqrt[3]{x^2}$

   (2) $\displaystyle\int \left(\cos x + \frac{3}{\cos^2 x} - \frac{1}{x^2}\right) dx = \sin x + 3\tan x + \frac{1}{x}$

   (3) $\displaystyle\int \left(\frac{1}{\sqrt{1-x^2}} - \frac{1}{\sqrt{x}}\right) dx = \arcsin x - 2\sqrt{x}$

   (4) $\displaystyle\int \left(1 - \frac{1}{x^2} + \frac{1}{1+x^2}\right) dx = x + \frac{1}{x} + \arctan x$

2. (1) $t = 3x$ とおくと，$\frac{dt}{dx} = 3$ より
$$\int \cos 3x\,dx = \int \cos t\,\frac{1}{3}dt = \frac{1}{3}\sin t = \frac{1}{3}\sin 3x$$

   (2) $t = -3x$ とおくと，$\frac{dt}{dx} = -3$ より
$$\int e^{-3x}dx = \int e^t \left(-\frac{1}{3}\right)dt = -\frac{1}{3}e^t = -\frac{1}{3}e^{-3x}$$

   (3) $t = 4x - 1$ とおくと，$\frac{dt}{dx} = 4$ より
$$\int \sqrt{4x-1}\,dx = \int \sqrt{t}\,\frac{1}{4}dt = \frac{1}{6}t^{\frac{3}{2}} = \frac{1}{6}(4x-1)^{\frac{3}{2}}$$

   (4) $t = e^x$ とおくと $\frac{dt}{dx} = e^x = t$ より
$$\int \frac{1}{e^x + 1}dx = \int \frac{1}{t(t+1)}dt = \int \left(\frac{1}{t} - \frac{1}{t+1}\right)dt$$
$$= \log t - \log(t+1) = \log \frac{e^x}{e^x + 1}$$

(5) $t = \log x$ とおくと，$\frac{dt}{dx} = \frac{1}{x}$ より
$$\int \frac{(\log x)^3}{x}\,dx = \int t^3\,dt = \frac{1}{4}t^4 = \frac{1}{4}(\log x)^4$$

(6) $t = 2x + 5$ とおくと，$\frac{dt}{dx} = 2$ より
$$\int \frac{1}{2x+5}\,dx = \frac{1}{2}\int \frac{1}{t}\,dt = \frac{1}{2}\log|t| = \frac{1}{2}|2x+5|$$

(7) $t = a^2 - x^2$ とおくと，$\frac{dt}{dx} = -2x$ より
$$\int \frac{x}{\sqrt{a^2-x^2}}\,dx = -\frac{1}{2}\int \frac{1}{\sqrt{t}}\,dt = -\sqrt{t} = -\sqrt{a^2-x^2}$$

(8) $x = a\tan\theta$ $\left(-\frac{\pi}{2} < \theta < \frac{\pi}{2}\right)$ とおくと，$\frac{dx}{d\theta} = \frac{a}{\cos^2\theta}$ より
$$\int \frac{1}{(a^2+x^2)^{\frac{3}{2}}}\,dx = \frac{1}{a^2}\int \cos\theta\,d\theta = \frac{1}{a^2}\sin\theta$$

一方
$$\sin\theta = \tan\theta\cos\theta = \frac{x}{\sqrt{a^2+x^2}}$$

より
$$\int \frac{1}{(a^2+x^2)^{\frac{3}{2}}}\,dx = \frac{x}{a^2\sqrt{a^2+x^2}}$$

(9) $x = a\sin\theta$ $\left(-\frac{\pi}{2} < \theta < \frac{\pi}{2}\right)$ とおくと，$\frac{dx}{d\theta} = a\cos\theta$ より
$$\int \frac{1}{(a^2-x^2)^{\frac{3}{2}}}\,dx = \frac{1}{a^2}\int \frac{1}{\cos^2\theta}\,d\theta = \frac{\tan\theta}{a^2}$$
$$= \frac{1}{a^2}\frac{\sin\theta}{\sqrt{1-\sin^2\theta}} = \frac{x}{a^2\sqrt{a^2-x^2}}$$

3. (1) $\displaystyle\int xe^{3x}\,dx = \frac{1}{3}xe^{3x} - \frac{1}{3}\int e^{3x}\,dx = \frac{1}{3}xe^{3x} - \frac{1}{3}\left(\frac{1}{3}e^{3x}\right)$
$$= \frac{1}{3}xe^{3x} - \frac{1}{9}e^{3x}$$

(2) $\displaystyle\int x\sin x\,dx = \int x(-\cos x)'\,dx$
$$= -x\cos x + \int \cos x\,dx$$
$$= -x\cos x + \sin x$$

(3) $\displaystyle\int x\cos 2x\,dx = \int x\left(\frac{1}{2}\sin 2x\right)'\,dx$
$$= \frac{1}{2}x\sin 2x - \frac{1}{2}\int \sin 2x\,dx$$
$$= \frac{1}{2}x\sin 2x + \frac{1}{4}\cos 2x$$

(4) $\displaystyle\int \frac{\log x}{x^2}\,dx = \log x\cdot\left(-\frac{1}{x}\right) - \int\left(-\frac{1}{x}\right)\frac{1}{x}\,dx = -\frac{\log x + 1}{x}$

(5) $\displaystyle\int \log x\,dx = x\log x - \int x\cdot\frac{1}{x}\,dx = x\log x - x$

(6) $\displaystyle\int \arcsin x\,dx = x\arcsin x - \int \frac{x}{\sqrt{1-x^2}}dx = x\arcsin x + \sqrt{1-x^2}$

(7) $\displaystyle\int x\arctan x\,dx = \frac{x^2}{2}\arctan x - \frac{1}{2}\int \left(1 - \frac{1}{x^2+1}\right)dx$

$\displaystyle = \frac{x^2}{2}\arctan x - \frac{x}{2} + \frac{1}{2}\arctan x = \frac{x^2+1}{2}\arctan x - \frac{x}{2}$

(8) $\displaystyle\int x^2\cos x\,dx = x^2\sin x - \int 2x\sin x\,dx$

$\displaystyle = x^2\sin x - 2\left(-x\cos x + \int \cos x\,dx\right)$

$\displaystyle = x^2\sin x + 2x\cos x - 2\sin x = (x^2-2)\sin x + 2x\cos x$

(9) $\displaystyle\int x\log(x-1)\,dx = \frac{x^2}{2}\log(x-1) - \frac{1}{2}\int \frac{x^2}{x-1}dx$

$\displaystyle = \frac{x^2}{2}\log(x-1) - \frac{1}{2}\left\{\frac{x^2}{2} + x + \log(x-1)\right\}$

(10) $\displaystyle\int e^x\sin x\,dx = \int e^x(-\cos x)'\,dx$

$\displaystyle = -e^x\cos x + \int e^x\cos x\,dx$

$\displaystyle = -e^x\cos x + \int e^x(\sin x)'\,dx$

$\displaystyle = -e^x\cos x + e^x\sin x - \int e^x\sin x\,dx$ より

$$2\int e^x\sin x\,dt = e^x(\sin x - \cos x),$$

すなわち

$$\int e^x\sin x\,dx = \frac{1}{2}e^x(\sin x - \cos x)$$

(11) $\displaystyle\int \cos(\log x)\,dx = x\cos(\log x) + \int x\frac{1}{x}\sin(\log x)\,dx$

$\displaystyle = x\cos(\log x) + \int \sin(\log x)\,dx$

$\displaystyle = x\cos(\log x) + x\sin(\log x) - \int \cos(\log x)\,dx$

ゆえに

$$\int \cos(\log x)\,dx = \frac{1}{2}\{x\cos(\log x) + x\sin(\log x)\}$$

別解 $t = \log x$ とおくと，$x = e^t$ より $dx = e^t dt$ であるので

$$\int \cos(\log x)\,dx = \int e^t\cos t\,dt$$

と置換積分される．ここで

$\displaystyle\int e^t\cos t\,dt = e^t\sin t - \int e^t\sin t\,dt$

$\displaystyle = e^t\sin t + e^t\cos t - \int e^t\cos t\,dt$ より

$$2\int e^t \cos t\, dt = e^t(\sin t + \cos t).$$

したがって
$$\int \cos(\log x)\, dx = \int e^t \cos t\, dt = \frac{1}{2}e^t(\sin t + \cos t) = \frac{1}{2}x\{\sin(\log x) + \cos(\log x)\}$$

4. (1) $\displaystyle\int \frac{1}{x^2 - 6x + 11}dx = \int \frac{1}{(x-3)^2 + 2}dx$. $t = x - 3$ とおくと

$$\int \frac{1}{(x-3)^2 + 2}dx = \int \frac{1}{t^2 + 2}dt = \frac{1}{\sqrt{2}}\arctan\frac{t}{\sqrt{2}} = \frac{1}{\sqrt{2}}\arctan\frac{x-3}{\sqrt{2}}$$

(2) $\displaystyle\frac{5x-4}{(2x-3)(x+2)} = \frac{A}{2x-3} + \frac{B}{x+2}$ とおくと

$$A(x+2) + B(2x-3) = 5x - 4$$

$$\begin{cases} A + 2B = 5 \\ 2A - 3B = -4 \end{cases} \quad \text{より}$$

$$A = 1, \quad B = 2.$$

よって
$$\begin{aligned}\int \frac{5x-4}{(2x-3)(x+2)}dx &= \int \left(\frac{1}{2x-3} + \frac{2}{x+2}\right)dx \\ &= \frac{1}{2}\log|2x-3| + 2\log|x+2|.\end{aligned}$$

(3) $\displaystyle\frac{x^3}{x^2-1} = x + \frac{x}{x^2-1} = x + \frac{1}{2}\frac{(x^2-1)'}{x^2-1}$

$$\therefore \int \frac{x^3}{x^2-1}dx = \frac{x^2}{2} + \frac{1}{2}\log|x^2-1|$$

(4) $\displaystyle\frac{1}{(x+1)(x^2+1)} = \frac{A}{x+1} + \frac{Bx+C}{x^2+1}$ とおくと, 通分して

$$A(x^2+1) + (Bx+C)(x+1) = 1$$

より $A = \dfrac{1}{2}$, $B = -\dfrac{1}{2}$, $C = \dfrac{1}{2}$ となるので

$$\begin{aligned}\int \frac{dx}{(x+1)(x^2+1)} &= \frac{1}{2}\int \left(\frac{1}{x+1} + \frac{-x+1}{x^2+1}\right)dx \\ &= \frac{1}{2}\int \left(\frac{1}{x+1} - \frac{1}{2}\frac{2x}{x^2+1} + \frac{1}{x^2+1}\right)dx \\ &= \frac{1}{2}\left\{\log|x+1| - \frac{1}{2}\log(x^2+1) + \arctan x\right\} \\ &= \frac{1}{4}\left\{2\log|x+1| - \log(x^2+1) + 2\arctan x\right\}\end{aligned}$$

(5) $\displaystyle\frac{2x+3}{(x+1)(x-2)^2} = \frac{A}{x+1} + \frac{B}{x-2} + \frac{C}{(x-2)^2}$ とおくと, 通分して

$$A(x-2)^2 + B(x+1)(x-2) + C(x+1) = 2x + 3$$

が恒等式になればよいが，両辺に $x=-1$ を代入すると $9A=1$ より $A=\dfrac{1}{9}$，両辺に $x=2$ を代入すると $3C=7$ より $C=\dfrac{7}{3}$ となり，x^2 の係数を比較することにより $A+B=0$ だから $B=-\dfrac{1}{9}$ となる．よって

$$\int \dfrac{2x+3}{(x+1)(x-2)^2}dx = \int \left\{\dfrac{1}{9}\dfrac{1}{x+1} - \dfrac{1}{9}\dfrac{1}{x-2} + \dfrac{7}{3}\dfrac{1}{(x-2)^2}\right\}dx$$
$$= \dfrac{1}{9}\log|x+1| - \dfrac{1}{9}\log|x-2| - \dfrac{7}{3}\dfrac{1}{x-2}$$

(6) $\displaystyle\int \dfrac{2x-1}{x^2+x+1}dx = \int \dfrac{2x+1-2}{x^2+x+1}dx$
$$= \int \dfrac{2x+1}{x^2+x+1}dx - 2\int \dfrac{1}{x^2+x+1}dx$$
$$= \log(x^2+x+1) - \dfrac{4}{\sqrt{3}}\arctan\dfrac{2x+1}{\sqrt{3}}.$$

(7) $\dfrac{2x}{(x-1)^2(x^2+1)} = \dfrac{A}{x-1} + \dfrac{B}{(x-1)^2} + \dfrac{Cx+D}{x^2+1}$

とおいて A,B,C,D を求めると

$$A=0, \quad B=1, \quad C=0, \quad D=-1$$

よって

$$\int \dfrac{2x}{(x-1)^2(x^2+1)}dx = \int \dfrac{1}{(x-1)^2}dx - \int \dfrac{1}{x^2+1}dx$$
$$= -\dfrac{1}{x-1} - \arctan x$$

5. (1)
$$I_{n+1} = \int \dfrac{(x^2+1)-x^2}{(x^2+1)^{n+1}}dx = I_n - \int x\dfrac{x}{(x^2+1)^{n+1}}dx$$
$$= I_n + x\dfrac{1}{2n}\dfrac{1}{(x^2+1)^n} - \int \dfrac{1}{2n}\dfrac{1}{(x^2+1)^n}dx \quad \text{（部分積分法）}$$
$$= I_n + \dfrac{x}{2n(x^2+1)^n} - \dfrac{1}{2n}I_n = \dfrac{x}{2n(x^2+1)^n} + \dfrac{2n-1}{2n}I_n$$

(2) (1) の結果より
$$I_2 = \dfrac{x}{2(x^2+1)} + \dfrac{1}{2}I_1 = \dfrac{1}{2}\left(\dfrac{x}{x^2+1} + \arctan x\right)$$

再び (1) の結果より
$$I_3 = \dfrac{x}{4(x^2+1)^2} + \dfrac{3}{4}I_2 = \dfrac{x}{4(x^2+1)^2} + \dfrac{3}{8}\left(\dfrac{x}{x^2+1} + \arctan x\right)$$

(3) (2) の結果より
$$I = \int \dfrac{x^2+1-1}{(x^2+1)^2}dx$$

$$= \int \frac{1}{x^2+1}\,dx - \int \frac{1}{(x^2+1)^2}\,dx$$
$$= \arctan x - \frac{1}{2}\left(\frac{x}{x^2+1} + \arctan x\right)$$
$$= \frac{1}{2}\arctan x - \frac{1}{2}\frac{x}{x^2+1}$$

6. (1) $t = \tan \dfrac{x}{2}$ とおくと

$$\int \frac{1+\sin x}{1+\cos x}\,dx = \int \frac{1+\frac{2t}{1+t^2}}{1+\frac{1-t^2}{1+t^2}} \cdot \frac{2}{1+t^2}\,dt$$
$$= \int \frac{1+t^2+2t}{1+t^2+1-t^2} \cdot \frac{2}{1+t^2}\,dt$$
$$= \int \left(1 + \frac{2t}{1+t^2}\right)dt$$
$$= t + \log(1+t^2)$$
$$= \tan \frac{x}{2} + \log\left(1 + \tan^2 \frac{x}{2}\right) = \tan \frac{x}{2} - 2\log\left|\cos \frac{x}{2}\right|$$

(2) $t = \tan \dfrac{x}{2}$ とおくと

$$\int \frac{dx}{\sin x} = \int \frac{\frac{2}{1+t^2}}{\frac{2t}{1+t^2}}\,dt = \int \frac{1}{t}\,dt = \log|t| = \log\left|\tan \frac{x}{2}\right|$$

別解

$$\int \frac{dx}{\sin x} = \int \frac{\sin x}{\sin^2 x}\,dx = \int \frac{\sin x}{1-\cos^2 x}\,dx$$

と変形し，$t = \cos x$ と置換すると $dt = -\sin x\,dx$ より

$$\int \frac{\sin x}{1-\cos^2 x}\,dx = \int \frac{-1}{1-t^2}\,dt = \int \frac{1}{t^2-1}\,dt = \int \frac{1}{2}\left(\frac{1}{t-1} - \frac{1}{t+1}\right)dt$$
$$= \frac{1}{2}\log\left|\frac{\cos x - 1}{\cos x + 1}\right| = \frac{1}{2}\log \frac{1-\cos x}{1+\cos x}$$

となる．先に求めた解と一見異なる解に見えるが

$$\log\left|\tan \frac{x}{2}\right| = \log\left|\frac{\sin x}{1+\cos x}\right| = \frac{1}{2}\log\left(\frac{\sin x}{1+\cos x}\right)^2$$
$$= \frac{1}{2}\log \frac{1-\cos^2 x}{(1+\cos x)^2} = \frac{1}{2}\log \frac{1-\cos x}{1+\cos x}$$

となり，一致する．

(3) $t = \tan x$ とおくと，$\dfrac{dt}{dx} = 1 + \tan^2 x$ より $dx = \dfrac{dt}{1+t^2}$ であるので

$$\int \frac{5}{2+\tan x}\,dx = \int \frac{5}{2+t} \cdot \frac{dt}{1+t^2} = \int \frac{5}{(t+2)(t^2+1)}\,dt$$

と置換される（$t = \tan \dfrac{x}{2}$ とおくとかなり複雑となる）．ここで
$$\frac{5}{(t+2)(t^2+1)} = \frac{A}{t+2} + \frac{Bt+C}{t^2+1}$$
と部分分数分解すると，
$$5 = A(t^2+1) + (Bt+C)(t+2)$$
より $A = 1, B = -1, C = 2$ となるので，
$$\begin{aligned}
\int \frac{5}{(t+2)(t^2+1)}\, dt &= \int \left(\frac{1}{t+2} + \frac{-t+2}{t^2+1} \right) dt \\
&= \log|t+2| - \frac{1}{2}\log(t^2+1) + 2\arctan t \\
&= \log|2+\tan x| - \frac{1}{2}\log(1+\tan^2 x) + 2x \\
&= 2x + \log|2+\tan x| + \log|\cos x| \\
&= 2x + \log|2\cos x + \sin x|
\end{aligned}$$
と求められる．

7. $t = \sin x$ とおくと $dt = \cos x\, dx$ であるので
$$I = \int \frac{\sin^2 x}{\cos^3 x}\, dx = \int \frac{\sin^2 x \cos x}{(1-\sin^2 x)^2}\, dx = \int \frac{t^2}{(1-t^2)^2}\, dt$$
となる．ここで
$$\frac{t^2}{(1-t^2)^2} = \frac{t^2}{(1+t)^2(1-t)^2} = \frac{A}{(1+t)^2} + \frac{B}{1+t} + \frac{C}{(1-t)^2} + \frac{D}{1-t}$$
とおき，A, B, C, D を求めると $A = \dfrac{1}{4}, B = -\dfrac{1}{4}, C = \dfrac{1}{4}, D = -\dfrac{1}{4}$ となる．

よって求める積分は
$$\begin{aligned}
I = \int \frac{t^2}{(1-t^2)^2}\, dt &= \frac{1}{4}\int \left\{ \frac{1}{(1+t)^2} - \frac{1}{1+t} + \frac{1}{(1-t)^2} - \frac{1}{1-t} \right\} dt \\
&= \frac{1}{4}\left(\frac{1}{1-t} - \frac{1}{1+t} + \log|1-t| - \log|1+t| \right) \\
&= \frac{1}{4}\left(\frac{2t}{1-t^2} + \log\left|\frac{1-t}{1+t}\right| \right) \\
&= \frac{1}{4}\left(\frac{2\sin x}{\cos^2 x} + \log\left|\frac{1-\sin x}{1+\sin x}\right| \right)
\end{aligned}$$

8. (1) $\displaystyle \int (x + \sqrt{x-1} - \sqrt[3]{x-1})\, dx = \frac{x^2}{2} + \frac{2\sqrt{(x-1)^3}}{3} - \frac{3\sqrt[3]{(x-1)^4}}{4}$

(2) $t = \sqrt{x+1}$ とおけば $x+1 = t^2, \dfrac{dx}{dt} = 2t$. よって

$$\int \frac{1}{x\sqrt{x+1}}\,dx = \int \frac{1}{(t^2-1)t} \cdot 2t\,dt = 2\int \frac{1}{t^2-1}\,dt$$

$$= 2 \cdot \int \frac{1}{2}\left(\frac{1}{t-1} - \frac{1}{t+1}\right)dt = \log\left|\frac{t-1}{t+1}\right| = \log\left|\frac{\sqrt{x+1}-1}{\sqrt{x+1}+1}\right|$$

(3) $u' = \dfrac{1}{x^2},\quad v = \sqrt{x^2+a}$ とすると $u = -\dfrac{1}{x},\quad v' = \dfrac{x}{\sqrt{x^2+a}}$

$$\int \frac{\sqrt{x^2+a}}{x^2}\,dx = \int u'v\,dx = uv - \int uv'\,dx$$

$$= -\frac{\sqrt{x^2+a}}{x} + \int \frac{1}{\sqrt{x^2+a}}\,dx$$

$$= -\frac{\sqrt{x^2+a}}{x} + \log\left|x + \sqrt{x^2+a}\right|$$

(4) 例題 5 を参照. $\displaystyle\int \frac{dx}{\sqrt{x^2+a}} = \log\left|x + \sqrt{x^2+a}\right|$

9. (1) $\displaystyle\int_0^{\frac{\pi}{2}} \sin^2 x\,dx = \int_0^{\frac{\pi}{2}} \frac{1}{2}(1-\cos 2x)\,dx = \left[\frac{1}{2}x - \frac{1}{4}\sin 2x\right]_0^{\frac{\pi}{2}} = \frac{\pi}{4}$

(2) $\displaystyle\int_0^{\frac{\pi}{2}} \cos^2 x\,dx = \int_0^{\frac{\pi}{2}} \frac{1}{2}(1+\cos 2x)\,dx = \left[\frac{1}{2}x + \frac{1}{4}\sin 2x\right]_0^{\frac{\pi}{2}} = \frac{\pi}{4}$

(3) $\displaystyle\int_0^1 xe^{-x}\,dx = \left[-xe^{-x}\right]_0^1 - \int_0^1 (-e^{-x})\,dx = -e^{-1} + \left[-e^{-x}\right]_0^1 = 1 - \frac{2}{e}$

(4) $\displaystyle\int_0^{\frac{\pi}{4}} \tan x\,dx = \int_0^{\frac{\pi}{4}} \frac{\sin x}{\cos x}\,dx = \int_0^{\frac{\pi}{4}} \frac{-(\cos x)'}{\cos x}\,dx$

$$= \left[-\log|\cos x|\right]_0^{\frac{\pi}{4}} = \log 1 - \log \cos\frac{\pi}{4} = \frac{1}{2}\log 2$$

(5) $\displaystyle\int_1^2 \frac{e^x}{e^x-1}\,dx = \int_1^2 \frac{(e^x-1)'}{e^x-1}\,dx = \left[\log|e^x-1|\right]_1^2$

$$= \log(e^2-1) - \log(e-1) = \log\frac{e^2-1}{e-1} = \log(e+1)$$

(6) $\displaystyle\int_1^2 \log x\,dx = \int_1^2 (x)' \log x\,dx = \left[x\log x\right]_1^2 - \int_1^2 x(\log x)'\,dx$

$$= 2\log 2 - \int_1^2 x \cdot \frac{1}{x}\,dx = 2\log 2 - \int_1^2 dx$$

$$= 2\log 2 - \left[x\right]_1^2 = 2\log 2 - 1$$

(7) $-4 \geq x \geq -8$ の範囲に $x = -3$ が存在しないので

$$\int_{-4}^{-8} \frac{dx}{x+3} = \left[\log|x+3|\right]_{-4}^{-8} = \log 5 - \log 1 = \log 5$$

(8) $t = \sin x$ とおくと $dt = \cos x dx$.

$$\int_0^{\frac{\pi}{4}} \cos^3 dx = \int_0^{\frac{\pi}{4}} (1 - \sin^2 x) \cos x \, dx = \int_0^{1/\sqrt{2}} (1 - t^2) \, dt = \frac{5}{6\sqrt{2}}$$

(9) $\displaystyle\int_0^{\sqrt{3}} \frac{1+x}{1+x^2} dx = \left[\arctan x + \frac{1}{2} \log(1+x^2)\right]_0^{\sqrt{3}} = \frac{\pi}{3} + \log 2$

(10) $t = x^2 + 1$ とおくと $\dfrac{1}{2} dt = x dx$.

$$\int_0^2 x \log(x^2+1) \, dx = \frac{1}{2} \int_1^5 \log t \, dt = \frac{5}{2} \log 5 - 2$$

(11) $t = x^2$ とおくと $\dfrac{1}{2} dt = x dx$.

$$\int_1^2 x e^{x^2} dx = \frac{1}{2} \int_1^4 e^t \, dt = \frac{e^4 - e}{2}$$

(12) $t = \tan \dfrac{\theta}{2}$ とおくと

$$\begin{aligned}
\int_{-\frac{\pi}{2}}^{\frac{\pi}{2}} \frac{1}{2+\sin\theta} d\theta &= \int_{-1}^{1} \frac{1}{2 + \frac{2t}{1+t^2}} \cdot \frac{2}{1+t^2} dt \\
&= \int_{-1}^{1} \frac{1}{1+t+t^2} dt \\
&= \frac{2}{\sqrt{3}} \left[\arctan \frac{2t+1}{\sqrt{3}}\right]_{-1}^{1} \\
&= \frac{2}{\sqrt{3}} \left(\arctan \sqrt{3} + \arctan \frac{1}{\sqrt{3}}\right) \\
&= \frac{2}{\sqrt{3}} \left(\frac{\pi}{3} + \frac{\pi}{6}\right) = \frac{\pi}{\sqrt{3}}
\end{aligned}$$

10. $a = 0$ のとき
$$\int_0^\pi \sin x dx = [-\cos x]_0^\pi = 2$$
$a \neq 0$ のとき
$$t = 1 - 2a \cos x + a^2$$
と変数変換すると
$$\frac{dt}{dx} = 2a \sin x, \quad \frac{1}{2a} dt = \sin x \, dx$$
だから
$$\begin{aligned}
\int_0^\pi \frac{\sin x}{\sqrt{1 - 2a \cos x + a^2}} dx &= \frac{1}{2a} \int_{(1-a)^2}^{(1+a)^2} \frac{1}{\sqrt{t}} dt \\
&= \frac{1}{a} \left[\sqrt{t}\right]_{(1-a)^2}^{(1+a)^2}
\end{aligned}$$

$$= \frac{1}{a}(|1+a| - |1-a|).$$

よって

$$\int_0^\pi \frac{\sin x}{\sqrt{1-2a\cos x + a^2}} dx = \begin{cases} \dfrac{2}{|a|} & (|a| \geq 1 \text{ のとき}) \\ 2 & (|a| \leq 1 \text{ のとき}) \end{cases}$$

11. $x = \dfrac{\pi}{2} - t$ とおけば $\sin\left(\dfrac{\pi}{2} - t\right) = \cos t$ に注意して

$$\int_0^{\frac{\pi}{2}} \sin^n x \, dx = \int_0^{\frac{\pi}{2}} \cos^n t \, dt.$$

$n \geq 2$ とすると

$$\begin{aligned}
I_n &= \int_0^{\frac{\pi}{2}} \sin^n x \, dx \\
&= \int_0^{\frac{\pi}{2}} \sin x \sin^{n-1} x \, dx \\
&= \int_0^{\frac{\pi}{2}} (-\cos x)' \sin^{n-1} x \, dx \\
&= \left[-\cos x \sin^{n-1} x\right]_0^{\frac{\pi}{2}} + \int_0^{\frac{\pi}{2}} \cos x (n-1) \sin^{n-2} x \cos x \, dx \\
&= 0 + (n-1) \int_0^{\frac{\pi}{2}} (1 - \sin^2 x) \sin^{n-2} x \, dx \\
&= (n-1) \int_0^{\frac{\pi}{2}} (\sin^{n-2} x - \sin^n x) dx \\
&= (n-1)(I_{n-2} - I_n)
\end{aligned}$$

よって $nI_n = (n-1)I_{n-2}$ より

$$I_n = \frac{n-1}{n} I_{n-2}.$$

また

$$I_0 = \int_0^{\frac{\pi}{2}} dx = \frac{\pi}{2}, \quad I_1 = \int_0^{\frac{\pi}{2}} \sin x \, dx = 1$$

より

$$I_n = \begin{cases} \dfrac{n-1}{n} \cdot \dfrac{n-3}{n-2} \cdots \dfrac{1}{2} \cdot \dfrac{\pi}{2} & (n \text{ が偶数}) \\ \dfrac{n-1}{n} \cdot \dfrac{n-3}{n-2} \cdots \dfrac{2}{3} \cdot 1 & (n \text{ が奇数}, n \geq 3) \end{cases}$$

$$I_0 = \frac{\pi}{2}, \quad I_1 = 1$$

これをワリス (Wallis) の (サイン, コサイン) 公式という.

12. (1)

$$\int_0^1 f_n(x) dx = \int_0^1 x^n dx - \int_0^1 x^{n+1} dx = \frac{1}{n+1} - \frac{1}{n+2} \to 0 \quad (n \to \infty)$$

(2) $\displaystyle\int_0^1 f_n(x)dx = n^2\left(\int_0^1 x^{n+2}dx - 2\int_0^1 x^{n+1}dx + \int_0^1 x^n dx\right)$

$\displaystyle\qquad\qquad\qquad = n^2\left(\frac{1}{n+3} - \frac{2}{n+2} + \frac{1}{n+1}\right)$

$\displaystyle\qquad\qquad\qquad = \frac{2n^2}{(n+1)(n+2)(n+3)} \to 0 \quad (n\to\infty)$

(3) $\displaystyle\int_0^1 f_n(x)dx = n^3 \int_0^1 \frac{x}{1+n^4 x^2}dx \underset{t=n^2 x}{=} \frac{1}{n}\int_0^{n^2} \frac{t}{1+t^2}dt$

$\displaystyle\qquad\qquad\qquad = \frac{1}{2n}\log(1+n^4) \to 0 \quad (n\to\infty)$

注．(1) は一様収束

(2) は一様収束ではないが，有界収束

(3) は有界ではないが，可積分関数で押さえられる．

13. A の座標を $(x,0)$，P の座標を (u,v) とすると

$$u = x + \cos\left(\frac{\pi}{2}+t\right) = x - \sin t$$

$$v = \sin\left(\frac{\pi}{2}+t\right) = \cos t$$

$$\left(\frac{dx}{dt}\right)^2 = \left(\frac{du}{dt}\right)^2 + \left(\frac{dv}{dt}\right)^2 = \left(\frac{dx}{dt}-\cos t\right)^2 + \sin^2 t$$

$$\qquad\qquad = \left(\frac{dx}{dt}\right)^2 - 2\frac{dx}{dt}\cos t + 1$$

$$\therefore\ -2\frac{dx}{dt}\cos t + 1 = 0$$

これより

$$x(t) = \frac{1}{2}\int_0^t \frac{1}{\cos s}ds = \frac{1}{2}\log\tan\left(\frac{t}{2}+\frac{\pi}{4}\right)$$

B の解答

1. $\displaystyle\frac{1}{x^4+1} = \frac{Ax+B}{x^2+\sqrt{2}x+1} + \frac{Cx+D}{x^2-\sqrt{2}x+1}$ とおくと，$A+C=0$, $B+D-\sqrt{2}(A-C)=0$, $A+C-\sqrt{2}(B-D)=0$, $B+D=1$.

$$\therefore A = \frac{1}{2\sqrt{2}},\ B = D = \frac{1}{2},\ C = -\frac{1}{2\sqrt{2}}$$

$$\therefore \int \frac{dx}{x^4+1} = \frac{1}{2\sqrt{2}}\int\left(\frac{x+\sqrt{2}}{x^2+\sqrt{2}x+1} - \frac{x-\sqrt{2}}{x^2-\sqrt{2}x+1}\right)dx$$

$$= \frac{1}{4\sqrt{2}}\log\frac{x^2+\sqrt{2}x+1}{x^2-\sqrt{2}x+1} + \frac{1}{2\sqrt{2}}\left\{\arctan\left(\sqrt{2}x+1\right) + \arctan\left(\sqrt{2}x-1\right)\right\}$$

2. (1) 部分積分法より

$$\int \frac{\log x}{x}dx = (\log x)^2 - \int \frac{\log x}{x}dx$$

$$\therefore \int \frac{\log x}{x}dx = \frac{1}{2}(\log x)^2$$

(2) $f(x) = \frac{\log x}{x}$ とおくと $f'(x) = \frac{1-\log x}{x^2}$ だから，$x \geq 3$ で $f(x)\,(>0)$ は減少関数である．よって $k = 3, 4, \cdots$ のとき

$$\frac{\log k}{k} > \int_k^{k+1} \frac{\log x}{x}dx > \frac{1}{k+1}\log(k+1).$$

和をとると

$$\sum_{k=3}^{n-1} \frac{\log k}{k} > \int_3^n \frac{\log x}{x}dx > \sum_{k=4}^n \frac{\log k}{k}$$

これより

$$\sum_{k=1}^n \frac{\log k}{k} > \int_3^n \frac{\log x}{x}dx + \frac{1}{2}\log 2,$$

$$\int_3^n \frac{\log x}{x}dx + \frac{1}{2}\log 2 + \frac{1}{3}\log 3 > \sum_{k=1}^n \frac{\log k}{k}$$

となるから，(1) を用いて

$$\lim_{n \to \infty} \frac{1}{(\log n)^2} \sum_{k=1}^n \frac{\log k}{k} = \frac{1}{2}.$$

3. 平均値の定理：$f(x+h) - f(x) = hf'(x+\theta h) \quad (0 < \theta < 1)$ より

$$\log\left(x + \frac{2k}{n^2+k^2}\right) - \log x = \frac{2k}{n^2+k^2}\frac{1}{x + \theta \cdot \frac{2k}{n^2+k^2}}$$

であるが，

$$\frac{2k}{n^2+k^2} \leq \frac{1}{n}$$

より

$$x < x + \theta\frac{2k}{n^2+k^2} < x + \frac{1}{n}$$

となることから

$$\frac{1}{x}\sum_{k=1}^n \frac{2k}{n^2+k^2} > \sum_{k=1}^n \left(\log\left(x + \frac{2k}{n^2+k^2}\right) - \log x\right) > \frac{1}{x+\frac{1}{n}}\sum_{k=1}^n \frac{2k}{n^2+k^2}$$

となる．ところが $n \to \infty$ のとき

$$\sum_{k=1}^n \frac{2k}{n^2+k^2} = \frac{1}{n}\sum_{k=1}^n \frac{2\frac{k}{n}}{1+\left(\frac{k}{n}\right)^2} \to \int_0^1 \frac{2x}{1+x^2}dx = \log 2$$

だから

$$\lim_{n \to \infty} \sum_{k=1}^n \left(\log\left(x + \frac{2k}{n^2+k^2}\right) - \log x\right) = \frac{\log 2}{x}.$$

注．ここでは $\frac{1}{x}$ の単調性を利用したが，一般の連続関数 $f(x)$ に対して

$$\lim_{n \to \infty} \max_{|\delta| \leq \frac{1}{n}} |f(x+\delta) - f(x)| = 0$$

となることに注意すれば，一回連続微分可能な関数 $f(x)$ に対し
$$\lim_{n \to \infty} \sum_{k=1}^{n} \left(f\left(x + \frac{2k}{n^2 + k^2}\right) - f(x) \right) = f'(x) \log 2$$
であることがわかる．

4. (1) $\int_0^x \frac{1}{\sqrt{1+u^2}} du = \log(x + \sqrt{1+x^2})$ より

$$\lim_{x \to \infty} \frac{1}{\log x} \int_0^x \frac{1}{\sqrt{1+u^2}} du = \lim_{x \to \infty} \left\{ 1 + \frac{\log\left(1 + \sqrt{1 + \frac{1}{x^2}}\right)}{\log x} \right\} = 1$$

(2) $f(x) = (1+x)^{\frac{1}{3}} \ (x \geq 0)$ とおくと
$$0 \leq f'(x) = \frac{1}{3(1+x)^{\frac{2}{3}}} \leq \frac{1}{3}$$
であるから，平均値の定理より
$$0 \leq (1+x)^{\frac{1}{3}} - 1 \leq \frac{x}{3} \quad (x \geq 0).$$

従って
$$0 < \frac{1}{u} - \frac{1}{\sqrt[3]{1+u^3}} = \frac{1}{u\sqrt[3]{1+u^3}} \left(\sqrt[3]{1+u^3} - u \right)$$
$$= \frac{1}{\sqrt[3]{1+u^3}} \left(\sqrt[3]{1 + \frac{1}{u^3}} - 1 \right) \leq \frac{1}{\sqrt[3]{1+u^3}} \frac{1}{3u^3} < \frac{1}{3u^3}$$

$x > 1$ として $[1, x]$ 上で積分すると
$$0 < \log x - \int_1^x \frac{1}{\sqrt[3]{1+u^3}} du < \frac{1}{3} \int_1^x \frac{1}{u^3} du < \frac{1}{6}$$

これより
$$\lim_{x \to \infty} \left(1 - \frac{1}{\log x} \int_1^x \frac{du}{\sqrt[3]{1+u^3}} \right) = 0$$

すなわち
$$\lim_{x \to \infty} \frac{1}{\log x} \int_0^x \frac{1}{\sqrt[3]{1+u^3}} du = \lim_{x \to \infty} \frac{1}{\log x} \int_1^x \frac{1}{\sqrt[3]{1+u^3}} du = 1.$$

5. t を任意の実数とすると
$$0 \leq \int_a^b \{tf(x) + g(x)\}^2 \, dx$$
$$= t^2 \int_a^b f(x)^2 \, dx + 2t \int_a^b f(x)g(x) \, dx + \int_a^b g(x)^2 \, dx,$$

すなわち
$$t^2 \int_a^b f(x)^2 \, dx + 2t \int_a^b f(x)g(x) \, dx + \int_a^b g(x)^2 \, dx \geq 0 \cdots ①$$

これがすべての t に対して成り立つから，判別式の条件より

$$\left(\int_a^b f(x)g(x)\,dx\right)^2 - \left(\int_a^b f(x)^2\,dx\right)\left(\int_a^b g(x)^2\,dx\right) \leq 0 \cdots ②$$

次に，②で等号が成り立つならば，①で等号が成り立つような $t = t_0$ が唯一つある．すなわち

$$\int_a^b \{t_0 f(x) + g(x)\}^2\,dx = 0$$

よって $t_0 f(x) + g(x) = 0$, すなわち $g(x) = -t_0 f(x)$.

6.
$$1 = \left|\int_0^1 f(x)dx\right|^2 = \left|\int_0^1 \sqrt{1+x^2}f(x) \cdot \frac{1}{\sqrt{1+x^2}}dx\right|^2$$
$$\underset{(*)}{\leq} \int_0^1 (1+x^2)f(x)^2 dx \cdot \int_0^1 \frac{1}{1+x^2}dx$$

であるから

$$\int_0^1 (1+x^2)f(x)^2 dx \geq \frac{1}{\int_0^1 \frac{1}{1+x^2}dx} = \frac{4}{\pi}.$$

さらに

$$(*)\text{で等号} \Leftrightarrow \sqrt{1+x^2}f(x) = \frac{c}{\sqrt{1+x^2}} \quad (c = \text{定数})$$

であるから

$$1 = \int_0^1 \frac{c}{1+x^2}dx = \frac{\pi}{4}c$$

すなわち

$$f(x) = \frac{4}{\pi}\frac{1}{1+x^2}$$

のとき最小値 $\dfrac{4}{\pi}$ をとる.

2.3 広義積分

広義積分

関数 $f(x)$ を区間 $[a,b)$ ($b=\infty$ でもよい) で連続とする．もし $\displaystyle\lim_{c \to b-0} \int_a^c f(x)dx$ が存在するとき ($b=\infty$ のときは $c \to \infty$ としての極限を考える)，$f(x)$ は $[a,b)$ で積分可能であるといい

$$\int_a^b f(x)dx = \lim_{c \to b-0} \int_a^c f(x)dx$$

とおく．区間 $(a,b]$ ($a=-\infty$ でもよい) における積分も同様に定める．$f(x)$ が開区間 (a,b) (無限区間でもよい) で連続なとき，区間内の 1 点 c をとり

$$\int_a^b f(x)dx = \int_a^c f(x)dx + \int_c^b f(x)dx$$

とおく．また，$f(x)$ が区間 (a,b) において有限個の点 $c_1 < c_2 < \cdots < c_k$ を除いて連続であるとき

$$\int_a^b f(x)dx = \int_a^{c_1} f(x)dx + \int_{c_1}^{c_2} f(x)dx + \cdots + \int_{c_k}^b f(x)dx$$

とおく．これらの積分 $\displaystyle\int_a^b f(x)dx$ を広義積分という．

積分により定義される関数

- ガンマ関数
$$\Gamma(s) = \int_0^\infty e^{-x} x^{s-1} dx \quad (s > 0)$$

- ベータ関数
$$B(p,q) = \int_0^1 x^{p-1}(1-x)^{q-1} dx \quad (p > 0,\ q > 0)$$

ガンマ関数とベータ関数の間には

$$B(p,q) = \frac{\Gamma(p)\Gamma(q)}{\Gamma(p+q)}$$

という関係が成り立つ (p.173 の問題参照)．

例題 1.

次の積分を計算せよ．

(1) $\displaystyle\int_0^1 \frac{dx}{x^\alpha} \quad (\alpha > 0)$ 　　(2) $\displaystyle\int_1^\infty \frac{dx}{x^\alpha} \quad (\alpha > 0)$ 　　(3) $\displaystyle\int_0^1 \frac{dx}{\sqrt{1-x}}$

解答 　(1) 　$\displaystyle\int_c^1 \frac{dx}{x^\alpha} = \begin{cases} \dfrac{1}{1-\alpha}(1 - c^{1-\alpha}) & (\alpha \neq 1) \\ -\log|c| & (\alpha = 1) \end{cases}$

より
$$\lim_{c \to +0} \int_c^1 \frac{dx}{x^\alpha} = \begin{cases} \dfrac{1}{1-\alpha} & (0 < \alpha < 1) \\ \infty & (\alpha \geq 1) \end{cases}$$

よって，$0 < \alpha < 1$ のとき $\int_0^1 \dfrac{dx}{x^\alpha} = \dfrac{1}{1-\alpha}$. $\alpha \geq 1$ のときは $\int_0^1 \dfrac{dx}{x^\alpha}$ は存在しない．

(2) $$\int_1^c \frac{dx}{x^\alpha} = \begin{cases} \dfrac{1}{1-\alpha}(c^{1-\alpha} - 1) & (\alpha \neq 1) \\ \log|c| & (\alpha = 1) \end{cases}$$

より
$$\lim_{c \to \infty} \int_1^c \frac{dx}{x^\alpha} = \begin{cases} \dfrac{1}{\alpha - 1} & (\alpha > 1) \\ \infty & (0 < \alpha \leq 1) \end{cases}$$

よって，$\alpha > 1$ のとき $\int_1^\infty \dfrac{dx}{x^\alpha} = \dfrac{1}{\alpha - 1}$. $0 < \alpha \leq 1$ のときは $\int_1^\infty \dfrac{dx}{x^\alpha}$ は存在しない．

(3) $\int_0^1 \dfrac{dx}{\sqrt{1-x}} = \lim_{c \to 1-0} \int_0^c \dfrac{dx}{\sqrt{1-x}} = \lim_{c \to 1-0} [-2\sqrt{1-x}]_0^c = 2.$

例題 2.

$I = \displaystyle\int_0^\infty x e^{-x} dx$ を求めよ．

解答
$$\begin{aligned}
I &= \lim_{c \to \infty} \int_0^c x(-e^{-x})' dx \\
&= \lim_{c \to \infty} \left([x(-e^{-x})]_0^c + \int_0^c e^{-x} dx \right) \\
&= \lim_{c \to \infty} [x(-e^{-x}) - e^{-x}]_0^c \\
&= \lim_{c \to +\infty} \left(-\frac{c}{e^c} - \frac{1}{e^c} \right) - (-1) \\
&= -\lim_{c \to +\infty} \frac{c}{e^c} - 0 + 1 \\
&= -\lim_{c \to +\infty} \frac{1}{e^c} + 1 = 0 + 1 = 1 \quad （ド・ロピタルの定理より）
\end{aligned}$$

例題 3.

$I = \displaystyle\int_0^\infty x e^{-x^2} dx$ を求めよ．

解答

$$I = \lim_{b \to \infty} \int_0^b x e^{-x^2} dx$$

$$= \lim_{b \to \infty} \int_0^{b^2} \frac{1}{2} e^{-t} dt = \frac{1}{2} \lim_{b \to \infty} (1 - e^{-b^2}) = \frac{1}{2} \quad (t = x^2 \text{ とおいた}).$$

例題 4.

$$I = \int_0^\infty x^k e^{-x^{k+1}} dx \quad (k \geq 1) \text{ を求めよ}.$$

解答　$t = x^{k+1}$ とおくと，$\frac{dt}{dx} = (k+1)x^k$ より $\frac{1}{k+1} dt = x^k dx$ となるから

$$I = \frac{1}{k+1} \int_0^\infty e^{-t} dt = \lim_{a \to \infty} \frac{1}{k+1} \int_0^a e^{-t} dt$$

$$= \lim_{a \to \infty} \frac{1}{k+1} [-e^{-t}]_0^a = \lim_{a \to \infty} \frac{1}{k+1} (-e^{-a} + 1) = \frac{1}{k+1}$$

———————— **A** ————————

1. 次の積分を計算せよ．

(1) $\int_0^\infty e^{-3x} dx$　(2) $\int_1^\infty \frac{1}{1+x^2} dx$　(3) $\int_1^\infty \frac{e^{-\sqrt{x}}}{\sqrt{x}} dx$

(4) $\int_{-\infty}^\infty \frac{dx}{e^x + e^{-x}}$　(5) $\int_1^\infty \frac{1}{x^2 + x} dx$　(6) $\int_0^3 \frac{dx}{\sqrt{3x}}$

(7) $\int_{-1}^0 \frac{dx}{\sqrt{1+x}}$

2. 次の広義積分の値を求めよ．

(1) $\int_{-1}^1 \frac{1}{\sqrt{1-x^2}} dx$　(2) $\int_0^{\frac{\pi}{2}} \frac{\cos x}{\sqrt{1-\sin x}} dx$　(3) $\int_0^2 \frac{1}{\sqrt[3]{x-1}} dx$

(4) $\int_0^2 \frac{1}{(x-1)^2} dx$　(5) $\int_0^\infty \frac{1}{\sqrt{x}(x+1)} dx$

3. 次の広義積分の値を求めよ．

$$\int_{-\infty}^\infty \frac{1}{e^x + 2e^{-x} + 3} dx$$

4. 次の積分を計算せよ．

(1) $\int_0^1 \log x \, dx$　(2) $\int_0^\infty x^2 e^{-x} dx$

5. 実数 α について，広義積分
$$\int_0^\infty \frac{1}{1+x^\alpha} \cdot \frac{1}{1+x^2} dx$$
の値を求めよ．（ヒント：$t = \frac{1}{x}$ と置換し，もとの積分と比較せよ．）

———————————— B ————————————

1. (1) 不定積分 $\displaystyle\int \frac{a}{x^2+a^2} \cdot \frac{1}{x+b} dx \quad (a \neq 0)$ を計算せよ．

(2) 広義積分 $\displaystyle\int_0^\infty \frac{a}{x^2+a^2} \cdot \frac{1}{x+1} dx \quad (a \neq 0)$ の値を求めよ．

2. 次の問に答えよ．ただし，$\Gamma(s) = \displaystyle\int_0^\infty e^{-x} x^{s-1} dx \ (s > 0)$ である．

(1) 自然数 n について $\displaystyle\lim_{x \to +\infty} \frac{x^n}{e^x} = 0$ を示せ．

(2) どんな正の実数 s に対しても $s < n$ となる自然数 n が存在することを利用して $\displaystyle\lim_{x \to +\infty} \frac{x^s}{e^x} = 0$ を示せ．

(3) $\Gamma(s+1) = s\Gamma(s)$ を示せ．

(4) $\Gamma(1)$ を求めよ．

(5) 自然数 n について $\Gamma(n)$ を求めよ．

3. ベータ関数 $B(p,q) = \displaystyle\int_0^1 x^{p-1}(1-x)^{q-1} dx$ において，$p = q = \frac{1}{2}$ のときの値を求めよ．

A の解答

1. (1) $\displaystyle\int_0^\infty e^{-3x} dx = \lim_{a \to \infty} \int_0^a e^{-3x} dx = \lim_{a \to \infty} \frac{1}{3}(1 - e^{-3a}) = \frac{1}{3}$

(2) $\displaystyle\int_1^\infty \frac{1}{1+x^2} dx = \lim_{a \to \infty} \int_1^a \frac{1}{1+x^2} dx = \lim_{a \to \infty} [\arctan x]_1^a$
$\displaystyle = \lim_{a \to \infty} (\arctan a - \arctan 1) = \frac{\pi}{2} - \frac{\pi}{4} = \frac{\pi}{4}$

(3) $t = \sqrt{x}$ とおくと $2dt = \dfrac{1}{\sqrt{x}} dx$ だから

$\displaystyle\int_1^\infty \frac{e^{-\sqrt{x}}}{\sqrt{x}} dx = \lim_{a \to \infty} \int_1^a \frac{e^{-\sqrt{x}}}{\sqrt{x}} dx = \lim_{a \to \infty} \int_1^{\sqrt{a}} 2e^{-t} dt$
$\displaystyle = \lim_{a \to \infty} \left[-2e^{-t}\right]_1^{\sqrt{a}} = \lim_{a \to \infty} (-2e^{-\sqrt{a}} + 2e^{-1}) = \frac{2}{e}$

(4)
$\displaystyle\int_{-\infty}^\infty \frac{dx}{e^x + e^{-x}} = \int_{-\infty}^0 \frac{dx}{e^x + e^{-x}} + \int_0^\infty \frac{dx}{e^x + e^{-x}}$
$\displaystyle = \lim_{a \to -\infty} \int_a^0 \frac{dx}{e^x + e^{-x}} + \lim_{b \to \infty} \int_0^b \frac{dx}{e^x + e^{-x}}$

$$= \lim_{a\to -\infty}\int_a^0 \frac{e^x}{(e^x)^2+1}\,dx + \lim_{b\to\infty}\int_0^b \frac{e^x}{(e^x)^2+1}\,dx$$

$$= \lim_{a\to -\infty}[\arctan e^x]_a^0 + \lim_{b\to\infty}[\arctan e^x]_0^b$$

$$= \frac{\pi}{4} + \left(\frac{\pi}{2}-\frac{\pi}{4}\right) = \frac{\pi}{2}$$

注. 3行目の定積分は $t=e^x$ とおいて計算できる. $dt = e^x\,dx$ だから

$$\int_a^0 \frac{e^x}{(e^x)^2+1}\,dx = \int_{e^a}^1 \frac{1}{t^2+1}\,dt = [\arctan t]_{e^a}^1 = \frac{\pi}{4} - \arctan e^a.$$

$\int_0^b \dfrac{e^x}{(e^x)^2+1}\,dx$ についても同様.

(5)
$$\int_1^\infty \frac{1}{x^2+x}\,dx = \lim_{a\to\infty}\int_1^a \frac{1}{x(1+x)}\,dx = \lim_{a\to\infty}\int_1^a \left(\frac{1}{x}-\frac{1}{x+1}\right)dx$$

$$= \lim_{a\to\infty}[\log x - \log(x+1)]_1^a = \lim_{a\to\infty}\left[\log\frac{x}{x+1}\right]_1^a = \log 1 - \log\frac{1}{2} = \log 2$$

(6) $\displaystyle\int_0^3 \frac{dx}{\sqrt{3x}} = \lim_{c\to +0}\int_c^3 \frac{dx}{\sqrt{3x}} = \lim_{c\to +0}\left[\frac{2}{\sqrt{3}}\sqrt{x}\right]_c^3 = 2$

(7) $\displaystyle\int_{-1}^0 \frac{dx}{\sqrt{1+x}} = \lim_{c\to -1+0}\int_c^0 \frac{dx}{\sqrt{1+x}} = \lim_{c\to -1+0}[2\sqrt{1+x}]_c^0 = 2$

2. (1)
$$\int_{-1}^1 \frac{dx}{\sqrt{1-x^2}} = \int_{-1}^0 \frac{dx}{\sqrt{1-x^2}} + \int_0^1 \frac{dx}{\sqrt{1-x^2}}$$

$$= \lim_{c_1\to -1+0}[\arcsin x]_{c_1}^0 + \lim_{c_2\to 1-0}[\arcsin x]_0^{c_2}$$

$$= \frac{\pi}{2} + \frac{\pi}{2} = \pi$$

(2) $t = 1-\sin x$ とおく.

$$\int_0^{\frac{\pi}{2}} \frac{\cos x}{\sqrt{1-\sin x}}\,dx = \int_1^0 \frac{1}{\sqrt{t}}(-dt) = \int_0^1 \frac{1}{\sqrt{t}}\,dt = \lim_{c\to +0}\int_c^1 \frac{1}{\sqrt{t}}\,dt$$

$$= \lim_{c\to +0}\left[2\sqrt{t}\right]_c^1 = \lim_{c\to +0}(2 - 2\sqrt{c}) = 2$$

(3) 0 （関数 $\dfrac{1}{\sqrt[3]{x-1}}$ は $x=1$ を除いて連続だから $\displaystyle\int_0^1 \frac{1}{\sqrt[3]{x-1}}\,dx + \int_1^2 \frac{1}{\sqrt[3]{x-1}}\,dx$ として考えよ）.

(4) 存在しない （(3) と同様に考えよ）.

(5) $t = \sqrt{x}$ とおいて

$$\int_0^\infty \frac{1}{\sqrt{x}(x+1)}\,dx = \int_0^\infty \frac{2}{t^2+1}\,dt = \lim_{a\to\infty}[2\arctan t]_0^a = \pi$$

3. $t = e^x$ とおくと $dx = \frac{1}{t}dt$ で, $-\infty < x < \infty$ には $0 < t < \infty$ が対応するから

$$\int_{-\infty}^{\infty} \frac{1}{e^x + 2e^{-x} + 3} dx = \int_0^{\infty} \frac{1}{t + \frac{2}{t} + 3} \cdot \frac{dt}{t} = \int_0^{\infty} \frac{1}{t^2 + 3t + 2} dt$$

$$= \lim_{T \to \infty} \int_0^T \frac{1}{t^2 + 3t + 2} dt = \lim_{T \to \infty} \int_0^T \frac{1}{(t+1)(t+2)} dt$$

$$= \lim_{T \to \infty} \int_0^T \left(\frac{1}{t+1} - \frac{1}{t+2} \right) dt = \lim_{T \to \infty} \left[\log \frac{t+1}{t+2} \right]_0^T$$

$$= \lim_{T \to \infty} \log \frac{T+1}{T+2} - \log \frac{1}{2} = \log 1 + \log 2 = \log 2$$

4. (1)

$$\int_0^1 \log x \, dx = \lim_{c \to +0} \int_c^1 \log x \, dx = \lim_{c \to +0} [x \log x - x]_c^1$$

$$= \lim_{c \to +0} (-1 - c \log c + c)$$

$$= -1 \quad (\lim_{c \to +0} c \log c = 0 \text{ はド・ロピタルの定理よりわかる}).$$

(2) $\displaystyle\int_0^{\infty} x^2 e^{-x} dx = \lim_{a \to \infty} \left([-e^{-x} x^2]_0^a + 2 \int_0^a x e^{-x} dx \right)$

$$= \lim_{a \to \infty} (-e^{-a} a^2) + 2 = 2$$

5.

$$I(\alpha) = \int_0^{\infty} \frac{1}{1 + x^{\alpha}} \cdot \frac{1}{1 + x^2} dx$$

において, $t = \dfrac{1}{x}$ とおいて計算すると

$$I(\alpha) = \int_0^{\infty} \frac{x^{\alpha}}{1 + x^{\alpha}} \cdot \frac{1}{1 + x^2} dx$$

$$\frac{x^{\alpha}}{1 + x^{\alpha}} = 1 - \frac{1}{1 + x^{\alpha}}$$

に注意すれば

$$I(\alpha) = \int_0^{\infty} \frac{1}{1 + x^2} dx - I(\alpha)$$

これより

$$I(\alpha) = \frac{1}{2} \int_0^{\infty} \frac{1}{1 + x^2} dx = \frac{\pi}{4}$$

B の解答

1. (1).

$$\frac{1}{(x^2 + a^2)(x + b)} = \frac{1}{a^2 + b^2} \left(\frac{1}{x + b} - \frac{x - b}{x^2 + a^2} \right)$$

により
$$\int \frac{a}{x^2+a^2}\cdot\frac{1}{x+b}dx = \frac{a}{a^2+b^2}\left\{\frac{1}{2}\log\frac{(x+b)^2}{x^2+a^2}+\frac{b}{a}\arctan\frac{x}{a}\right\}$$

(2)
$$\int_0^\infty \frac{a}{x^2+a^2}\frac{1}{x+1}dx = \frac{a}{a^2+1}\left[\frac{1}{2}\log\frac{(x+1)^2}{x^2+a^2}+\frac{1}{a}\arctan\frac{x}{a}\right]_0^\infty$$
$$= \frac{a}{a^2+1}\left(\log|a|+\frac{1}{a}\lim_{x\to\infty}\arctan\frac{x}{a}\right)$$
$$= \begin{cases} \dfrac{1}{a^2+1}\left(a\log|a|+\dfrac{\pi}{2}\right) & (a>0) \\ \dfrac{1}{a^2+1}\left(a\log|a|-\dfrac{\pi}{2}\right) & (a<0) \end{cases}$$

2. (1) n が自然数なら，不定形なのでド・ロピタルの定理より
$$\lim_{x\to+\infty}\frac{x^n}{e^x} = \lim_{x\to+\infty}\frac{nx^{n-1}}{e^x} = n\lim_{x\to+\infty}\frac{x^{n-1}}{e^x}$$
となる．x のベキ指数が自然数である限りこれをくり返せるので
$$\lim_{x\to+\infty}\frac{x^n}{e^x} = n!\lim_{x\to+\infty}\frac{1}{e^x} = 0.$$

(2) $x\to+\infty$ を考えているので，$x>1$ としてよいから $1<x^s<x^n$ が成立する．よって $\dfrac{1}{e^x}<\dfrac{x^s}{e^x}<\dfrac{x^n}{e^x}$ となる．ここで $\displaystyle\lim_{x\to+\infty}\frac{1}{e^x}=\lim_{x\to+\infty}\frac{x^n}{e^x}=0$
より $\displaystyle\lim_{x\to+\infty}\frac{x^s}{e^x}=0$

(3)
$$\Gamma(s+1) = \int_0^\infty e^{-x}x^s dx = [-e^{-x}x^s]_0^\infty + \int_0^\infty e^{-x}sx^{s-1}dx$$
$$= [-e^{-x}x^s]_0^\infty + s\Gamma(s)$$
ここで $\displaystyle\lim_{x\to+\infty}(e^{-x}x^s)=0$ があったから
$$\Gamma(s+1) = s\Gamma(s)$$

(4) $\Gamma(1) = \displaystyle\int_0^\infty e^{-x}dx = [-e^{-x}]_0^\infty = \lim_{x\to+\infty}(-e^{-x})-(-1) = 1$

(5) $\Gamma(n) = (n-1)\Gamma(n-1) = \cdots = (n-1)!\Gamma(1) = (n-1)!$

3. $B\left(\dfrac{1}{2},\dfrac{1}{2}\right) = \displaystyle\int_0^1 \frac{1}{\sqrt{x(1-x)}}dx$ となり広義積分である．積分区間を $\left(0,\dfrac{1}{2}\right]$ と $\left[\dfrac{1}{2},1\right)$ に分けると
$$B\left(\frac{1}{2},\frac{1}{2}\right) = \lim_{a\to+0}\int_a^{\frac{1}{2}}\frac{1}{\sqrt{x(1-x)}}dx + \lim_{b\to 1-0}\int_{\frac{1}{2}}^b \frac{1}{\sqrt{x(1-x)}}dx$$
$$= \lim_{a\to+0}\int_a^{\frac{1}{2}}\frac{1}{\sqrt{\left(\frac{1}{2}\right)^2-\left(x-\frac{1}{2}\right)^2}}dx + \lim_{b\to 1-0}\int_{\frac{1}{2}}^b \frac{1}{\sqrt{\left(\frac{1}{2}\right)^2-\left(x-\frac{1}{2}\right)^2}}dx$$

$$\begin{aligned}
&= \lim_{a \to +0} [\arcsin(2x-1)]_a^{\frac{1}{2}} + \lim_{b \to 1-0} [\arcsin(2x-1)]_{\frac{1}{2}}^b \\
&= \lim_{a \to +0} \{-\arcsin(2a-1)\} + \lim_{b \to 1-0} \arcsin(2b-1) \\
&= -\left(-\frac{\pi}{2}\right) + \frac{\pi}{2} = \pi
\end{aligned}$$

2.4 積分の応用

図形の面積

関数 $f(x)$, $g(x)$ が $f(x) \geq g(x)$ $(a \leq x \leq b)$ をみたすとき，直交座標における曲線 $y = f(x)$, $y = g(x)$ と直線 $x = a$, $x = b$ で囲まれた図形の面積は

$$\int_a^b \{f(x) - g(x)\}\, dx$$

で与えられる．また，極座標における曲線 $r = f(\theta)$ $(\alpha \leq \theta \leq \beta)$ と直線 $\theta = \alpha$, $\theta = \beta$ で囲まれた図形の面積は

$$\frac{1}{2}\int_\alpha^\beta f(\theta)^2\, d\theta$$

で与えられる．

曲線の長さ

直交座標における曲線 $x = f(t)$, $y = g(t)$ $(\alpha \leq t \leq \beta)$ の長さは

$$\int_\alpha^\beta \sqrt{\left(\frac{dx}{dt}\right)^2 + \left(\frac{dy}{dt}\right)^2}\, dt$$

で与えられる．特に曲線 $y = f(x)$ $(a \leq x \leq b)$ の長さは

$$\int_a^b \sqrt{1 + f'(x)^2}\, dx$$

で与えられる．また，極座標における曲線 $r = f(\theta)$ $(\alpha \leq \theta \leq \beta)$ の長さは

$$\int_\alpha^\beta \sqrt{r^2 + \left(\frac{dr}{d\theta}\right)^2}\, d\theta$$

で与えられる．

回転体の体積・表面積

曲線 $y = f(x)$ と x 軸，および 2 直線 $x = a, y = b$ $(a < b)$ で囲まれた部分を x 軸のまわりに回転してできる立体の

$$\begin{aligned}
体積 &= \pi \int_a^b f(x)^2\, dx \\
表面積 &= 2\pi \int_a^b f(x)\sqrt{1 + f'(x)^2}\, dx.
\end{aligned}$$

例題 1.

$C : \begin{cases} x = r\cos^3 t \\ y = r\sin^3 t \end{cases}$ $(0 \leq t \leq 2\pi)$ で表される曲線（アステロイド）によって囲まれる部分の面積を求めよ．

解答 x 軸および y 軸対称なので $0 \leq t \leq \dfrac{\pi}{2}$ の範囲で第 1 象限の部分の面積を 4 倍する.

$$\begin{aligned}
S &= 4\int_0^r y\,dx \\
&= 4r\int_{\frac{\pi}{2}}^0 \sin^3 t(-3r\cos^2 t \sin t)\,dt \\
&= 12r^2 \int_0^{\frac{\pi}{2}} \sin^4 t \cos^2 t\,dt \\
&= 12r^2 \int_0^{\frac{\pi}{2}} (\sin^4 t - \sin^6 t)\,dt \\
&= 12r^2 \left(\frac{3\cdot 1}{4\cdot 2}\cdot\frac{\pi}{2} - \frac{5\cdot 3\cdot 1}{6\cdot 4\cdot 2}\cdot\frac{\pi}{2}\right) = \frac{3\pi}{8}r^2
\end{aligned}$$

例題 2.

双曲線 $\dfrac{x^2}{a^2} - \dfrac{y^2}{b^2} = 1$ (a, b は正定数) 上の第 1 象限の点 $\mathrm{P}(x_0, y_0)$ を任意にとり, x 軸に関する P の対称点を $\mathrm{Q}(x_0, -y_0)$ とする.
(1) $y_0 = b\sinh t$ となる実数 t を求めよ. また, このとき $x_0 = a\cosh t$ であることを示せ.
(2) 2 線分 OP, OQ と双曲線によって囲まれた部分の面積を S とするとき,
$$x_0 = a\cosh\frac{S}{ab}, \quad y_0 = b\sinh\frac{S}{ab}$$
が成り立つことを証明せよ.

解答 (1) $w = \dfrac{y_0}{b}$ とおく. $\dfrac{e^t - e^{-t}}{2} = w$ より, $e^t = w + \sqrt{w^2 + 1}$, $t = \log\left(w + \sqrt{w^2+1}\right)$. このとき, $x_0 = a\sqrt{w^2+1} = a\dfrac{e^t + e^{-t}}{2} = a\cosh t$
(2) 双曲線上の第 1 象限の点 (x, y) に対し, (1) により $x = a\cosh u$, $y = b\sinh u$ とおけるから

$$\begin{aligned}
S &= 2\int_0^{y_0}\left(x - \frac{x_0}{y_0}y\right)dy = 2\int_0^t a\cosh u \frac{dy}{du}\,du - 2\left[\frac{x_0}{y_0}\frac{y^2}{2}\right]_0^{y_0} \\
&= \frac{ab}{2}\int_0^t (e^{2u} + 2 + e^{-2u})\,du - x_0 y_0 \\
&= \frac{ab}{4}\left[e^{2u} + 4u - e^{-2u}\right]_0^t - \frac{a(e^t + e^{-t})}{2}\cdot\frac{b(e^t - e^{-t})}{2} \\
&= abt. \ \text{よって, } t = \frac{S}{ab} \ \text{で,} \ x_0 = a\cosh\frac{S}{ab}, \ y_0 = b\sinh\frac{S}{ab}
\end{aligned}$$

例題 3.

曲線 $x^2 + y^2 = a^2$ $(a > 0)$ の長さを求めよ.

解答 $y' = -\dfrac{x}{y}$ より

$$
\begin{aligned}
s = 4\int_0^a \sqrt{1+(y')^2}\,dx &= 4\int_0^a \sqrt{1+\dfrac{x^2}{y^2}}\,dx = 4a\int_0^a \dfrac{1}{\sqrt{a^2-x^2}}\,dx \\
&= 4a\left[\arcsin\dfrac{x}{a}\right]_0^a = 2\pi a.
\end{aligned}
$$

例題 4.

曲線 $y = a\cosh\dfrac{x}{a}$ が 2 直線 $x = \pm a$ に挟まれる部分の長さを求めよ. ただし, $a > 0$ とする.

解答 $y' = \sinh\dfrac{x}{a}$ より

$$
\begin{aligned}
s = \int_{-a}^{a} \sqrt{1+(y')^2}\,dx &= 2\int_0^a \sqrt{1+\sinh^2\dfrac{x}{a}}\,dx = 2\int_0^a \cosh\dfrac{x}{a}\,dx \\
&= 2\left[a\sinh\dfrac{x}{a}\right]_0^a = 2a\sinh 1.
\end{aligned}
$$

例題 5.

アルキメデスの螺線 $r = a\theta$, $0 \le \theta \le 2\pi$ の弧の長さを求めよ. ただし, $a > 0$ とする.

解答 $\dfrac{dr}{d\theta} = a$ より, $r^2 + \left(\dfrac{dr}{d\theta}\right)^2 = a^2\theta^2 + a^2$. ゆえに

$$
\begin{aligned}
s &= \int_0^{2\pi} \sqrt{r^2 + \left(\dfrac{dr}{d\theta}\right)^2}\,d\theta = a\int_0^{2\pi} \sqrt{1+\theta^2}\,d\theta \\
&= \pi a\sqrt{4\pi^2+1} + \dfrac{a}{2}\log\left(2\pi + \sqrt{4\pi^2+1}\right).
\end{aligned}
$$

注. 73 ページ, 公式 (13) より

$$
\int \sqrt{1+\theta^2}\,d\theta = \dfrac{1}{2}\left(\theta\sqrt{1+\theta^2} + \log\left|\theta + \sqrt{1+\theta^2}\right|\right)
$$

例題 6.

円 $x^2 + (y-1)^2 = 4$ で囲まれた部分を x 軸のまわりに回転してできる立体の体積を求めよ.

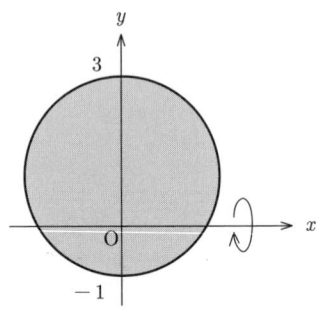

解答

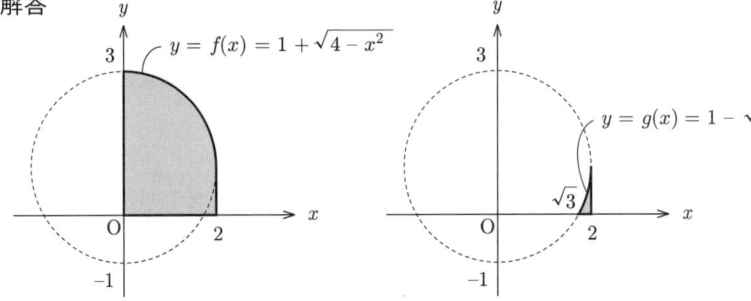

これらの部分が x 軸のまわりに回転してできる立体の体積をそれぞれ V_1, V_2 とすると，求める体積 V は

$$\begin{aligned}
V &= 2(V_1 - V_2) = 2\left(\pi \int_0^2 \{f(x)\}^2\, dx - \pi \int_{\sqrt{3}}^2 \{g(x)\}^2\, dx\right) \\
&= 2\pi\left\{\int_0^2 \left(5 - x^2 + 2\sqrt{4-x^2}\right) dx - \int_{\sqrt{3}}^2 \left(5 - x^2 - 2\sqrt{4-x^2}\right) dx\right\} \\
&= 6\sqrt{3}\,\pi + \frac{16\pi^2}{3}
\end{aligned}$$

例題 7.

サイクロイド $x = a(t - \sin t)$, $y = a(1 - \cos t)$ $(0 \leq t \leq 2\pi)$ の x 軸のまわりの回転面の面積を求めよ $(a > 0)$.

解答

$$2\pi \int_0^{2\pi} a(1 - \cos t)\sqrt{a^2(1-\cos t)^2 + a^2 \sin^2 t}\, dt$$

$$= 2\pi a^2 \int_0^{2\pi} (1 - \cos t)\sqrt{2(1 - \cos t)}\, dt = 8\pi a^2 \int_0^{2\pi} \sin^3 \frac{t}{2}\, dt$$

$$= 16\pi a^2 \int_0^\pi \sin^3 u\, du = 32\pi a^2 \cdot \frac{2}{3} = \frac{64\pi}{3}a^2 \text{(ここで } \frac{t}{2} = u \text{ とおいた)}$$

―――― **A** ――――

1. 次の直線または曲線で囲まれた図形の面積 S を求めよ．ただし，$a > 0$, $b > 0$ とする．

(1) $y = 4 - x^2,\ y = 0$ (2) $\dfrac{x^2}{a^2} + \dfrac{y^2}{b^2} = 1$ (3) $y^2 = 2ax,\ x = b$

(4) $y = -x^2 - 2x + 3,\ y = 0$ (5) $\dfrac{x^2}{a^2} - \dfrac{y^2}{b^2} = 1,\ x = 2a$

2. 曲線 $\sqrt{x} + \sqrt{y} = 1$ と x 軸，y 軸で囲まれた図形の面積 S を求めよ．

3. 曲線 $y = x^{\frac{3}{2}}\ \left(0 \leq x \leq \dfrac{4}{3}\right)$ の長さ s を求めよ．

4. 曲線 $y = \log \sin x\ \left(\dfrac{\pi}{3} \leq x \leq \dfrac{\pi}{2}\right)$ の長さ s を求めよ．

5. サイクロイド $x = a(\theta - \sin\theta),\ y = a(1 - \cos\theta)\ (0 \leq \theta \leq 2\pi)$ の長さ s を求めよ．ただし，$a > 0$ とする．

6. 曲線 $x^{\frac{2}{3}} + y^{\frac{2}{3}} = a^{\frac{2}{3}}\ (a > 0)$ の長さを求めよ．

7. カージオイド（心臓形）$r = a(1 - \cos\theta),\ 0 \leq \theta \leq 2\pi$ の弧の長さを求めよ．ただし，$a > 0$ とする．

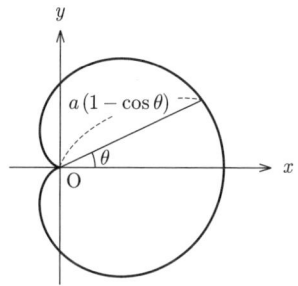

8. 楕円 $\dfrac{x^2}{9} + \dfrac{y^2}{4} = 1$ で囲まれた部分を x 軸のまわりに回転させた立体の体積を求めよ．

9. 円 $x^2 + (y - 3)^2 = 4$ で囲まれた部分を x 軸のまわりに回転してできる立体の体積を求めよ．

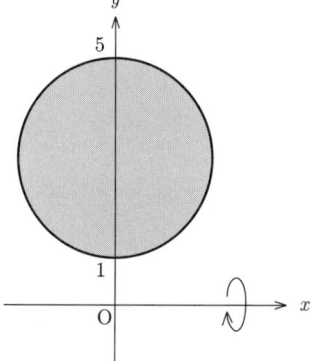

────────────────── **B** ──────────────────

1. 曲線 $x^{\frac{1}{n}} + y^{\frac{1}{n}} = 1$ $(x, y \geq 0)$ (n は自然数) と x 軸, y 軸で囲まれた図形の面積 S を求めよ.

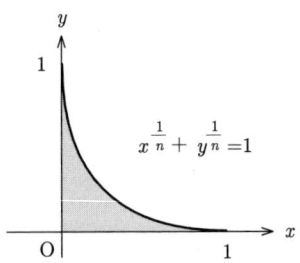

2. 楕円 $\dfrac{x^2}{a^2} + \dfrac{y^2}{b^2} = 1$ $(a > b > 0)$ を x 軸および y 軸のまわりに回転してえられる曲面のそれぞれの面積を求めよ.

3. 円 $x^2 + (y - b)^2 = a^2$ $(b > a > 0)$ を x 軸のまわりに回転してえられる曲面 (トーラス) の面積を求めよ.

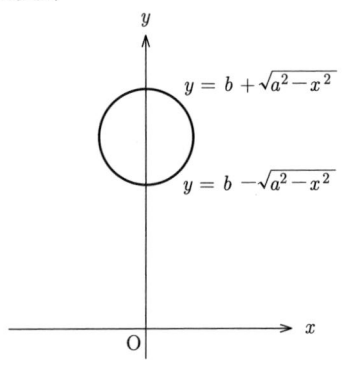

A の解答

1. (1) $S = \displaystyle\int_{-2}^{2} (4 - x^2)\, dx = \dfrac{32}{3}$

(2) $S = 4\displaystyle\int_{0}^{a} \dfrac{b}{a}\sqrt{a^2 - x^2}\, dx = \dfrac{2b}{a}\left[x\sqrt{a^2 - x^2} + a^2 \arcsin \dfrac{x}{a}\right]_0^a = \pi ab$

(3) $S = 2\displaystyle\int_{0}^{b} \sqrt{2ax}\, dx = 2\sqrt{2a}\left[\dfrac{2}{3} x^{\frac{3}{2}}\right]_0^b = \dfrac{4}{3} b\sqrt{2ab}$

(4) $S = \displaystyle\int_{-3}^{1} (-x^2 - 2x + 3)\, dx = \left[-\dfrac{1}{3} x^3 - x^2 + 3x\right]_{-3}^{1} = \dfrac{32}{3}$

(5) $y^2 = \dfrac{b^2}{a^2}(x^2 - a^2)$ $\quad\therefore\quad y = \pm\dfrac{b}{a}\sqrt{x^2 - a^2}$

グラフは x 軸に関して対称で $x = a$ のとき $y = 0$. よって, 求める面積は

$$\begin{aligned}
S &= 2\int_{a}^{2a} \dfrac{b}{a}\sqrt{x^2 - a^2}\, dx \\
&= \dfrac{b}{a}\left[x\sqrt{x^2 - a^2} - a^2 \log\left(x + \sqrt{x^2 - a^2}\right)\right]_{a}^{2a}
\end{aligned}$$

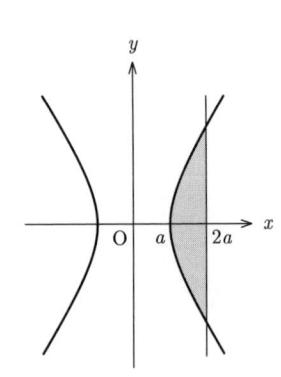

$$\begin{aligned}
&= \frac{b}{a}\left\{2\sqrt{3}\,a^2 - a^2\log\frac{(2+\sqrt{3})a}{a}\right\} \\
&= \left\{2\sqrt{3} - \log\left(2+\sqrt{3}\right)\right\}ab
\end{aligned}$$

2. $S = \displaystyle\int_0^1 (1-\sqrt{x})^2\,dx = \frac{1}{6}$

3. $y' = \dfrac{3}{2}x^{\frac{1}{2}}$ より

$$s = \int_0^{\frac{4}{3}} \sqrt{1+(y')^2}\,dx = \int_0^{\frac{4}{3}} \sqrt{1+\frac{9}{4}x}\,dx = \frac{56}{27}.$$

4. $y' = \dfrac{1}{\tan x}$ より, $1+(y')^2 = 1 + \dfrac{1}{\tan^2 x} = \dfrac{1}{\sin^2 x}$. ゆえに

$$\begin{aligned}
s &= \int_{\frac{\pi}{3}}^{\frac{\pi}{2}} \sqrt{1+(y')^2}\,dx = \int_{\frac{\pi}{3}}^{\frac{\pi}{2}} \sqrt{\frac{1}{\sin^2 x}}\,dx = \int_{\frac{\pi}{3}}^{\frac{\pi}{2}} \frac{1}{\sin x}\,dx \\
&= \int_{\frac{\pi}{3}}^{\frac{\pi}{2}} \frac{\sin x}{1-\cos^2 x}\,dx
\end{aligned}$$

ここで, $t = \cos x$ とおいて変数変換すると, $\dfrac{dt}{dx} = -\sin x$ より

$$s = \int_{\frac{\pi}{3}}^{\frac{\pi}{2}} \frac{\sin x}{1-\cos^2 x}\,dx = \int_0^{\frac{1}{2}} \frac{1}{1-t^2}\,dt = \left[\frac{1}{2}\log\left|\frac{1+t}{1-t}\right|\right]_0^{\frac{1}{2}} = \frac{1}{2}\log 3.$$

5. $\left(\dfrac{dx}{d\theta}\right)^2 + \left(\dfrac{dy}{d\theta}\right)^2 = \{a(1-\cos\theta)\}^2 + (a\sin\theta)^2 = 2a^2(1-\cos\theta) = 4a^2\sin^2\dfrac{\theta}{2}$ より

$$s = \int_0^{2\pi} 2a\sin\frac{\theta}{2}\,d\theta = -4a\left[\cos\frac{\theta}{2}\right]_0^{2\pi} = 8a.$$

6. $y = \left(a^{\frac{2}{3}} - x^{\frac{2}{3}}\right)^{\frac{3}{2}}$ より $y' = \dfrac{3}{2}\left(a^{\frac{2}{3}} - x^{\frac{2}{3}}\right)^{\frac{1}{2}}\left(-\dfrac{2}{3}x^{-\frac{1}{3}}\right) = -\dfrac{\left(a^{\frac{2}{3}} - x^{\frac{2}{3}}\right)^{\frac{1}{2}}}{x^{\frac{1}{3}}}$

なので $1+(y')^2 = 1 + \dfrac{a^{\frac{2}{3}} - x^{\frac{2}{3}}}{x^{\frac{2}{3}}} = \left(\dfrac{a}{x}\right)^{\frac{2}{3}}$. よって

$$s = 4\int_0^a \sqrt{1+(y')^2}\,dx = 4\int_0^a \sqrt{\left(\frac{a}{x}\right)^{\frac{2}{3}}}\,dx = 4\int_0^a \left(\frac{a}{x}\right)^{\frac{1}{3}}\,dx = 6a.$$

$$\left(\int_0^a \left(\frac{a}{x}\right)^{\frac{1}{3}}\,dx \text{ は広義積分である}\right)$$

7. $\dfrac{dr}{d\theta} = a\sin\theta$ より

$$r^2 + \left(\frac{dr}{d\theta}\right)^2 = a^2\left\{(1-\cos\theta)^2 + \sin^2\theta\right\} = 2a^2(1-\cos\theta) = 4a^2\sin^2\frac{\theta}{2}.$$

ゆえに
$$s = \int_0^{2\pi} \sqrt{r^2 + \left(\frac{dr}{d\theta}\right)^2}\, d\theta = 2a \int_0^{2\pi} \sin\frac{\theta}{2}\, d\theta = 8a.$$

8. $y = \pm 2\sqrt{1 - \dfrac{x^2}{9}}$ $(-3 \le x \le 3)$ となるから $y \ge 0$ の部分を 1 回転させると考え

$$\pi \int_{-3}^{3} \left(2\sqrt{1 - \frac{x^2}{9}}\right)^2 dx = \pi \int_{-3}^{3} 4\left(1 - \frac{x^2}{9}\right) dx$$

$$= 8\pi \int_0^3 \left(1 - \frac{x^2}{9}\right) dx = 8\pi \left[x - \frac{x^3}{27}\right]_0^3 = 8\pi \left(3 - \frac{27}{27}\right) = 16\pi$$

9. 立体の体積を V とおく.
$$\begin{aligned}
V &= 2\pi \int_0^2 \left\{ \left(3 + \sqrt{4 - x^2}\right)^2 - \left(3 - \sqrt{4 - x^2}\right)^2 \right\} dx \\
&= 24\pi \int_0^2 \sqrt{4 - x^2}\, dx = 24\pi^2
\end{aligned}$$

B の解答

1. $S = \displaystyle\int_0^1 \left(1 - x^{\frac{1}{n}}\right)^n dx.$ $x = t^n$ とおいて部分積分をくり返すと

$$\begin{aligned}
S = n\int_0^1 (1-t)^n t^{n-1}\, dt &= n \cdot \frac{n-1}{n+1} \int_0^1 (1-t)^{n+1} t^{n-2}\, dt \\
&= \cdots \\
&= \frac{n(n-1)\cdots 1}{(n+1)\cdots(2n-1)} \int_0^1 (1-t)^{2n-1}\, dt \\
&= \frac{n(n-1)\cdots 1}{(n+1)(n+2)\cdots 2n}
\end{aligned}$$

2. (1) x 軸のまわりの回転

$$S = \int_{-a}^{a} 2\pi y\, ds, \quad ds = \sqrt{1 + \left(\frac{dy}{dx}\right)^2}\, dx. \quad \frac{dy}{dx} = -\frac{b^2 x}{a^2 y} \text{ より}$$

$$y\, ds = \sqrt{y^2 + \frac{b^4}{a^4} x^2}\, dx = \frac{b}{a}\sqrt{a^2 - e^2 x^2}\, dx$$

ただし, e は離心率: $e^2 = 1 - \dfrac{b^2}{a^2}$. 従って

$$S = 4\pi \frac{be}{a} \int_0^a \sqrt{\left(\frac{a}{e}\right)^2 - x^2}\, dx = 4\pi \frac{be}{a} \cdot \frac{1}{2}\left\{ a\sqrt{\left(\frac{a}{e}\right)^2 - a^2} + \left(\frac{a}{e}\right)^2 \arcsin e \right\}$$

$$= 2\pi ab \left(\sqrt{1 - e^2} + \frac{1}{e}\arcsin e\right)$$

(2) y 軸のまわりの回転

$$S = 2\pi \int_{-b}^{b} x\, ds, \ \ ds = \sqrt{1 + \left(\frac{dx}{dy}\right)^2}\, dy.$$

$$x\, ds = \sqrt{x^2 + \frac{a^4}{b^4}y^2}\, dy = \frac{a^2}{b^2} e\sqrt{y^2 + \frac{b^4}{a^2 e^2}}\, dy \ \ \text{より}$$

$$\begin{aligned}
S &= 4\pi \frac{a^2 e}{b^2} \int_0^b \sqrt{y^2 + \frac{b^4}{a^2 e^2}}\, dy \\
&= 4\pi \frac{a^2 e}{b^2} \cdot \frac{1}{2}\left(b\sqrt{b^2 + \frac{b^4}{a^2 e^2}} + \frac{b^4}{a^2 e^2} \log \frac{b + \sqrt{b^2 + \frac{b^4}{a^2 e^2}}}{\frac{b^2}{ae}} \right)
\end{aligned}$$

ここで, $b^2 + \dfrac{b^4}{a^2 e^2} = \dfrac{b^2}{a^2 e^2}(a^2 e^2 + b^2) = \dfrac{b^2}{e^2}$ であるから

$$S = 2\pi\left\{ a^2 + \frac{b^2}{e} \log \frac{a}{b}(1+e) \right\} = 2\pi ab\left\{ \frac{a}{b} + \frac{b}{a} \cdot \frac{1}{e} \log \frac{a}{b}(1+e) \right\}$$

$\dfrac{b}{a} = \sqrt{1-e^2}$ であるから

$$S = 2\pi ab \left\{ \frac{1}{\sqrt{1-e^2}} + \sqrt{1-e^2} \frac{1}{2e} \log \frac{1+e}{1-e} \right\}$$

3.

$$2\pi \int_{-a}^{a} \left(b + \sqrt{a^2 - x^2} \right) \frac{a}{\sqrt{a^2 - x^2}}\, dx$$
$$+ 2\pi \int_{-a}^{a} \left(b - \sqrt{a^2 - x^2} \right) \frac{a}{\sqrt{a^2 - x^2}}\, dx$$
$$= 4\pi ab \int_{-a}^{a} \frac{1}{\sqrt{a^2 - x^2}}\, dx = 4\pi^2 ab$$

第3章

多変数関数の偏微分

3.1 多変数関数の極限と連続

2変数の関数 $f(x,y)$ は点 $P(x,y)$ の関数とみて $f(P)$ とかくこともある．平面上の点の収束は各座標ごとの収束として定義する．すなわち $P(x,y) \to P_0(x_0,y_0)$ とは $x \to x_0$ かつ $y \to y_0$ のことで，これはさらに距離 $PP_0 = \sqrt{(x-x_0)^2 + (y-y_0)^2} \to 0$ と同等である (近づく方向は問わない．1次元の場合—直線—は，方向は左右の2つであったが，2次元では方向は無限にあることに注意せよ)．これらは3次元以上でも同じことである．

$P \to P_0$ のとき $f(P) \to \alpha$ となれば，これを $\lim_{P \to P_0} f(P) = \alpha$ あるいは $\lim_{(x,y) \to (x_0,y_0)} f(x,y) = \alpha$ とかく．

また $\lim_{P \to P_0} f(P) = f(P_0)$ のとき $f(P)$ は P_0 で連続であるという．

定理 1 (最大値最小値の定理). 有界閉領域 K 上 (の各点) で連続な関数は必ず K 上で最大値および最小値をとる．

例題 1.

次の極限値を (もしあれば) 求めよ．

(1) $\displaystyle\lim_{(x,y) \to (2,1)} \frac{x^3}{x^2 + y^2}$ (2) $\displaystyle\lim_{(x,y) \to (0,0)} \frac{x^3}{x^2 + y^2}$

(3) $\displaystyle\lim_{(x,y) \to (0,0)} \frac{xy}{x^2 + y^2}$

解答 (1) $\displaystyle\lim_{(x,y) \to (2,1)} \frac{x^3}{x^2 + y^2} = \frac{8}{5}$

(2) 極座標変換 $x = r\cos\theta, y = r\sin\theta$ を考えると $(x,y) \to (0,0) \Longleftrightarrow r \to 0$.

$$\lim_{(x,y) \to (0,0)} \frac{x^3}{x^2 + y^2} = \lim_{r \to 0} \frac{r^3 \cos^3 \theta}{r^2 \cos^2 \theta + r^2 \sin^2 \theta}$$

$$= \lim_{r \to 0} r \cos^3 \theta = 0$$

$$\therefore \lim_{(x,y) \to (0,0)} \frac{x^3}{x^2 + y^2} = 0$$

(3) 直線 $y = mx$ に沿って (x, y) を $(0, 0)$ に近づけると

$$\lim_{\substack{y=mx \\ x \to 0}} \frac{xy}{x^2 + y^2} = \lim_{x \to 0} \frac{mx^2}{x^2 + m^2 x^2}$$

$$= \lim_{x \to 0} \frac{m}{1 + m^2} = \frac{m}{1 + m^2}$$

よって値が m に依存するので極限は存在しない (注. (2) の方法でも示すことができる).

──────── A ────────

1. 次の 2 変数関数 $f(x, y)$ の定義域を求め, それを xy 平面に図示せよ.

(1) $f(x, y) = \sqrt{7 - x^2 - y^2}$ (2) $f(x, y) = \dfrac{1}{\sqrt{x + y - 2}}$

(3) $f(x, y) = 3x + y^2 - xy$

2. 次の極限値を (もしあれば) 求めよ.

(1) $\displaystyle\lim_{(x,y) \to (0,0)} \frac{2x - 5y}{x + y}$ (2) $\displaystyle\lim_{(x,y) \to (1,1)} \frac{x^2 - y^2}{x - y}$

(3) $\displaystyle\lim_{(x,y) \to (0,0)} \frac{xy^3}{x^4 + y^4}$ (4) $\displaystyle\lim_{(x,y) \to (0,0)} \frac{x^2 y}{x^4 + y^2}$

(5) $\displaystyle\lim_{(x,y) \to (0,0)} \frac{ax^2 + by^2}{\sqrt{x^2 + y^2}}$ $(ab \neq 0)$

3.
$$f(x, y) = \begin{cases} y \sin \dfrac{1}{x} & (x \neq 0 \text{ のとき}) \\ 0 & (x = 0 \text{ のとき}) \end{cases} \text{ とする. このとき,}$$

極限値 $\displaystyle\lim_{x \to 0} \left(\lim_{y \to 0} f(x, y) \right), \lim_{y \to 0} \left(\lim_{x \to 0} f(x, y) \right), \lim_{(x,y) \to (0,0)} f(x, y)$ は存在するか.

4. $f(x, y) = \begin{cases} \dfrac{y^2 - x^2}{y} & (y \neq 0) \\ 0 & (y = 0) \end{cases}$ と定義する.

(1) $\displaystyle\lim_{x \to 0} f(x, 0), \lim_{y \to 0} f(0, y)$ を求めよ.

(2) $\displaystyle\lim_{t \to 0} f(t, kt)$ $(k \neq 0)$ を求めよ.

(3) $\displaystyle\lim_{(x,y) \to (0,0)} f(x, y)$ は存在するか否か, 理由を述べて答えよ.

5. 次の関数は $(0, 0)$ で連続かどうか調べよ.

(1) $f(x, y) = \begin{cases} \dfrac{x^2 - y^2}{\sqrt{x^2 + y^2}} & ((x, y) \neq (0, 0) \text{ のとき}) \\ 1 & ((x, y) = (0, 0) \text{ のとき}) \end{cases}$

(2) $f(x,y) = \begin{cases} \dfrac{\sin 3(x^2+y^2)}{x^2+y^2} & ((x,y) \neq (0,0) \text{ のとき}) \\ 3 & ((x,y) = (0,0) \text{ のとき}) \end{cases}$

──────── B ────────

1. 有界閉領域上で連続な関数が最大値をとることから，円に内接する面積最大の n 角形は正 n 角形であることを示せ (ただし $n \geq 3$).

2. 円に外接する面積最小の n 角形は正 n 角形であることを示せ．

A の解答

1. (1) 不等式 $x^2 + y^2 \leq 7$ で表される範囲.

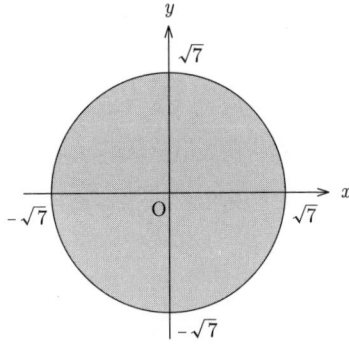

(境界線を含む)

(2) 不等式 $x + y - 2 > 0$ で表される範囲.

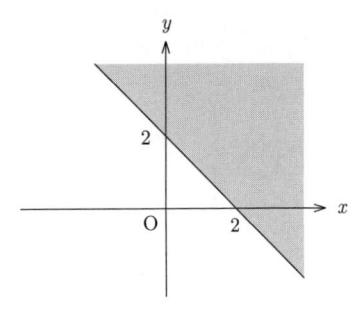

(境界線は含まない)

(3) すべての x, y (xy 平面).

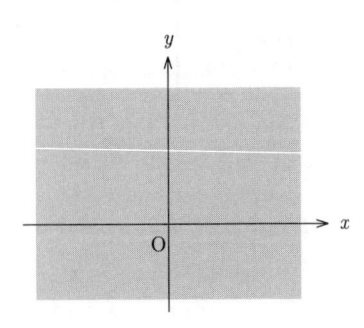

2. (1) 直線 $y = 0$ に沿って (x, y) を $(0, 0)$ に近づけると
$$\lim_{\substack{y=0 \\ x \to 0}} \frac{2x - 5y}{x + y} = \lim_{x \to 0} \frac{2x}{x} = \lim_{x \to 0} 2 = 2.$$

一方，直線 $x = 0$ に沿って (x, y) を $(0, 0)$ に近づけると

$$\lim_{\substack{x=0 \\ y \to 0}} \frac{2x - 5y}{x + y} = \lim_{y \to 0} \frac{-5y}{y} = \lim_{y \to 0}(-5) = -5.$$

ゆえに経路によって値が異なるので，極限は存在しない．

(2) $\displaystyle\lim_{(x,y) \to (1,1)} \frac{x^2 - y^2}{x - y} = \lim_{(x,y) \to (1,1)} \frac{(x+y)(x-y)}{x-y} = \lim_{(x,y) \to (1,1)}(x+y) = 2$

(3) 直線 $y = mx$ に沿って $(x, y) \to (0, 0)$ とすると

$$\lim_{\substack{y=mx \\ x \to 0}} \frac{xy^3}{x^4 + y^4} = \lim_{x \to 0} \frac{m^3}{1 + m^4} = \frac{m^3}{1 + m^4}.$$

よって極限は存在しない．

(4) 放物線 $y = mx^2$ に沿って $(x, y) \to (0, 0)$ とすると

$$\lim_{\substack{y=mx^2 \\ x \to 0}} \frac{x^2 y}{x^4 + y^2} = \lim_{x \to 0} \frac{m}{1 + m^2} = \frac{m}{1 + m^2}.$$

よって極限は存在しない．

注． 極座標変換 $(x, y) = (r\cos\theta, r\sin\theta)$ を使って解こうとする場合

$$\lim_{(x,y) \to (0,0)} \frac{x^2 y}{x^4 + y^2} = \lim_{r \to 0} \frac{r^3 \cos^2\theta \sin\theta}{r^4 \cos^4\theta + r^2 \sin^2\theta} = \lim_{r \to 0} \frac{r \cos^2\theta \sin\theta}{r^2 \cos^4\theta + \sin^2\theta}$$

となる．ここで $\sin\theta = 0$ の場合 $\cos\theta = \pm 1$ であり

$$\lim_{r \to 0} \frac{r \cos^2\theta \sin\theta}{r^2 \cos^4\theta + \sin^2\theta} = \lim_{r \to 0} \frac{0}{r^2} = 0$$

となり，$\sin\theta \neq 0$ の場合

$$\lim_{r \to 0} \frac{r \cos^2\theta \sin\theta}{r^2 \cos^4\theta + \sin^2\theta} = \frac{0}{\sin^2\theta} = 0$$

と考えて極限値が 0 であると誤解してはならない．これは $(x, y) \to (0, 0)$ において $r \to 0$ に対する θ の値の変化がどのようなものでもよいということを考慮していないことが元凶である．実際，$r = \sin\theta$ という関係を保ちつつ $\theta \to 0$ とすれば $r \to 0$ であり，

$$\lim_{\substack{r=\sin\theta \\ \theta \to 0}} \frac{r\cos^2\theta \sin\theta}{r^2 \cos^4\theta + \sin^2\theta} = \lim_{\theta \to 0} \frac{\cos^2\theta \sin^2\theta}{\sin^2\theta \cos^4\theta + \sin^2\theta} = \lim_{\theta \to 0} \frac{\cos^2\theta}{\cos^4\theta + 1} = \frac{1}{2}$$

となる．

(5) $x = r\cos\theta, y = r\sin\theta$ とおけば

$$\lim_{(x,y) \to (0,0)} \frac{ax^2 + by^2}{\sqrt{x^2 + y^2}} = \lim_{r \to 0}(ar\cos^2\theta + br\sin^2\theta) = 0$$

3. $0 \leq |f(x, y)| \leq |y|$ より，$\displaystyle\lim_{y \to 0} f(x, y) = 0$．よって $\displaystyle\lim_{x \to 0}\left(\lim_{y \to 0} f(x, y)\right) = 0$．
他方，極限 $\displaystyle\lim_{x \to 0} \sin\frac{1}{x}$ は存在しないから，$\displaystyle\lim_{y \to 0}\left(\lim_{x \to 0} f(x, y)\right)$ も存在しない．最

後に $(x,y) \to (0,0)$ ならば
$$0 \leq \lim_{(x,y)\to(0,0)} |f(x,y)| \leq \lim_{y\to 0} |y| = 0.$$
よって
$$\lim_{(x,y)\to(0,0)} f(x,y) = 0$$

4. (1) $\lim_{x\to 0} f(x,0) = \lim_{x\to 0} 0 = 0$, $\lim_{y\to 0} f(0,y) = \lim_{y\to 0} \dfrac{y^2}{y} = \lim_{y\to 0} y = 0$

(2) $\lim_{t\to 0} f(t,kt) = \lim_{t\to 0} \dfrac{k^2 t^2 - t^2}{kt} = \lim_{t\to 0} \dfrac{k^2-1}{k} t = 0$

(3) $x = t, y = t^2$ とすると
$$\lim_{t\to 0} f(t,t^2) = \lim_{t\to 0} \dfrac{t^4 - t^2}{t^2} = \lim_{t\to 0}(t^2 - 1) = -1.$$
$-1 \neq 0 = \lim_{x\to 0} f(x,0)$ となり，$(x,y) \to (0,0)$ の近づき方により値が異なる．
ゆえに $\lim_{(x,y)\to(0,0)} f(x,y)$ は存在しない．

5. (1) $x = r\cos\theta, y = r\sin\theta$ とおくと
$$\lim_{(x,y)\to(0,0)} f(x,y) = \lim_{(x,y)\to(0,0)} \dfrac{x^2 - y^2}{\sqrt{x^2+y^2}}$$
$$= \lim_{r\to 0} \dfrac{r^2\cos^2\theta - r^2\sin^2\theta}{\sqrt{r^2\cos^2\theta + r^2\sin^2\theta}}$$
$$= \lim_{r\to 0} r(\cos^2\theta - \sin^2\theta)$$
$$= 0 \neq 1 = f(0,0).$$

よって $\lim_{(x,y)\to(0,0)} f(x,y) \neq f(0,0)$ となるから，$f(x,y)$ は $(0,0)$ で連続でない．

注：$f(0,0) = 0$ と定めると $f(x,y)$ は $(0,0)$ で連続となる．

(2) $t = x^2 + y^2$ とおくと
$$\lim_{(x,y)\to(0,0)} f(x,y) = \lim_{t\to 0} \dfrac{\sin 3t}{t} = 3 = f(0,0).$$

よって $f(x,y)$ は $(0,0)$ で連続．

B の解答

1. 円の半径は 1 とする．

(イ) 面積最大のものがあれば正 n 角形に限る．

まず $n = 3$ のとき，AC$\neq$BC ならば AB の垂直二等分線と円周の交点の一つを C$'$ とすると
$$\triangle \mathrm{ABC}' > \triangle \mathrm{ABC}$$
(つまり正三角形でなければ面積最大でない)

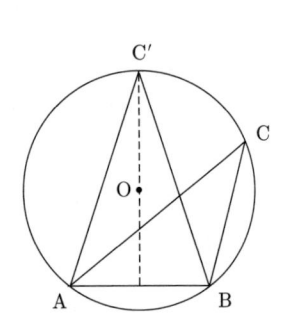

次に $n > 3$ のとき，n 角形 $A_1A_2\cdots A_n$ の面積は

$$S = \sum_{i=1}^{n} \triangle OA_iA_{i+1} \quad (O = \text{円の中心}, A_{n+1} = A_1)$$

であるが，正 n 角形でなければ (ある i に対し) $A_iA_{i+1} \neq A_{i+1}A_{i+2}$ となる．簡単のため $i = 1$ とし，$\triangle A_1A_2'A_3 > \triangle A_1A_2A_3$ となる円周上の点 A_2' をとれば

$$\triangle OA_1A_2 + \triangle OA_2A_3 = \triangle OA_1A_3 + \triangle A_1A_2A_3 < \triangle OA_1A_3 + \triangle A_1A_2'A_3$$
$$= \triangle OA_1A_2' + \triangle OA_2'A_3$$

より

$$A_1A_2\cdots A_n \text{ の面積} < A_1A_2'\cdots A_n \text{ の面積}$$

となり，面積最大ではない．

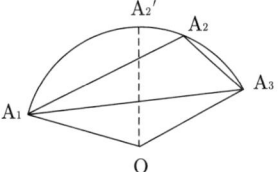

(ロ) 面積最大のものが存在する．

$\theta_i = \angle A_1OA_{i+1}$ $(i = 1, 2, \cdots, n-1)$ とおけば $\theta_{i+1} - \theta_i > 0$ で，面積は

$$S = \frac{1}{2}\sum_{i=1}^{n} \sin(\theta_{i+1} - \theta_i), \text{ ただし } \theta_n = 2\pi, \theta_{n+1} = \theta_1 + 2\pi.$$

右辺は閉領域 $K = \{(\theta_1, \theta_2, \cdots, \theta_{n-1}) \mid 0 \leq \theta_1 \leq \theta_2 \leq \cdots \leq \theta_{n-1} \leq 2\pi\}$ で連続だから最大値をとり，そのときもし $\theta_i = \theta_{i+1}$ なら k $(\leq n-1)$ 角形で，より面積大なる内接 n 角形がとれるから不可．よってその最大値は n 角形の面積である．即ち面積最大の内接 n 角形が存在する．

2. 円の半径は 1 とする．

(イ) 辺 A_iA_{i+1} と円の接点を T_i とする $(i = 1, \cdots, n, A_{n+1} = A_1)$．$A_1\cdots A_n$ が正 n 角形でなければ $T_1\cdots T_n$ も正 n 角形でないから $\angle T_iOT_{i+1} \neq \angle T_{i+1}OT_{i+2}$ となる i がある．簡単のため $i = 1$ とする．

$\angle T_1OT_3 = 2\alpha$, $\angle T_1OT_2 = 2\theta$ とすると $0 < 2\theta < \pi$, $0 < 2\alpha - 2\theta < \pi$ だから

$$2\alpha < \pi \text{ のとき} \quad 0 < \theta < \alpha,$$
$$2\alpha \geq \pi \text{ のとき} \quad \alpha - \frac{\pi}{2} < \theta < \frac{\pi}{2}.$$

5 角形 $\mathrm{OT_1A_2A_3T_3}$ の面積 $= \tan\theta + \tan(\alpha-\theta)$

$$= \frac{\sin\theta\cos(\alpha-\theta) + \cos\theta\sin(\alpha-\theta)}{\cos\theta\cos(\alpha-\theta)} = \frac{2\sin\alpha}{\cos\alpha + \cos(\alpha-2\theta)}$$

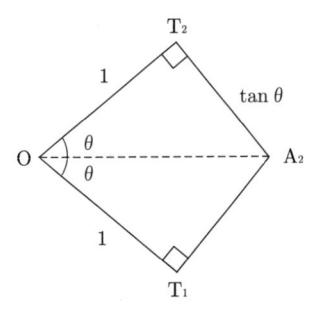

(α を固定し, θ を動かすとき) 最小となるのは $\cos(\alpha-2\theta) = 1$, すなわち $\theta = \dfrac{\alpha}{2}$ で最小値は $\dfrac{2\sin\alpha}{1+\cos\alpha} = 2\tan\dfrac{\alpha}{2}$. よって $\mathrm{OT_2}'$ が $\angle \mathrm{T_1OT_3}$ の 2 等分線となるように円周上に $\mathrm{T_2}'$ をとり, 直線 $\mathrm{A_1A_2}, \mathrm{A_3A_4}$ との交点を $\mathrm{A_2}', \mathrm{A_3}'$ とすれば

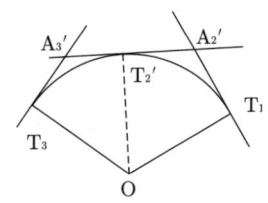

$\mathrm{OT_1A_2A_3T_3} > \mathrm{OT_1A_2'A_3'T_3}$ ゆえ $\mathrm{A_1}\cdots \mathrm{A_n} > \mathrm{A_1A_2'A_3'}\cdots \mathrm{A_n}$ となり, $\mathrm{A_1}\cdots \mathrm{A_n}$ は最小面積でない.

(ロ) (最小値の存在) $\theta_i = \angle\mathrm{T_1OT_{i+1}}$ $(i=1,2,\cdots,n-1)$ とおけば, $0 < \theta_{i+1} - \theta_i < \pi$ $(i=1,2,\cdots,n.$ ただし $\theta_n = 2\pi, \theta_{n+1} = \theta_1 + 2\pi)$ のとき外接 n 角形に対応し

$$\text{面積 } S = \sum_{i=1}^n \tan\frac{\theta_{i+1}-\theta_i}{2} \quad \left(\geq \sum_{i=1}^n \frac{1}{2}(\theta_{i+1}-\theta_i) = \pi\right)$$

である. $f(\theta_1,\cdots,\theta_{n-1}) = \dfrac{1}{S}$ は閉領域 $K = \{(\theta_1,\theta_2,\cdots,\theta_{n-1}) \mid 0 \leq \theta_i \leq 2\pi, 0 \leq \theta_{i+1}-\theta_i \leq \pi\ (i=1,2,\cdots,n)\}$ で連続ゆえ最大値をとる. $\theta_{i+1} = \theta_i$ のときは $k\,(\leq n-1)$ 角形で, より面積小な外接 n 角形が存在し, $\theta_{i+1} - \theta_i = \pi$ なら $f=0$ で f は最大値をとらない. 従って最大値をとるときの S は外接 n 角形の面積である. 即ち外接 n 角形のうち面積最小のものが存在する.

3.2 偏導関数

xy 平面上の領域 D で定義された 2 変数関数 $z = f(x, y)$ について，極限 $\lim_{x \to a} \dfrac{f(x, b) - f(a, b)}{x - a}$ が存在するとき，これを $\dfrac{\partial f}{\partial x}(a, b)$ とかき，$P_0(a, b)$ における $f(x, y)$ の x に関する偏微分係数という．それは y を b に固定してえられる関数 $f(x, b)$ の $x = a$ での微分係数にほかならない．全く同様に $\dfrac{\partial f}{\partial y}(a, b)$ が定義される．これら $\dfrac{\partial f}{\partial x}(a, b)$, $\dfrac{\partial f}{\partial y}(a, b)$ が存在するとき，$f(x, y)$ は (a, b) で偏微分可能であるという．偏微分係数 $\dfrac{\partial f}{\partial x}(a, b)$, $\dfrac{\partial f}{\partial y}(a, b)$ は $f_x(a, b)$, $f_y(a, b)$ ともかく．

領域 D の各点で偏微分係数が存在するとき，D 上の関数 $\dfrac{\partial f}{\partial x}(x, y)$, $\dfrac{\partial f}{\partial y}(x, y)$ がえられるが，それらを $f(x, y)$ の偏導関数という．偏導関数 $\dfrac{\partial f}{\partial x}(x, y)$ は $f_x(x, y)$, $\dfrac{\partial z}{\partial x}$, z_x 等ともかく．$\dfrac{\partial f}{\partial y}(x, y)$ についても同様である．

偏導関数 $\dfrac{\partial f}{\partial x}, \dfrac{\partial f}{\partial y}$ の偏導関数として 2 次の偏導関数が考えられる：

$$\frac{\partial}{\partial x}\frac{\partial f}{\partial x} = \frac{\partial^2 f}{\partial x^2} = f_{xx}, \qquad \frac{\partial}{\partial y}\frac{\partial f}{\partial x} = \frac{\partial^2 f}{\partial y \partial x} = f_{xy},$$

$$\frac{\partial}{\partial x}\frac{\partial f}{\partial y} = \frac{\partial^2 f}{\partial x \partial y} = f_{yx}, \qquad \frac{\partial}{\partial y}\frac{\partial f}{\partial y} = \frac{\partial^2 f}{\partial y^2} = f_{yy}.$$

多くの場合 (たとえば 2 次の偏導関数がすべて連続の場合) $\dfrac{\partial^2 f}{\partial x \partial y} = \dfrac{\partial^2 f}{\partial y \partial x}$ が成り立つ (従って 2 次偏導関数は 3 つである)．

例題 1.

関数 $f(x, y) = \begin{cases} \dfrac{xy}{x^2 + y^2} & ((x, y) \neq (0, 0) \text{ のとき}) \\ 0 & ((x, y) = (0, 0) \text{ のとき}) \end{cases}$ は $(0, 0)$ で偏微分可能であるが，$(0, 0)$ で連続でないことを示せ．

解答

$$\lim_{h \to 0} \frac{f(h, 0) - f(0, 0)}{h} = \lim_{h \to 0} \frac{1}{h}\left(\frac{h \cdot 0}{h^2 + 0^2} - 0\right) = \lim_{h \to 0} 0 = 0.$$

$$\lim_{k \to 0} \frac{f(0, k) - f(0, 0)}{k} = \lim_{k \to 0} \frac{1}{k}\left(\frac{0 \cdot k}{0^2 + k^2} - 0\right) = 0.$$

よって $(0, 0)$ で偏微分可能で $f_x(0, 0) = f_y(0, 0) = 0$．一方，3.1 節の例題 1. (3) より $\lim_{(x, y) \to (0, 0)} f(x, y)$ が存在しないから，$f(x, y)$ は $(0, 0)$ で連続でない．

例題 2.

関数 $z = \arctan(xy)$ について $z_{xx}, z_{xy}, z_{yx}, z_{yy}$ を求めよ．さらに $z_{xy} = z_{yx}$ となることを確かめよ．

解答

$$z_x = \frac{1}{1+(xy)^2}\frac{\partial}{\partial x}(xy) = \frac{y}{1+x^2y^2}$$

$$z_y = \frac{1}{1+(xy)^2}\frac{\partial}{\partial y}(xy) = \frac{x}{1+x^2y^2}$$

$$z_{xx} = -\frac{y}{(1+x^2y^2)^2}\frac{\partial}{\partial x}(1+x^2y^2) = -\frac{2xy^3}{(1+x^2y^2)^2}$$

$$z_{xy} = \frac{1\cdot(1+x^2y^2) - y\cdot\frac{\partial}{\partial y}(1+x^2y^2)}{(1+x^2y^2)^2} = \frac{1-x^2y^2}{(1+x^2y^2)^2}$$

$$z_{yx} = \frac{1\cdot(1+x^2y^2) - x\cdot\frac{\partial}{\partial x}(1+x^2y^2)}{(1+x^2y^2)^2} = \frac{1-x^2y^2}{(1+x^2y^2)^2}$$

$$z_{yy} = -\frac{x}{(1+x^2y^2)^2}\frac{\partial}{\partial y}(1+x^2y^2) = -\frac{2yx^3}{(1+x^2y^2)^2}.$$

$z_{xy} = z_{yx}$ は成り立っている．

――――――― **A** ―――――――

1. $f(x, y) = \dfrac{|y|}{x^2+1}$ とする．このとき，偏微分係数 $f_x(1,-1)$ $f_y(1,1)$ を求めよ．

2. 次の z について，z_x, z_y を求めよ．

(1) $z = x^3 - 3xy^2 + y^2 - 6xy + 5x - 2y + 1$ (2) $z = \sin(x-2y)$

(3) $z = e^{xy}$ (4) $z = e^{3x}\cos y$ (5) $z = \sqrt{1-x^2-y^2}$

(6) $z = \arctan\dfrac{y}{x}$ (7) $z = x^y$ (8) $z = \dfrac{e^{xy}}{e^x+e^y}$

(9) $z = \arcsin\dfrac{y}{x}$ $(x>0)$ (10) $z = f(x\sin y)$

3. 関数 $z = \dfrac{x-y}{x+y}$ は等式 $xz_x + yz_y = 0$ をみたすことを示せ．

4. 次の関係式が成り立つことを証明せよ．

(1) $z = f(ax+by)$ のとき $bz_x = az_y$

(2) $z = f(xy)$ のとき $xz_x = yz_y$

(3) $z = (x+y)f(x^2-y^2)$ のとき $yz_x + xz_y = z$

5. $z = f(x), x = r\cos\theta$ ならば $\left(\dfrac{\partial z}{\partial r}\right)^2 + \left(\dfrac{1}{r}\dfrac{\partial z}{\partial \theta}\right)^2 = f'(x)^2$ であることを示せ．

6. 次の関数の 2 次偏導関数を求めよ．

(1) $f(x,y) = \sin(x-2y)$ (2) $f(x,y) = e^{-3x}\cos 2y$

(3) $f(x,y) = \dfrac{1}{\sqrt{x-y}}$ (4) $f(x,y) = x\sin xy$ (5) $f(x,y) = \dfrac{xy}{x+y}$

(6) $f(x,y) = \dfrac{x^2+y^2}{x+y}$ (7) $f(x,y) = x^y$

7. 次を示せ．

(1) $z = \log(x^2+y^2)$ ならば $\dfrac{\partial^2 z}{\partial x^2} + \dfrac{\partial^2 z}{\partial y^2} = 0$

(2) $z = \sqrt{x^2+y^2}$ ならば $\dfrac{\partial^2 z}{\partial x^2} + \dfrac{\partial^2 z}{\partial y^2} = \dfrac{1}{\sqrt{x^2+y^2}}$

(3) $z = \arctan\dfrac{y}{x}$ ならば $\dfrac{\partial^2 z}{\partial x^2} + \dfrac{\partial^2 z}{\partial y^2} = 0$

(4) $u = \log(x^2+y^2+z^2)$ ならば $\dfrac{\partial^2 u}{\partial x^2} + \dfrac{\partial^2 u}{\partial y^2} + \dfrac{\partial^2 u}{\partial z^2} = \dfrac{2}{x^2+y^2+z^2}$

(5) $u = \dfrac{1}{\sqrt{x^2+y^2+z^2}}$ ならば $\dfrac{\partial^2 u}{\partial x^2} + \dfrac{\partial^2 u}{\partial y^2} + \dfrac{\partial^2 u}{\partial z^2} = 0$

──────────── **B** ────────────

1. $z = f(x,y) = \begin{cases} \dfrac{y-x^2}{y} & (y \neq 0) \\ 1 & (y = 0) \end{cases}$ とする．

(1) $f_x(x,0)$ を求めよ．

(2) $f_x(x,y)\ (y \neq 0)$ を求めよ．

(3) $f_x(x,y)$ は $(0,0)$ で連続でないことを示せ．

(4) $f_y(0,0)$ を求めよ．

(5) $f_y(x,0)\ (x \neq 0)$ は存在しないことを示せ．

A の解答

1. $f(x,-1) = \dfrac{1}{x^2+1}$ より $f_x(x,-1) = -\dfrac{2x}{(x^2+1)^2}$. よって

$$f_x(1,-1) = -\dfrac{2 \cdot 1}{(1^2+1)^2} = -\dfrac{1}{2}$$

$y > 0$ のとき，$f(1,y) = \dfrac{y}{2}$ より $f_y(1,1) = \dfrac{1}{2}$

2. (1) $z_x = 3x^2 - 3y^2 - 6y + 5,\ z_y = -6xy + 2y - 6x - 2$

(2) $z_x = \cos(x-2y),\ z_y = -2\cos(x-2y)$

(3) $z_x = ye^{xy},\ z_y = xe^{xy}$

(4) $z_x = 3e^{3x}\cos y,\ z_y = -e^{3x}\sin y$

(5) $z_x = \dfrac{1}{2}(1-x^2-y^2)^{-\frac{1}{2}}\dfrac{\partial}{\partial x}(1-x^2-y^2) = -\dfrac{x}{\sqrt{1-x^2-y^2}}$

$$z_y = \frac{1}{2}\left(1-x^2-y^2\right)^{-\frac{1}{2}}\frac{\partial}{\partial y}(1-x^2-y^2) = -\frac{y}{\sqrt{1-x^2-y^2}}$$

(6)
$$z_x = \frac{1}{1+\left(\frac{y}{x}\right)^2}\frac{\partial}{\partial x}\frac{y}{x} = \frac{1}{1+\frac{y^2}{x^2}}\cdot\left(-\frac{y}{x^2}\right) = -\frac{y}{x^2+y^2}$$

$$z_y = \frac{1}{1+\left(\frac{y}{x}\right)^2}\frac{\partial}{\partial y}\frac{y}{x} = \frac{1}{1+\frac{y^2}{x^2}}\cdot\frac{1}{x} = \frac{x}{x^2+y^2}$$

(7) $z_x = yx^{y-1}$, $z_y = x^y \log x$

(8)
$$z_x = \frac{ye^{xy}(e^x+e^y) - e^{xy}e^x}{(e^x+e^y)^2} = \frac{e^{xy}(ye^x+ye^y-e^x)}{(e^x+e^y)^2}$$

$$z_y = \frac{xe^{xy}(e^x+e^y) - e^{xy}e^y}{(e^x+e^y)^2} = \frac{e^{xy}(xe^x+xe^y-e^y)}{(e^x+e^y)^2}$$

(9)
$$z_x = \frac{1}{\sqrt{1-\frac{y^2}{x^2}}}\cdot\left(-\frac{y}{x^2}\right) = \frac{-y}{x\sqrt{x^2-y^2}}$$

$$z_y = \frac{1}{\sqrt{1-\frac{y^2}{x^2}}}\cdot\frac{1}{x} = \frac{1}{\sqrt{x^2-y^2}}$$

(10) $z_x = f'(x\sin y)\sin y$, $z_y = f'(x\sin y)x\cos y$

3.
$$z_x = \frac{x+y-(x-y)}{(x+y)^2} = \frac{2y}{(x+y)^2},$$

$$z_y = \frac{-(x+y)-(x-y)}{(x+y)^2} = \frac{-2x}{(x+y)^2} \text{ より.}$$

4. (1)
$$bz_x = bf'(ax+by)\frac{\partial}{\partial x}(ax+by) = abf'(ax+by),$$

$$az_y = af'(ax+by)\frac{\partial}{\partial y}(ax+by) = abf'(ax+by) \text{ より.}$$

(2)
$$xz_x = xf'(xy)\frac{\partial}{\partial x}(xy) = xyf'(xy),$$

$$yz_y = yf'(xy)\frac{\partial}{\partial y}(xy) = xyf'(xy) \text{ より.}$$

(3)
$$yz_x + xz_y = y\frac{\partial}{\partial x}\{(x+y)f(x^2-y^2)\} + x\frac{\partial}{\partial y}\{(x+y)f(x^2-y^2)\}$$

$$= y\{f(x^2-y^2) + (x+y)f'(x^2-y^2)\frac{\partial}{\partial x}(x^2-y^2)\}$$

$$+ x\{f(x^2 - y^2) + (x + y)f'(x^2 - y^2)\frac{\partial}{\partial y}(x^2 - y^2)\}$$

$$= y\{f(x^2 - y^2) + 2x(x + y)f'(x^2 - y^2)\}$$

$$+ x\{f(x^2 - y^2) - 2y(x + y)f'(x^2 - y^2)\}$$

$$= yf(x^2 - y^2) + xf(x^2 - y^2) = z.$$

5. $\dfrac{\partial z}{\partial r} = f'(x)\cos\theta$, $\dfrac{\partial z}{\partial \theta} = f'(x)\cdot(-r\sin\theta)$ より.

6. (1) $f_x = \cos(x - 2y)$, $f_y = -2\cos(x - 2y)$ より $f_{xx} = -\sin(x - 2y)$, $f_{xy} = f_{yx} = 2\sin(x - 2y)$, $f_{yy} = -4\sin(x - 2y)$.

(2) $f_x = -3e^{-3x}\cos 2y$, $f_y = -2e^{-3x}\sin 2y$ より $f_{xx} = 9e^{-3x}\cos 2y$, $f_{xy} = f_{yx} = 6e^{-3x}\sin 2y$, $f_{yy} = -4e^{-3x}\cos 2y$.

(3) $f_x = -\dfrac{1}{2}(x - y)^{-\frac{3}{2}}$, $f_y = \dfrac{1}{2}(x - y)^{-\frac{3}{2}}$ より $f_{xx} = \dfrac{3}{4}(x - y)^{-\frac{5}{2}}$, $f_{xy} = f_{yx} = -\dfrac{3}{4}(x - y)^{-\frac{5}{2}}$, $f_{yy} = \dfrac{3}{4}(x - y)^{-\frac{5}{2}}$.

(4) $f_x = \sin xy + xy\cos xy$, $f_y = x^2\cos xy$ より
$f_{xx} = 2y\cos xy - xy^2\sin xy$, $f_{xy} = f_{yx} = 2x\cos xy - x^2y\sin xy$,
$f_{yy} = -x^3\sin xy$.

(5) $f_x = \dfrac{y^2}{(x + y)^2}$, $f_y = \dfrac{x^2}{(x + y)^2}$ より $f_{xx} = \dfrac{-2y^2}{(x + y)^3}$, $f_{xy} = f_{yx} = \dfrac{2xy}{(x + y)^3}$, $f_{yy} = \dfrac{-2x^2}{(x + y)^3}$.

(6) $f_x = \dfrac{x^2 + 2xy - y^2}{(x + y)^2} = 1 - \dfrac{2y^2}{(x + y)^2}$, $f_y = \dfrac{y^2 + 2xy - x^2}{(x + y)^2} = 1 - \dfrac{2x^2}{(x + y)^2}$ より $f_{xx} = \dfrac{4y^2}{(x + y)^3}$, $f_{xy} = f_{yx} = -\dfrac{4xy}{(x + y)^3}$, $f_{yy} = \dfrac{4x^2}{(x + y)^3}$.

(7) $f_x = yx^{y-1}$, $f_y = x^y\log x$ より $f_{xx} = y(y - 1)x^{y-2}$, $f_{yy} = x^y(\log x)^2$, $f_{xy} = f_{yx} = x^{y-1} + yx^{y-1}\log x$.

7. (1) $\dfrac{\partial^2 z}{\partial x^2} = \dfrac{2y^2 - 2x^2}{(x^2 + y^2)^2}$, $\dfrac{\partial^2 z}{\partial y^2} = \dfrac{2x^2 - 2y^2}{(x^2 + y^2)^2}$ より.

(2) $\dfrac{\partial^2 z}{\partial x^2} = (x^2 + y^2)^{-\frac{1}{2}} - x^2(x^2 + y^2)^{-\frac{3}{2}}$,
$\dfrac{\partial^2 z}{\partial y^2} = (x^2 + y^2)^{-\frac{1}{2}} - y^2(x^2 + y^2)^{-\frac{3}{2}}$ より.

(3) $z_{xx} = \dfrac{2xy}{(x^2 + y^2)^2}$, $z_{yy} = -\dfrac{2xy}{(x^2 + y^2)^2}$ より.

(4) $\dfrac{\partial^2 u}{\partial x^2} = \dfrac{2y^2 + 2z^2 - 2x^2}{(x^2 + y^2 + z^2)^2}$, $\dfrac{\partial^2 u}{\partial y^2} = \dfrac{2z^2 + 2x^2 - 2y^2}{(x^2 + y^2 + z^2)^2}$,
$\dfrac{\partial^2 u}{\partial z^2} = \dfrac{2x^2 + 2y^2 - 2z^2}{(x^2 + y^2 + z^2)^2}$ より.

(5) $\dfrac{\partial^2 u}{\partial x^2} = -(x^2+y^2+z^2)^{-\frac{3}{2}} + 3x^2(x^2+y^2+z^2)^{-\frac{5}{2}}$, $\dfrac{\partial^2 u}{\partial y^2} = -(x^2+y^2+z^2)^{-\frac{3}{2}} + 3y^2(x^2+y^2+z^2)^{-\frac{5}{2}}$, $\dfrac{\partial^2 u}{\partial z^2} = -(x^2+y^2+z^2)^{-\frac{3}{2}} + 3z^2(x^2+y^2+z^2)^{-\frac{5}{2}}$ より.

B の解答

1. (1) $f(x,0) = 1$ より $f_x(x,0) = 0$.

(2) $y \neq 0$ のとき，$f(x,y) = \dfrac{y-x^2}{y} = 1 - \dfrac{x^2}{y}$ だから $f_x(x,y) = -\dfrac{2x}{y}$

(3)
$$f_x(x,y) = \begin{cases} -\dfrac{2x}{y} & (y \neq 0) \\ 0 & (y = 0) \end{cases}$$
より $\lim_{x \to 0} f_x(x,x) = -2 \neq 0 = f_x(0,0)$.

よって $f_x(x,y)$ は $(0,0)$ で連続でない.

(4)
$$f(0,y) = \begin{cases} \dfrac{y}{y} & (y \neq 0) \\ 1 & (y = 0) \end{cases}$$
より $f(0,y) = 1$. よって $f_y(0,0) = 0$.

(5) $f_y(x,0) = \lim_{k \to 0} \dfrac{f(x,k) - f(x,0)}{k} = \lim_{k \to 0} \dfrac{(1 - \frac{x^2}{k}) - 1}{k} = \lim_{k \to 0} \dfrac{-x^2}{k^2}$.

$x \neq 0$ より $\lim_{k \to 0} \dfrac{-x^2}{k^2} = -\infty$ だから $f_y(x,0)$ は存在しない.

3.3 全微分と合成関数の微分法

全微分可能性

関数 $z = f(x, y)$ が点 (a, b) で全微分可能であるとは，(a, b) の近くで $f(x, y)$ が x, y の 1 次式で近似できることをいう．正確には定数 A, B をうまくとって

$$f(x, y) = f(a, b) + A(x - a) + B(y - b) + \varepsilon(x, y)$$

とかいたとき

$$\lim_{(x,y) \to (a,b)} \frac{\varepsilon(x, y)}{\sqrt{(x - a)^2 + (y - b)^2}} = 0$$

とできることである．$h = x - a$, $k = y - b$ とおき，$\varepsilon(a + h, b + k)$ を改めて $\varepsilon(h, k)$ とかくと，$f(x, y)$ の (a, b) における全微分可能性は

$$f(a + h, b + k) = f(a, b) + Ah + Bk + \varepsilon(h, k),$$

$$\lim_{(h,k) \to (0,0)} \frac{\varepsilon(h, k)}{\sqrt{h^2 + k^2}} = 0$$

と表現することができる．

定理 1. $f(x, y)$ が (a, b) で全微分可能ならば $f(x, y)$ は (a, b) で偏微分可能かつ連続であり，$A = f_x(a, b)$, $B = f_y(a, b)$ が成り立つ．

定理 2. $f(x, y)$ が (a, b) の近くで偏微分可能で，偏導関数 $f_x(x, y), f_y(x, y)$ が連続ならば，$f(x, y)$ は (a, b) で全微分可能である．

合成関数の微分法

定理 3. 関数 $z = f(x, y)$ が全微分可能で，$x = x(t), y = y(t)$ が微分可能ならば，合成関数 $z = z(t) = f(x(t), y(t))$ は微分可能で

$$\frac{dz}{dt} = \frac{\partial z}{\partial x}\frac{dx}{dt} + \frac{\partial z}{\partial y}\frac{dy}{dt}$$

定理 4. 関数 $z = f(x, y)$ が全微分可能で，$x = x(u, v), y = y(u, v)$ が偏微分可能ならば，合成関数 $z = z(u, v) = f(x(u, v), y(u, v))$ は偏微分可能で

$$\frac{\partial z}{\partial u} = \frac{\partial z}{\partial x}\frac{\partial x}{\partial u} + \frac{\partial z}{\partial y}\frac{\partial y}{\partial u}, \quad \frac{\partial z}{\partial v} = \frac{\partial z}{\partial x}\frac{\partial x}{\partial v} + \frac{\partial z}{\partial y}\frac{\partial y}{\partial v}$$

ヤコビアン

偏微分可能な関数 $x = x(u, v), y = y(u, v)$ に対し，行列式

$$\begin{vmatrix} \dfrac{\partial x}{\partial u} & \dfrac{\partial x}{\partial v} \\ \dfrac{\partial y}{\partial u} & \dfrac{\partial y}{\partial v} \end{vmatrix} = \frac{\partial x}{\partial u}\frac{\partial y}{\partial v} - \frac{\partial x}{\partial v}\frac{\partial y}{\partial u}$$

をヤコビアン (Jacobian) またはヤコビ (Jacobi) 行列式 といい，$\dfrac{\partial(x,y)}{\partial(u,v)}$ とかく．3 変数関数の場合にも同様に定義される．

接平面

関数 $f(x,y)$ の定める曲面 $z = f(x,y)$ を考える．$f(x,y)$ が (a,b) で全微分可能なとき，方程式

$$z = f_x(a,b)(x-a) + f_y(a,b)(y-b) + f(a,b)$$

で与えられる平面を曲面 $z = f(x,y)$ 上の点 $(a, b, f(a,b))$ における接平面（あるいは $(x,y) = (a,b)$ における接平面）という．より一般に，曲面が方程式 $f(x,y,z) = 0$ で与えられている場合，その曲面上の点 $\mathrm{P}(a,b,c)$ における接平面の方程式は

$$f_x(a,b,c)(x-a) + f_y(a,b,c)(y-b) + f_z(a,b,c)(z-c) = 0$$

で与えられる．（この証明には 3 変数関数についての陰関数定理を用いる．）

注． xyz 空間内の点 $\mathrm{P}(a,b,c)$ を通り，ベクトル $\boldsymbol{n} = (p,q,r)$ に垂直な平面上に点 $\mathrm{Q}(x,y,z)$ があるとすると，$\boldsymbol{n} \perp \overrightarrow{\mathrm{PQ}}$ より

$$(p,q,r) \cdot (x-a, y-b, z-c) = 0$$

すなわち

$$p(x-a) + q(y-b) + r(z-c) = 0$$

が成立することがわかる．これを平面の方程式という．

テイラーの定理

定理 5 (2 階のテイラーの定理). 関数 $z = f(x,y)$ が連続な 2 次偏導関数をもつとき，等式

$$\begin{aligned}
f(a+h, b+k) =& f(a,b) + f_x(a,b)h + f_y(a,b)k \\
&+ \frac{1}{2}\{f_{xx}(a+\theta h, b+\theta k)h^2 + 2f_{xy}(a+\theta h, b+\theta k)hk \\
&+ f_{yy}(a+\theta h, b+\theta k)k^2\}
\end{aligned}$$

をみたす θ が 0 と 1 の間に存在する．（一般のテイラーの定理は省略する．）

> **例題 1.**
> 関数 $f(x,y) = \sqrt{|xy|}$ は $(0,0)$ で偏微分可能であるが，$(0,0)$ で全微分可能でないことを示せ．

解答
$$\lim_{h\to 0}\frac{f(h,0)-f(0,0)}{h}=\lim_{h\to 0}\frac{0}{h}=0,$$
$$\lim_{k\to 0}\frac{f(0,k)-f(0,0)}{k}=\lim_{k\to 0}\frac{0}{k}=0$$

より $f(x,y)$ は $(0,0)$ で偏微分可能で $f_x(0,0)=f_y(0,0)=0$. 次に, もし $(0,0)$ で全微分可能であるとすると

$$f(h,k)-f(0,0)=f_x(0,0)h+f_y(0,0)k+\varepsilon(h,k) \tag{1}$$

$$\lim_{(h,k)\to(0,0)}\frac{\varepsilon(h,k)}{\sqrt{h^2+k^2}}=0 \tag{2}$$

と表すことができる. $f_x(0,0)=f_y(0,0)=0$ だから (1) より $\varepsilon(h,k)=\sqrt{|hk|}$.

さて $k=mh$ として (h,k) を $(0,0)$ に近づけると

$$\lim_{\substack{k=mh\\h\to 0}}\frac{\sqrt{|hk|}}{\sqrt{h^2+k^2}}=\frac{\sqrt{|m|}}{\sqrt{1+m^2}}.$$

これは m の値に依存するから, $\displaystyle\lim_{(h,k)\to(0,0)}\frac{\varepsilon(h,k)}{\sqrt{h^2+k^2}}$ は存在しない. このことは (2) に矛盾.

例題 2.

(1) 合成関数の微分法を用いて, $z=e^{x^2+2y}$, $x=t+1, y=-t-\dfrac{1}{2}$ のとき, $\dfrac{dz}{dt}$ を求めよ.

(2) 合成関数の微分法を用いて, $z=\sin(3x+y^2)$, $x=u+v, y=uv$ のとき $\dfrac{\partial z}{\partial u},\dfrac{\partial z}{\partial v}$ を求めよ.

解答 (1) $\dfrac{\partial z}{\partial x}=2xe^{x^2+2y}=2(t+1)e^{t^2}$, $\dfrac{\partial z}{\partial y}=2e^{x^2+2y}=2e^{t^2}$, $\dfrac{dx}{dt}=1$, $\dfrac{dy}{dt}=-1$ より

$$\frac{dz}{dt}=\frac{\partial z}{\partial x}\frac{dx}{dt}+\frac{\partial z}{\partial y}\frac{dy}{dt}=2te^{t^2}$$

(2) $\dfrac{\partial z}{\partial x}=3\cos(3x+y^2)$, $\dfrac{\partial z}{\partial y}=2y\cos(3x+y^2)$, $\dfrac{\partial x}{\partial u}=1, \dfrac{\partial x}{\partial v}=1, \dfrac{\partial y}{\partial u}=v$, $\dfrac{\partial y}{\partial v}=u$ より

$$\frac{\partial z}{\partial u}=(3+2vy)\cos(3x+y^2)=(3+2uv^2)\cos\{3(u+v)+u^2v^2\},$$

$$\frac{\partial z}{\partial v}=(3+2uy)\cos(3x+y^2)=(3+2u^2v)\cos\{3(u+v)+u^2v^2\}.$$

例題 3.

$z = f(x, y)$ において，$x = r\cos\theta$, $y = r\sin\theta$ とおけば，次の関係式が成り立つことを示せ．(ただし $f(x,y)$ は連続な 2 次偏導関数をもつとする．)

(1) $\left(\dfrac{\partial z}{\partial x}\right)^2 + \left(\dfrac{\partial z}{\partial y}\right)^2 = \left(\dfrac{\partial z}{\partial r}\right)^2 + \left(\dfrac{1}{r}\dfrac{\partial z}{\partial \theta}\right)^2$

(2) $\dfrac{\partial^2 z}{\partial x^2} + \dfrac{\partial^2 z}{\partial y^2} = \dfrac{\partial^2 z}{\partial r^2} + \dfrac{1}{r}\dfrac{\partial z}{\partial r} + \dfrac{1}{r^2}\dfrac{\partial^2 z}{\partial \theta^2}$

解答 (1) $\dfrac{\partial z}{\partial r} = \dfrac{\partial z}{\partial x}\dfrac{\partial x}{\partial r} + \dfrac{\partial z}{\partial y}\dfrac{\partial y}{\partial r},\quad \dfrac{\partial z}{\partial \theta} = \dfrac{\partial z}{\partial x}\dfrac{\partial x}{\partial \theta} + \dfrac{\partial z}{\partial y}\dfrac{\partial y}{\partial \theta},$

$\dfrac{\partial x}{\partial r} = \cos\theta,\quad \dfrac{\partial y}{\partial r} = \sin\theta,\quad \dfrac{\partial x}{\partial \theta} = -r\sin\theta,\quad \dfrac{\partial y}{\partial \theta} = r\cos\theta.$

$\dfrac{\partial z}{\partial r} = \cos\theta\dfrac{\partial z}{\partial x} + \sin\theta\dfrac{\partial z}{\partial y},\quad \dfrac{\partial z}{\partial \theta} = -r\sin\theta\dfrac{\partial z}{\partial x} + r\cos\theta\dfrac{\partial z}{\partial y}.$

従って

$\left(\dfrac{\partial z}{\partial r}\right)^2 + \left(\dfrac{1}{r}\dfrac{\partial z}{\partial \theta}\right)^2 = \left(\cos\theta\dfrac{\partial z}{\partial x} + \sin\theta\dfrac{\partial z}{\partial y}\right)^2 + \left(-\sin\theta\dfrac{\partial z}{\partial x} + \cos\theta\dfrac{\partial z}{\partial y}\right)^2$

$= (\cos^2\theta + \sin^2\theta)\left\{\left(\dfrac{\partial z}{\partial x}\right)^2 + \left(\dfrac{\partial z}{\partial y}\right)^2\right\} = \left(\dfrac{\partial z}{\partial x}\right)^2 + \left(\dfrac{\partial z}{\partial y}\right)^2$

(2)

$\dfrac{\partial^2 z}{\partial r^2} = \dfrac{\partial}{\partial r}\left(\cos\theta\dfrac{\partial z}{\partial x} + \sin\theta\dfrac{\partial z}{\partial y}\right) = \cos\theta\dfrac{\partial}{\partial r}\left(\dfrac{\partial z}{\partial x}\right) + \sin\theta\dfrac{\partial}{\partial r}\left(\dfrac{\partial z}{\partial y}\right)$

$= \cos\theta\left(\cos\theta\dfrac{\partial^2 z}{\partial x^2} + \sin\theta\dfrac{\partial^2 z}{\partial y\partial x}\right) + \sin\theta\left(\cos\theta\dfrac{\partial^2 z}{\partial x\partial y} + \sin\theta\dfrac{\partial^2 z}{\partial y^2}\right)$

$= \cos^2\theta\dfrac{\partial^2 z}{\partial x^2} + 2\cos\theta\sin\theta\dfrac{\partial^2 z}{\partial y\partial x} + \sin^2\theta\dfrac{\partial^2 z}{\partial y^2}$

$\dfrac{\partial}{\partial \theta}\left(\dfrac{1}{r}\dfrac{\partial z}{\partial \theta}\right) = \dfrac{\partial}{\partial \theta}\left(-\sin\theta\dfrac{\partial z}{\partial x} + \cos\theta\dfrac{\partial z}{\partial y}\right) = -\cos\theta\dfrac{\partial z}{\partial x} - \sin\theta\dfrac{\partial z}{\partial y}$

$\qquad - \sin\theta\dfrac{\partial}{\partial \theta}\left(\dfrac{\partial z}{\partial x}\right) + \cos\theta\dfrac{\partial}{\partial \theta}\left(\dfrac{\partial z}{\partial y}\right)$

$= -\dfrac{\partial z}{\partial r} - \sin\theta\left(-r\sin\theta\dfrac{\partial^2 z}{\partial x^2} + r\cos\theta\dfrac{\partial^2 z}{\partial y\partial x}\right)$

$\qquad + \cos\theta\left(-r\sin\theta\dfrac{\partial^2 z}{\partial x\partial y} + r\cos\theta\dfrac{\partial^2 z}{\partial y^2}\right)$

$= -\dfrac{\partial z}{\partial r} + r\left(\sin^2\theta\dfrac{\partial^2 z}{\partial x^2} - 2\cos\theta\sin\theta\dfrac{\partial^2 z}{\partial y\partial x} + \cos^2\theta\dfrac{\partial^2 z}{\partial y^2}\right)$

よって

(2) の右辺 $= \dfrac{\partial^2 z}{\partial r^2} + \dfrac{1}{r}\dfrac{\partial z}{\partial r} + \dfrac{1}{r}\dfrac{\partial}{\partial \theta}\left(\dfrac{1}{r}\dfrac{\partial z}{\partial \theta}\right) = (\cos^2\theta + \sin^2\theta)\left(\dfrac{\partial^2 z}{\partial x^2} + \dfrac{\partial^2 z}{\partial y^2}\right)$

$\qquad = \dfrac{\partial^2 z}{\partial x^2} + \dfrac{\partial^2 z}{\partial y^2}$

例題 4.

次の変換のヤコビアンを求めよ．
$$\begin{cases} x = u+v \\ y = uv \end{cases}$$

解答
$$\frac{\partial(x,y)}{\partial(u,v)} = \begin{vmatrix} 1 & 1 \\ v & u \end{vmatrix} = u - v$$

例題 5.

曲面 $z = x^2 - y^2 + xy$ の $(x,y) = (2,3)$ における接平面の方程式を求めよ．

解答 $z_x = 2x+y$, $z_y = -2y+x$. よって $(x,y) = (2,3)$ のとき $z = 1$, $z_x = 7$, $z_y = -4$ となるから，求める接平面の方程式は $z = 7(x-2) + (-4)(y-3) + 1$, すなわち $7x - 4y - z = 1$．

---------------- **A** ----------------

1. 合成関数の微分法を用いて，次の場合の導関数 $\dfrac{dz}{dt}$ を求めよ．

(1) $z = x^2 y$, $x = t^2$, $y = t^3$

(2) $z = x \sin y + y \cos x$, $x = \cos 2t$, $y = \sin 3t$

(3) $z = 3x^2 + 2xy + y^2$, $x = t$, $y = \log t$

(4) $z = x^2 + y^3$, $x = \log(7t + 2)$, $y = \tan t$

(5) $z = e^{x^2 - y^2}$, $x = \dfrac{t}{2}$, $y = 1 + \cos t$

2. $z = 2x^2 - 3y^2$, $x = r\cos\theta$, $y = r\sin\theta$ のとき z_r, z_θ を求めよ．

3. 次の u, v の関数 z について，z_u, z_v を求めよ．

(1) $z = \sin x \cos y$, $x = u^2 + v$, $y = uv^2$

(2) $z = \log(x + 2y)$, $x = u^2 + e^v$, $y = u \sin v$

4. $z = f(x, y)$, $x = r\cos\theta$, $y = r\sin\theta$ のとき，次の関係式を証明せよ．
$$\frac{\partial z}{\partial x} = \cos\theta \frac{\partial z}{\partial r} - \frac{\sin\theta}{r} \frac{\partial z}{\partial \theta}, \quad \frac{\partial z}{\partial y} = \sin\theta \frac{\partial z}{\partial r} + \frac{\cos\theta}{r} \frac{\partial z}{\partial \theta}$$

5. $x = e^r \cos\theta \ (x > 0)$, $y = e^r \sin\theta$ のとき

(1) r, θ を x, y の関数として表せ．

(2) 次の関係式を証明せよ．
$$\frac{\partial r}{\partial x} = e^{-2r} \frac{\partial x}{\partial r}, \quad \frac{\partial \theta}{\partial x} = e^{-2r} \frac{\partial x}{\partial \theta}$$

6. $z = f(ax + by)$, $x = r\cos\theta$, $y = r\sin\theta$ のとき，z_r, z_θ を求めよ．

7. 関数 $z = f(x,y)$ において，$y = g(x)$ のとき
$$\frac{d}{dx}f(x, g(x)) = f_x(x, g(x)) + f_y(x, g(x))\, g'(x)$$
が成り立つことを示せ．

8. $z = f(x,y)$, $x = u\cos\alpha - v\sin\alpha$, $y = u\sin\alpha + v\cos\alpha$ ならば次の関係式が成り立つことを示せ．ただし α は定数とする．

(1) $\left(\dfrac{\partial z}{\partial x}\right)^2 + \left(\dfrac{\partial z}{\partial y}\right)^2 = \left(\dfrac{\partial z}{\partial u}\right)^2 + \left(\dfrac{\partial z}{\partial v}\right)^2$

(2) $\dfrac{\partial^2 z}{\partial x^2} + \dfrac{\partial^2 z}{\partial y^2} = \dfrac{\partial^2 z}{\partial u^2} + \dfrac{\partial^2 z}{\partial v^2}$

9. 次の場合について，ヤコビアン $\dfrac{\partial(x,y)}{\partial(u,v)}$ を求めよ．ただし，$a, b, c, d, \alpha, \beta$ は定数とする．

(1) $x = au + bv + \alpha$, $y = cu + dv + \beta$

(2) $x = uv$, $y = u(1-v)$

(3) $x = au\cos v$, $y = bu\sin v$

(4) $x = e^u - e^v$, $y = e^{u-v}$

10. 次の場合について，ヤコビアンを求めよ．

(1) $x = u + v + w$, $y = vw$, $z = u - w$ のときの $\dfrac{\partial(x,y,z)}{\partial(u,v,w)}$

(2) $x = r\sin\theta\cos\varphi$, $y = r\sin\theta\sin\varphi$, $z = r\cos\theta$ のときの $\dfrac{\partial(x,y,z)}{\partial(r,\theta,\varphi)}$

(3) $u = \cos x$, $v = \cos y\sin x$, $w = \cos z\sin y\sin x$ のときの $\dfrac{\partial(u,v,w)}{\partial(x,y,z)}$

11. 次の曲面 $z = f(x,y)$ の $(x,y) = (a,b)$ における接平面の方程式を求めよ．

(1) $z = f(x,y) = 4x^2y + xy^3$, $(x,y) = (-1,1)$

(2) $z = f(x,y) = \dfrac{x-y}{x+y}$, $(x,y) = (1,1)$

(3) $z = f(x,y) = e^x\sin y$, $(x,y) = \left(0, \dfrac{\pi}{3}\right)$

(4) $z = f(x,y) = \log(x^2 + y^2)$, $(x,y) = (1,2)$

(5) $z = f(x,y) = \arctan\dfrac{y}{x}$, $(x,y) = (2,2)$

12. 次の曲面 $f(x,y,z) = 0$ 上の点 P における接平面の方程式を求めよ．

(1) $f(x,y,z) = 2xy + 2yz - 3xz - 7 = 0$, P$(1,2,3)$

(2) $f(x,y,z) = px^2 + qy^2 + rz^2 - 1 = 0$ $(pqr \neq 0)$, P(x_0, y_0, z_0)

(3) $f(x,y,z) = x\sin\pi x - ye^y - z\log(e+z) = 0$, P$(1,0,0)$

(4) $f(x,y,z) = z - y - x\sin z = 0$, P$\left(\dfrac{\pi}{4}, \dfrac{\pi}{4}, \dfrac{\pi}{2}\right)$

—————————————— B ——————————————

1. $f(x,y) = \begin{cases} \dfrac{x^2}{x^2+y^2}(x-y) & ((x,y) \neq (0,0) \text{ のとき}) \\ 0 & ((x,y) = (0,0) \text{ のとき}) \end{cases}$ とする.

    (1) $f(x,y)$ は $(0,0)$ で連続であることを示せ.
    (2) $f_x(0,0), f_y(0,0)$ を求めよ.
    (3) $f(x,y)$ は $(0,0)$ で全微分可能であるか否か理由を述べて答えよ.

2. $z = f(x,y)$ を極座標 (r,θ) の関数とみたとき，z が r のみの関数となる条件は，$yf_x = xf_y$ であることを示せ.

3. 次の x, y の関数 z について，z_x, z_y を求めよ.
    $$z = \log(u+2v), \quad x^2 + 2y = e^u + u, \quad xy = e^v + v$$

4. $y = f(x)$ が極座標変換 $x = r\cos\theta, y = r\sin\theta$ により $r = g(\theta)$ にうつるとき，$f'(x)$ を $r, \theta, \dfrac{dr}{d\theta}$ で表せ.

5. 単位円内 $\{(x,y) \mid x^2 + y^2 < 1\}$ から uv 平面への写像
    $$u = \frac{2x}{1-x^2-y^2}, \quad v = \frac{2y}{1-x^2-y^2}$$
    の逆写像を求めよ.

6. 曲面 $x^{\frac{2}{3}} + y^{\frac{2}{3}} + z^{\frac{2}{3}} = 1 \; (x,y,z > 0)$ の接平面と座標軸との交点を頂点とする三角形の面積の最大値を求めよ.

7. 曲面 $\sqrt{x} + \sqrt{y} + \sqrt{z} = 1 \; (x,y,z > 0)$ の接平面と座標軸との交点を頂点とする三角形の面積の最大値は存在するか.

A の解答

1. (1) $\dfrac{dz}{dt} = \dfrac{\partial z}{\partial x}\dfrac{dx}{dt} + \dfrac{\partial z}{\partial y}\dfrac{dy}{dt} = 2xy \cdot 2t + x^2 \cdot 3t^2 = 4t^6 + 3t^6 = 7t^6$

    (2)
    $$\begin{aligned}\dfrac{dz}{dt} &= -2(\sin y - y\sin x)\sin 2t + 3(x\cos y + \cos x)\cos 3t \\ &= -2\{\sin(\sin 3t) - \sin 3t \sin(\cos 2t)\}\sin 2t \\ &\quad + 3\{\cos 2t \cos(\sin 3t) + \cos(\cos 2t)\}\cos 3t\end{aligned}$$

    (3) $\dfrac{dz}{dt} = 2(3x+y) + \dfrac{2(x+y)}{t} = 2(3t + \log t) + \dfrac{2(t+\log t)}{t}$

    (4) $\dfrac{dz}{dt} = \dfrac{14x}{7t+2} + \dfrac{3y^2}{\cos^2 t} = \dfrac{14\log(7t+2)}{7t+2} + \dfrac{3\tan^2 t}{\cos^2 t}$

    (5) $\dfrac{dz}{dt} = (x + 2y\sin t)e^{x^2-y^2} = \left\{\dfrac{t}{2} + 2(1+\cos t)\sin t\right\}e^{\frac{t^2}{4}-(1+\cos t)^2}$

2.
$$z_r = \frac{\partial z}{\partial x}\frac{\partial x}{\partial r} + \frac{\partial z}{\partial y}\frac{\partial y}{\partial r} = 4x\cos\theta - 6y\sin\theta = 4r\cos^2\theta - 6r\sin^2\theta,$$

$$z_\theta = \frac{\partial z}{\partial x}\frac{\partial x}{\partial \theta} + \frac{\partial z}{\partial y}\frac{\partial y}{\partial \theta} = 4x(-r\sin\theta) - 6yr\cos\theta$$

$$= -4r^2\cos\theta\sin\theta - 6r^2\sin\theta\cos\theta = -10r^2\sin\theta\cos\theta$$

3. (1)
$$z_u = 2u\cos x\cos y - v^2\sin x\sin y$$
$$= 2u\cos(u^2+v)\cos uv^2 - v^2\sin(u^2+v)\sin uv^2,$$
$$z_v = \cos x\cos y - 2uv\sin x\sin y$$
$$= \cos(u^2+v)\cos uv^2 - 2uv\sin(u^2+v)\sin uv^2$$

(2)
$$z_u = \frac{1}{x+2y}\cdot 2u + \frac{2}{x+2y}\cdot\sin v = \frac{2u + 2\sin v}{u^2 + e^v + 2u\sin v}$$
$$z_v = \frac{1}{x+2y}\cdot e^v + \frac{2}{x+2y}\cdot u\cos v = \frac{e^v + 2u\cos v}{u^2 + e^v + 2u\sin v}$$

4.
$$\frac{\partial z}{\partial r} = \frac{\partial z}{\partial x}\frac{\partial x}{\partial r} + \frac{\partial z}{\partial y}\frac{\partial y}{\partial r} = \frac{\partial z}{\partial x}\cos\theta + \frac{\partial z}{\partial y}\sin\theta \quad \cdots\cdots \text{①}$$

$$\frac{\partial z}{\partial \theta} = \frac{\partial z}{\partial x}\frac{\partial x}{\partial \theta} + \frac{\partial z}{\partial y}\frac{\partial y}{\partial \theta} = \frac{\partial z}{\partial x}(-r\sin\theta) + \frac{\partial z}{\partial y}(r\cos\theta) \quad \cdots\cdots \text{②}$$

① $\times \cos\theta -$ ② $\times \dfrac{\sin\theta}{r}$ を作ると

$$\cos\theta\frac{\partial z}{\partial r} - \frac{\sin\theta}{r}\frac{\partial z}{\partial \theta} = \frac{\partial z}{\partial x}(\cos^2\theta + \sin^2\theta)$$

$$\therefore \frac{\partial z}{\partial x} = \cos\theta\frac{\partial z}{\partial r} - \frac{\sin\theta}{r}\frac{\partial z}{\partial \theta}$$

① $\times \sin\theta +$ ② $\times \dfrac{\cos\theta}{r}$ を作って同様に整理すると

$$\frac{\partial z}{\partial y} = \sin\theta\frac{\partial z}{\partial r} + \frac{\cos\theta}{r}\frac{\partial z}{\partial \theta}$$

別解 $r = \sqrt{x^2+y^2},\ \theta = \arctan\dfrac{y}{x}$ より

$$\frac{\partial z}{\partial x} = \frac{\partial z}{\partial r}\frac{\partial r}{\partial x} + \frac{\partial z}{\partial \theta}\frac{\partial \theta}{\partial x} = \frac{\partial z}{\partial r}\frac{x}{r} + \frac{\partial z}{\partial \theta}\frac{1}{1+\left(\frac{y}{x}\right)^2}\left(-\frac{y}{x^2}\right)$$

$$= \cos\theta\frac{\partial z}{\partial r} - \frac{\sin\theta}{r}\frac{\partial z}{\partial \theta}$$

$$\frac{\partial z}{\partial y} = \frac{\partial z}{\partial r}\frac{\partial r}{\partial y} + \frac{\partial z}{\partial \theta}\frac{\partial \theta}{\partial y} = \frac{\partial z}{\partial r}\frac{y}{r} + \frac{\partial z}{\partial \theta}\frac{1}{1+\left(\frac{y}{x}\right)^2}\frac{1}{x} = \sin\theta\frac{\partial z}{\partial r} + \frac{\cos\theta}{r}\frac{\partial z}{\partial \theta}$$

5. (1) $r = \dfrac{1}{2}\log(x^2+y^2)$, $\theta = \arctan\dfrac{y}{x}$

(2) $x = e^r\cos\theta$, $y = e^r\sin\theta$ より $\dfrac{\partial x}{\partial r} = e^r\cos\theta$, $\dfrac{\partial x}{\partial \theta} = -e^r\sin\theta$ だから

(1) より
$$\frac{\partial r}{\partial x} = \frac{x}{x^2+y^2} = e^{-r}\cos\theta = e^{-2r}\frac{\partial x}{\partial r}.$$

同様に
$$\frac{\partial \theta}{\partial x} = -\frac{y}{x^2+y^2} = -e^{-r}\sin\theta = e^{-2r}\frac{\partial x}{\partial \theta}.$$

6.
$$z_r = \frac{\partial z}{\partial x}\frac{\partial x}{\partial r} + \frac{\partial z}{\partial y}\frac{\partial y}{\partial r}$$
$$= f'(ax+by)\left\{\frac{\partial}{\partial x}(ax+by)\right\}\cos\theta + f'(ax+by)\left\{\frac{\partial}{\partial y}(ax+by)\right\}\sin\theta$$
$$= a\cos\theta f'(ax+by) + b\sin\theta f'(ax+by) = (a\cos\theta + b\sin\theta)f'(ax+by).$$

$$z_\theta = \frac{\partial z}{\partial x}\frac{\partial x}{\partial \theta} + \frac{\partial z}{\partial y}\frac{\partial y}{\partial \theta}$$
$$= f'(ax+by)\left\{\frac{\partial}{\partial x}(ax+by)\right\}(-r\sin\theta)$$
$$\quad + f'(ax+by)\left\{\frac{\partial}{\partial y}(ax+by)\right\}(r\cos\theta)$$
$$= -ar\sin\theta f'(ax+by) + br\cos\theta f'(ax+by)$$
$$= r(-a\sin\theta + b\cos\theta)f'(ax+by)$$

7. 合成関数の微分法より
$$\frac{dz}{dx} = \frac{\partial z}{\partial x}\frac{dx}{dx} + \frac{\partial z}{\partial y}\frac{dy}{dx} = \frac{\partial z}{\partial x} + \frac{\partial z}{\partial y}\frac{dy}{dx} = f_x(x,y) + f_y(x,y)\,g'(x).$$

8. (1)
$$\frac{\partial z}{\partial u} = \frac{\partial z}{\partial x}\cos\alpha + \frac{\partial z}{\partial y}\sin\alpha, \quad \frac{\partial z}{\partial v} = -\frac{\partial z}{\partial x}\sin\alpha + \frac{\partial z}{\partial y}\cos\alpha$$

だから
$$\left(\frac{\partial z}{\partial u}\right)^2 + \left(\frac{\partial z}{\partial v}\right)^2 = \left(\frac{\partial z}{\partial x}\right)^2\cos^2\alpha + 2\frac{\partial z}{\partial x}\cos\alpha\frac{\partial z}{\partial y}\sin\alpha + \left(\frac{\partial z}{\partial y}\right)^2\sin^2\alpha$$
$$\quad + \left(\frac{\partial z}{\partial x}\right)^2\sin^2\alpha - 2\frac{\partial z}{\partial x}\sin\alpha\frac{\partial z}{\partial y}\cos\alpha + \left(\frac{\partial z}{\partial y}\right)^2\cos^2\alpha$$
$$= \left(\frac{\partial z}{\partial x}\right)^2 + \left(\frac{\partial z}{\partial y}\right)^2.$$

(2)
$$\frac{\partial^2 z}{\partial u^2} = \frac{\partial}{\partial u}\left(\frac{\partial z}{\partial u}\right) = \frac{\partial}{\partial u}\left(\frac{\partial z}{\partial x}\right)\cos\alpha + \frac{\partial}{\partial u}\left(\frac{\partial z}{\partial y}\right)\sin\alpha$$
$$= \left(\frac{\partial^2 z}{\partial x^2}\frac{\partial x}{\partial u} + \frac{\partial^2 z}{\partial y \partial x}\frac{\partial y}{\partial u}\right)\cos\alpha + \left(\frac{\partial^2 z}{\partial x \partial y}\frac{\partial x}{\partial u} + \frac{\partial^2 z}{\partial y^2}\frac{\partial y}{\partial u}\right)\sin\alpha$$
$$= \frac{\partial^2 z}{\partial x^2}\cos^2\alpha + \frac{\partial^2 z}{\partial y \partial x}\sin\alpha\cos\alpha + \frac{\partial^2 z}{\partial x \partial y}\sin\alpha\cos\alpha + \frac{\partial^2 z}{\partial y^2}\sin^2\alpha,$$

同様に
$$\frac{\partial^2 z}{\partial v^2} = \frac{\partial^2 z}{\partial x^2}\sin^2\alpha - \frac{\partial^2 z}{\partial y \partial x}\sin\alpha\cos\alpha - \frac{\partial^2 z}{\partial x \partial y}\sin\alpha\cos\alpha + \frac{\partial^2 z}{\partial y^2}\cos^2\alpha$$

だから
$$\frac{\partial^2 z}{\partial u^2} + \frac{\partial^2 z}{\partial v^2} = \frac{\partial^2 z}{\partial x^2} + \frac{\partial^2 z}{\partial y^2}.$$

9. (1) $\dfrac{\partial(x,y)}{\partial(u,v)} = \begin{vmatrix} a & b \\ c & d \end{vmatrix} = ad - bc$

(2) $\dfrac{\partial(x,y)}{\partial(u,v)} = \begin{vmatrix} v & u \\ 1-v & -u \end{vmatrix} = -uv - u(1-v) = -u$

(3) $\dfrac{\partial(x,y)}{\partial(u,v)} = \begin{vmatrix} a\cos v & -au\sin v \\ b\sin v & bu\cos v \end{vmatrix} = abu(\cos^2 v + \sin^2 v) = abu$

(4) $\dfrac{\partial(x,y)}{\partial(u,v)} = \begin{vmatrix} e^u & -e^v \\ e^{u-v} & -e^{u-v} \end{vmatrix} = e^u - e^{2u-v}$

10. (1)
$$\frac{\partial(x,y,z)}{\partial(u,v,w)} = \begin{vmatrix} \dfrac{\partial x}{\partial u} & \dfrac{\partial x}{\partial v} & \dfrac{\partial x}{\partial w} \\ \dfrac{\partial y}{\partial u} & \dfrac{\partial y}{\partial v} & \dfrac{\partial y}{\partial w} \\ \dfrac{\partial z}{\partial u} & \dfrac{\partial z}{\partial v} & \dfrac{\partial z}{\partial w} \end{vmatrix} = \begin{vmatrix} 1 & 1 & 1 \\ 0 & w & v \\ 1 & 0 & -1 \end{vmatrix} = v - 2w$$

(2)
$$\frac{\partial(x,y,z)}{\partial(r,\theta,\varphi)} = \begin{vmatrix} \dfrac{\partial x}{\partial r} & \dfrac{\partial x}{\partial \theta} & \dfrac{\partial x}{\partial \varphi} \\ \dfrac{\partial y}{\partial r} & \dfrac{\partial y}{\partial \theta} & \dfrac{\partial y}{\partial \varphi} \\ \dfrac{\partial z}{\partial r} & \dfrac{\partial z}{\partial \theta} & \dfrac{\partial z}{\partial \varphi} \end{vmatrix}$$
$$= \begin{vmatrix} \sin\theta\cos\varphi & r\cos\theta\cos\varphi & -r\sin\theta\sin\varphi \\ \sin\theta\sin\varphi & r\cos\theta\sin\varphi & r\sin\theta\cos\varphi \\ \cos\theta & -r\sin\theta & 0 \end{vmatrix} = r^2\sin\theta$$

(3)
$$\frac{\partial(u,v,w)}{\partial(x,y,z)} = \begin{vmatrix} -\sin x & 0 & 0 \\ \cos y \cos x & -\sin y \sin x & 0 \\ \cos z \sin y \cos x & \cos z \cos y \sin x & -\sin z \sin y \sin x \end{vmatrix}$$
$$= -\sin^3 x \sin^2 y \sin z$$

11. (1) $f_x(x,y) = 8xy + y^3$, $f_y(x,y) = 4x^2 + 3xy^2$ より
$$f_x(-1,1) = -7, \quad f_y(-1,1) = 1, \quad f(-1,1) = 3$$
よって求める接平面の方程式は
$$z = -7(x+1) + 1 \cdot (y-1) + 3$$
$$z = -7x + y - 5$$

(2) $f_x(x,y) = \dfrac{2y}{(x+y)^2}$, $f_y(x,y) = -\dfrac{2x}{(x+y)^2}$ より
$$f_x(1,1) = \frac{1}{2}, \quad f_y(1,1) = -\frac{1}{2}, \quad f(1,1) = 0$$
よって求める接平面の方程式は
$$z = \frac{1}{2}(x-1) - \frac{1}{2}(y-1) + 0$$
すなわち
$$x - y - 2z = 0$$

(3) $f_x(x,y) = e^x \sin y$, $f_y(x,y) = e^x \cos y$ より
$$f_x\left(0, \frac{\pi}{3}\right) = \frac{\sqrt{3}}{2}, \quad f_y\left(0, \frac{\pi}{3}\right) = \frac{1}{2}, \quad f\left(0, \frac{\pi}{3}\right) = \frac{\sqrt{3}}{2}$$
よって求める接平面の方程式は
$$z = \frac{\sqrt{3}}{2}(x - 0) + \frac{1}{2}\left(y - \frac{\pi}{3}\right) + \frac{\sqrt{3}}{2}$$
すなわち
$$z = \frac{\sqrt{3}}{2}x + \frac{1}{2}y + \frac{\sqrt{3}}{2} - \frac{\pi}{6}$$

(4) $f_x(x,y) = \dfrac{2x}{x^2+y^2}$, $f_y(x,y) = \dfrac{2y}{x^2+y^2}$ より
$$f_x(1,2) = \frac{2}{5}, \quad f_y(1,2) = \frac{4}{5}, \quad f(1,2) = \log 5$$
よって求める接平面の方程式は
$$z = \frac{2}{5}(x-1) + \frac{4}{5}(y-2) + \log 5$$
すなわち
$$z = \frac{2}{5}x + \frac{4}{5}y - 2 + \log 5$$

(5) $f_x(x,y) = \dfrac{-y}{x^2+y^2}$, $f_y(x,y) = \dfrac{x}{x^2+y^2}$ より

$$f_x(2,2) = -\dfrac{1}{4}, \quad f_y(2,2) = \dfrac{1}{4}, \quad f(2,2) = \dfrac{\pi}{4}$$

よって求める接平面の方程式は

$$z = -\dfrac{1}{4}(x-2) + \dfrac{1}{4}(y-2) + \dfrac{\pi}{4}$$

すなわち

$$x - y + 4z = \pi$$

12. (1) $f_x(x,y,z) = 2y - 3z$, $f_y(x,y,z) = 2x + 2z$, $f_z(x,y,z) = 2y - 3x$.
ゆえに, $f_x(1,2,3) = -5, f_y(1,2,3) = 8, f_z(1,2,3) = 1$. 接平面の方程式は

$$-5(x-1) + 8(y-2) + (z-3) = 0$$

ゆえに

$$-5x + 8y + z = 14$$

(2) $f_x(x_0, y_0, z_0) = 2px_0$, $f_y(x_0, y_0, z_0) = 2qy_0$, $f_z(x_0, y_0, z_0) = 2rz_0$.
接平面の方程式は

$$2px_0(x - x_0) + 2qy_0(y - y_0) + 2rz_0(z - z_0) = 0$$

ゆえに

$$px_0 x + qy_0 y + rz_0 z = 1$$

(3) $f_x(x,y,z) = \sin \pi x + \pi x \cos \pi x$, $f_y(x,y,z) = -(y+1)e^y$, $f_z(x,y,z) = -\log(e+z) - \dfrac{z}{e+z}$ より

$$f_x(1,0,0) = -\pi, \quad f_y(1,0,0) = -1, \quad f_z(1,0,0) = -1$$

$$\therefore \ -\pi(x-1) - y - z = 0$$

$$\therefore \ \pi(x-1) + y + z = 0$$

(4) $f_x(x,y,z) = -\sin z$, $f_y(x,y,z) = -1$, $f_z(x,y,z) = 1 - x\cos z$

$$\therefore \ \left(-\sin\dfrac{\pi}{2}\right)\left(x - \dfrac{\pi}{4}\right) + (-1)\left(y - \dfrac{\pi}{4}\right) + \left(1 - \dfrac{\pi}{4}\cos\dfrac{\pi}{2}\right)\left(z - \dfrac{\pi}{2}\right) = 0$$

$$-\left(x - \dfrac{\pi}{4}\right) - \left(y - \dfrac{\pi}{4}\right) + \left(z - \dfrac{\pi}{2}\right) = 0$$

$$\therefore \ x + y - z = 0$$

B の解答

1. (1) $(x,y) \neq (0,0)$ のとき

$$|f(x,y)| \leq \dfrac{x^2}{x^2+y^2}|x-y| \leq \dfrac{x^2}{x^2+y^2}(|x|+|y|)$$

$$\leq |x| + |y| \to 0 \quad ((x,y) \to (0,0) \text{ のとき})$$

よって $\lim_{(x,y)\to(0,0)} f(x,y) = 0 = f(0,0)$ となり，$f(x,y)$ は $(0,0)$ で連続である．

(2)
$$f(x,0) = \begin{cases} x & (x \neq 0 \text{ のとき}) \\ 0 & (x = 0 \text{ のとき}) \end{cases} \quad \text{より} \quad f_x(0,0) = 1$$

$$f(0,y) = \begin{cases} 0 & (y \neq 0 \text{ のとき}) \\ 0 & (y = 0 \text{ のとき}) \end{cases} \quad \text{より} \quad f_y(0,0) = 0$$

(3) $(h,k) \neq (0,0)$ のとき
$$\varepsilon(h,k) = f(h,k) - f(0,0) - f_x(0,0)h - f_y(0,0)k$$
$$= \frac{h^2(h-k)}{h^2+k^2} - h = -\frac{hk(h+k)}{h^2+k^2}$$

より
$$\frac{\varepsilon(h,k)}{\sqrt{h^2+k^2}} = -\frac{hk(h+k)}{(h^2+k^2)^{\frac{3}{2}}}.$$

直線 $h = k$ に沿って $(h,k) \to (0,0)$ とすれば

$$\lim_{\substack{k=h \\ h\to 0}} \frac{\varepsilon(h,k)}{\sqrt{h^2+k^2}} = -\lim_{h\to 0} \frac{2h^3}{(2h^2)^{\frac{3}{2}}}$$
$$= -\lim_{h\to 0} \frac{1}{\sqrt{2}} \left(\frac{h}{|h|}\right)^3.$$

$\lim_{h\to 0} \frac{h}{|h|}$ は存在しないから $\lim_{(h,k)\to(0,0)} \frac{\varepsilon(h,k)}{\sqrt{h^2+k^2}}$ も存在しない．よって $f(x,y)$ は $(0,0)$ で全微分可能ではない．

2. $z = f(x,y)$, $x = r\cos\theta$, $y = r\sin\theta$ の合成関数が r だけの関数である必要十分条件は $z_\theta = 0$ であるから

$$z_\theta = f_x \frac{\partial x}{\partial \theta} + f_y \frac{\partial y}{\partial \theta}$$
$$= -f_x \cdot r\sin\theta + f_y \cdot r\cos\theta = 0$$
$$\therefore \; -yf_x + xf_y = 0$$

3. $x^2 + 2y = e^u + u$ より $u_x = \dfrac{2x}{e^u + 1}$, $u_y = \dfrac{2}{e^u + 1}$, $xy = e^v + v$ より $v_x = \dfrac{y}{e^v + 1}$, $v_y = \dfrac{x}{e^v + 1}$. よって

$$z_x = \frac{2}{u+2v}\left(\frac{x}{e^u+1} + \frac{y}{e^v+1}\right), \quad z_y = \frac{2}{u+2v}\left(\frac{1}{e^u+1} + \frac{x}{e^v+1}\right)$$

4.
$$f'(x) = \frac{dy}{dx} = \frac{\dfrac{dy}{d\theta}}{\dfrac{dx}{d\theta}} = \frac{r'\sin\theta + r\cos\theta}{r'\cos\theta - r\sin\theta} \quad \left(r' = \frac{dr}{d\theta}\right)$$

5. $x = r\cos\theta,\ y = r\sin\theta$ とすると $u = \dfrac{2r}{1-r^2}\cos\theta,\ v = \dfrac{2r}{1-r^2}\sin\theta$.

$\rho = \dfrac{2r}{1-r^2}$ とおくと $r = \dfrac{\sqrt{1+\rho^2}-1}{\rho}$ であるから

$$x = \frac{\sqrt{1+\rho^2}-1}{\rho}\cos\theta = \frac{\sqrt{1+\rho^2}-1}{\rho^2}\rho\cos\theta = \frac{\sqrt{1+u^2+v^2}-1}{u^2+v^2}u$$

同様に
$$y = \frac{\sqrt{1+u^2+v^2}-1}{u^2+v^2}v$$

6. 点 (a,b,c) における接平面の方程式は

$$\frac{2}{3}a^{-\frac{1}{3}}(x-a) + \frac{2}{3}b^{-\frac{1}{3}}(y-b) + \frac{2}{3}c^{-\frac{1}{3}}(z-c) = 0$$

より $\dfrac{x}{a^{\frac{1}{3}}} + \dfrac{y}{b^{\frac{1}{3}}} + \dfrac{z}{c^{\frac{1}{3}}} = 1$ であるから座標軸との交点は $A(a^{\frac{1}{3}},0,0),\ B(0,b^{\frac{1}{3}},0)$, $C(0,0,c^{\frac{1}{3}})$ である. 従って

$$\triangle ABC = \frac{1}{2}\sqrt{AC^2 \cdot BC^2 - (\overrightarrow{AC}\cdot\overrightarrow{BC})^2} = \frac{1}{2}\sqrt{(a^{\frac{2}{3}}+c^{\frac{2}{3}})(b^{\frac{2}{3}}+c^{\frac{2}{3}}) - c^{\frac{4}{3}}}.$$

ここで $u = a^{\frac{2}{3}},\ v = b^{\frac{2}{3}},\ w = c^{\frac{2}{3}}$ とおくと $\triangle ABC = \dfrac{1}{2}\sqrt{uv+vw+wu}$ であるから, $F(u,v,w) = uv+vw+wu$ の $u+v+w = 1,\ u,v,w > 0$ での最大値を求めればよい.

$1 = (u+v+w)^2 = u^2+v^2+w^2 + 2(uv+vw+wu)$ で, $u^2+v^2+w^2$ の $u+v+w=1$ 上の最小値は原点と平面 $u+v+w=1$ の距離の平方 $\left(=\dfrac{1}{3}\right)$ ゆえ $uv+vw+wu$ の最大値は $\dfrac{1}{3}$. 従って面積の最大値は $\dfrac{1}{2\sqrt{3}}$.

7. 点 (a,b,c) (ただし $\sqrt{a}+\sqrt{b}+\sqrt{c} = 1,\ a,b,c > 0$) における接平面の方程式は

$$\frac{1}{2\sqrt{a}}(x-a) + \frac{1}{2\sqrt{b}}(x-b) + \frac{1}{2\sqrt{c}}(x-c) = 0$$

すなわち
$$\frac{x}{\sqrt{a}} + \frac{y}{\sqrt{b}} + \frac{z}{\sqrt{c}} = 1$$

$A(\sqrt{a},0,0),\ B(0,\sqrt{b},0),\ C(0,0,\sqrt{c})$ を頂点とする三角形の面積は
$$\frac{1}{2}\sqrt{ab+bc+ca}$$

従って $x+y+z = 1,\ x,y,z > 0$ における $f(x,y,z) = x^2y^2+y^2z^2+z^2x^2$ の最大値を求めればよい.

最大値が存在すれば極大値でもあるから
$$0 = \frac{\partial}{\partial x}f(x,y,\,1-x-y) = 2x(y^2+z^2) - 2z(x^2+y^2),$$
$$0 = \frac{\partial}{\partial y}f(x,y,\,1-x-y) = 2y(x^2+z^2) - 2z(x^2+y^2)$$
これより
$$0 = x(y^2+z^2) - y(x^2+z^2) = (x-y)(z^2-xy) \quad \cdots\cdots \quad ①$$
$$0 = x(y^2+z^2) - z(x^2+y^2) = (x-z)(y^2-zx) \quad \cdots\cdots \quad ②$$
$x \neq y$ ならば $x \neq z$ だから (①で $x = z$ とすると $(x-y)^2 = 0$), $z^2 = xy$ かつ $y^2 = zx$. 従って $z^3 = xyz = y^3$ となり $z = y$. 再び①に代入して $x = y$ となり矛盾. よって $x = y = z = \dfrac{1}{3}$, すなわち最大値があれば $f\left(\dfrac{1}{3}, \dfrac{1}{3}, \dfrac{1}{3}\right) = \dfrac{1}{27}$.

一方 $f(x,y,0) = x^2y^2$ の $x+y=1$, $x,y > 0$ での最大値は $x = y = \dfrac{1}{2}$ のとき $f\left(\dfrac{1}{2}, \dfrac{1}{2}, 0\right) = \dfrac{1}{16} > \dfrac{1}{27}$ であるから, $\left(\dfrac{1}{2}, \dfrac{1}{2}, 0\right)$ の十分近くに (x,y,z), $x+y+z = 1$, $x,y,z > 0$ をとったとき
$$f(x,y,z) > \frac{1}{27}$$
となるので最大値は存在しないことがわかる.

3.4 偏微分の応用

2 変数関数の極値

ε を十分小さな正の定数とする．関数 $f(x,y)$ が円の内部
$$\sqrt{(x-a)^2+(y-b)^2}<\varepsilon$$
の点 (a,b) と異なるすべての点 (x,y) に対して
$$f(x,y)<f(a,b)$$
をみたすとき，$f(x,y)$ は点 (a,b) で極大になるといい，$f(a,b)$ を極大値という．また
$$f(x,y)>f(a,b)$$
をみたすとき，$f(x,y)$ は点 (a,b) で極小になるといい，$f(a,b)$ を極小値という．極大値と極小値を合わせて極値という．

定理 1. 領域 D で $f(x,y)$ が偏微分可能であるとき，極値をとる D 上の点 (a,b) においては $f_x(a,b)=f_y(a,b)=0$ が成り立つ．

定理 2. $f(x,y)$ は連続な 2 次偏導関数をもつとし，点 (a,b) において $f_x(a,b)=f_y(a,b)=0$ とする．

(1) $f_{xx}(a,b)f_{yy}(a,b)-f_{xy}(a,b)^2>0$ のとき

$\quad f_{xx}(a,b)>0$ ならば $f(x,y)$ は点 (a,b) で極小となり，

$\quad f_{xx}(a,b)<0$ ならば $f(x,y)$ は点 (a,b) で極大となる．

(2) $f_{xx}(a,b)f_{yy}(a,b)-f_{xy}(a,b)^2<0$ のとき $f(x,y)$ は点 (a,b) で極値をとらない．

注．定理 2 で $f_{xx}(a,b)f_{yy}(a,b)-f_{xy}(a,b)^2=0$ のときは，定理の方法だけでは極値の判定はできない．

陰関数定理

x の関数 $y=f(x)$ を x の陽関数とよび，これに対し $f(x,y)=0$ の形で x は y の関数または y は x の関数という関係を表すとき，これを陰関数という．

定理 3 (陰関数定理). $f(x,y)$ は連続な偏導関数をもち，$f(a,b)=0$ とする．

(1) $f_y(a,b)\neq 0$ ならば a を含むある開区間で定義された x の関数 $y=\varphi(x)$ が存在し，次の性質を満たす．

  (i) 点 (a,b) の近くでは関数 $y=\varphi(x)$ は $f(x,y)=0$ を満たす．すなわち $\varphi(a)=b, f(x,\varphi(x))=0$ が成り立つ．

  (ii) $\varphi(x)$ は微分可能で，$\varphi'(x)=-\dfrac{f_x(x,y)}{f_y(x,y)}$ （なお $\varphi'(x)$ は連続でもある．）

(2) $f_x(a,b)\neq 0$ のときも同様のことが言える．

定理 4 (ラグランジュ (Lagrange) の乗数法). $f(x,y), g(x,y)$ は連続な偏導

関数をもつ関数とする．条件 $g(x,y) = 0$ の下で，$f(x,y)$ は点 (a,b) で極値をもつとする．このとき
$$f_x(a,b) - \lambda g_x(a,b) = 0, \quad f_y(a,b) - \lambda g_y(a,b) = 0$$
をみたす λ が存在する．ただし $g_x(a,b) \neq 0$ または $g_y(a,b) \neq 0$ とする．

例題 1.

次の関数の極値を求めよ．
(1) $f(x,y) = x^2 - xy + y^2 + 3x - 3y$
(2) $f(x,y) = x^3 + 3xy + y^3$

解答 (1) $f_x(x,y) = 2x - y + 3$, $f_y(x,y) = -x + 2y - 3$, $f_{xy}(x,y) = -1$, $f_{xx}(x,y) = 2$, $f_{yy}(x,y) = 2$.

連立方程式 $\begin{cases} f_x(x,y) = 0 \\ f_y(x,y) = 0 \end{cases}$ の解は $(x,y) = (-1,1)$ である．点 $(-1,1)$ では $f_{xx}(-1,1)f_{yy}(-1,1) - f_{xy}(-1,1)^2 = 2 \cdot 2 - (-1)^2 = 3 > 0$, $f_{xx}(-1,1) = 2 > 0$ より極小であり，極小値は $f(-1,1) = -3$.

(2) $f_x(x,y) = 3x^2 + 3y$, $f_y(x,y) = 3x + 3y^2$, $f_{xy}(x,y) = 3$, $f_{xx}(x,y) = 6x$, $f_{yy}(x,y) = 6y$.

連立方程式 $\begin{cases} f_x(x,y) = 0 \\ f_y(x,y) = 0 \end{cases}$ の解は $(0,0), (-1,-1)$ である．点 $(0,0)$ では $f_{xx}(0,0)f_{yy}(0,0) - f_{xy}(0,0)^2 = -9 < 0$ より極値をとらない．点 $(-1,-1)$ では $f_{xx}(-1,-1)f_{yy}(-1,-1) - f_{xy}(-1,-1)^2 = 27 > 0$, $f_{xx}(-1,-1) = -6 < 0$ より極大であり，極大値は $f(-1,-1) = 1$.

例題 2.

$f(x,y) = y + 1 - xe^y = 0$ は点 $(0,-1)$ の近くで x の関数 $y = \varphi(x)$ を定めることを示せ．さらに曲線 $y = \varphi(x)$ 上の点 $(0,-1)$ における接線の方程式を求めよ．

解答 $f(0,-1) = 0$ である．$f_y(x,y) = 1 - xe^y$ で $f_y(0,-1) = 1 \neq 0$. よって点 $(0,-1)$ の近くで x の関数 $y = \varphi(x)$ が定まる．$\varphi'(0) = -\dfrac{f_x(0,-1)}{f_y(0,-1)} = -\dfrac{-e^{-1}}{1} = \dfrac{1}{e}$ より接線の方程式は $y + 1 = \dfrac{1}{e}x$.

―――――――――― A ――――――――――

1. 次の関数 $f(x,y)$ の極値を求めよ.

(1) $f(x,y) = 1 - 2x^2 - xy - y^2 + 2x - 3y$

(2) $f(x,y) = x^2 + 2xy - 3y^2 + 4x + 4y$

(3) $f(x,y) = x^3 + y^2 - 6xy$

(4) $f(x,y) = 2x^2 - 4xy + y^4$

(5) $f(x,y) = x^2 y + xy^2 + y$

(6) $f(x,y) = xy(x^2 + y^2 - 4)$

(7) $f(x,y) = (x - y^2)e^{-x}$

2. 次の方程式から定まる関数 $y = \varphi(x)$ について, $y' = \varphi'(x)$ を求めよ.

(1) $x^3 - 3xy + y^3 = 0$ (2) $xe^{-y} = y \sin x$ (3) $y = \arctan \dfrac{y}{x}$

3. 次の曲線 $f(x,y) = 0$ 上の点 P における接線の方程式を求めよ.

(1) $f(x,y) = x^3 + xy^2 + 4y - y^3 = 0$, P$(0, 2)$

(2) $f(x,y) = x^2 + y^2 - 1 = 0$, P$\left(\dfrac{3}{5}, \dfrac{4}{5}\right)$

(3) $f(x,y) = x^3 + 3xy + 4xy^2 + y^2 + y - 2 = 0$, P$(1, -1)$

(4) $f(x,y) = (x - y)^2 e^{x+y} - e^3 = 0$, P$(2, 1)$

4. $x^2 + xy + y^2 = 2$ から定まる関数 $y = \varphi(x)$ の極値を求めよ.

―――――――――― B ――――――――――

1. 次の関数 $f(x,y)$ の極値を求めよ.

(1) $f(x,y) = y^2 - x^4$

(2) $f(x,y) = x^4 + y^4 - 2x^2 + 4xy - 2y^2$

2. 与えられた条件の下で次の関数 $f(x,y)$ の極値をとる点の候補を求めよ.

(1) $f(x,y) = 2 - 4x - 2y$, 条件: $x^2 + y^2 = 1$

(2) $f(x,y) = x^2 - 4xy - 2y^2$, 条件: $x^2 + 4y^2 = 4$

(3) $f(x,y) = (x - 2y)^3$, 条件: $2y^2 - x^2 = 1$

A の解答

1. (1) $\begin{cases} f_x(x,y) = -4x - y + 2 = 0 \\ f_y(x,y) = -x - 2y - 3 = 0 \end{cases}$ を解くと $\begin{cases} x = 1 \\ y = -2 \end{cases}$. よって $(x, y) = (1, -2)$ が極値をとる点の候補である. $f_{xx}(x,y) = -4$, $f_{xy}(x,y) = -1$, $f_{yy}(x,y) = -2$ より

$$f_{xx}(1, -2) f_{yy}(1, -2) - f_{xy}(1, -2)^2 = (-4)(-2) - (-1)^2 = 7 > 0$$

なので, 確かに極値をとる. さらに $f_{xx}(1, -2) = -4 < 0$ だから, 極大値 $f(1, -2) = 5$ となる.

(2) $f_x(x,y) = 2x+2y+4$, $f_y(x,y) = 2x-6y+4$, $f_{xx}(x,y) = 2$, $f_{xy}(x,y) = 2$, $f_{yy}(x,y) = -6$.

連立方程式 $\begin{cases} 2x+2y+4 = 0 \\ 2x-6y+4 = 0 \end{cases}$ を解いて $(x,y) = (-2, 0)$.

$$f_{xx}(-2,0)f_{yy}(-2,0) - f_{xy}(-2,0)^2 = 2\cdot(-6) - 2^2 = -16 < 0$$

よって $(-2, 0)$ では $f(x,y)$ は極値をとらない. したがって $f(x,y)$ は極値をとらない.

(3) $f_x = 3x^2 - 6y$, $f_y = 2y - 6x$, $f_{xx} = 6x$, $f_{xy} = -6$, $f_{yy} = 2$.

連立方程式 $\begin{cases} 3x^2 - 6y = 0 & \cdots ① \\ 2y - 6x = 0 & \cdots ② \end{cases}$ において②より $y = 3x \cdots ③$. これを①に代入して $3x(x-6) = 0$, よって $x = 0, 6$. ③より $x = 0$ のとき $y = 0$, $x = 6$ のとき $y = 18$. よって $(x, y) = (0,0), (6, 18)$.

$(x,y) = (6, 18)$ のとき $f_{xx}f_{yy} - f_{xy}^2 = 36 \cdot 2 - (-6)^2 = 36 > 0$, $f_{xx} = 36 > 0$ だから, $f(x,y)$ は点 $(6, 18)$ で極小値 $f(6, 18) = -108$ をとる.

$(x, y) = (0, 0)$ のとき $f_{xx}f_{yy} - f_{xy}^2 = 0 \cdot 2 - (-6)^2 = -36 < 0$ だから, $(0, 0)$ では極値をとらない.

(4) $f_x = 4x - 4y$, $f_y = -4x + 4y^3$, $f_{xx} = 4$, $f_{xy} = -4$, $f_{yy} = 12y^2$.

$\begin{cases} 4x - 4y = 0 \\ -4x + 4y^3 = 0 \end{cases}$ を解くと $(x, y) = (0,0), (1,1), (-1,-1)$. $(x, y) = (0, 0)$ のとき $f_{xx}f_{yy} - f_{xy}^2 = -16 < 0$ だから, $(0, 0)$ では極値をとらない. $(x, y) = (1, 1), (-1, -1)$ のときは $f_{xx}f_{yy} - f_{xy}^2 = 32 > 0$, $f_{xx} = 4 > 0$ だから, $f(x,y)$ は 2 点 $(1,1), (-1,-1)$ で極小値 $f(1,1) = f(-1,-1) = -1$ をとる.

(5) $f_x = 2xy + y^2$, $f_y = x^2 + 2xy + 1$, $f_{xx} = 2y$, $f_{xy} = 2x+2y$, $f_{yy} = 2x$.

連立方程式 $\begin{cases} 2xy + y^2 = 0 & \cdots ① \\ x^2 + 2xy + 1 = 0 & \cdots ② \end{cases}$ において, ①より $y(2x+y) = 0$. よって $y = 0$ または $2x + y = 0$. $y = 0$ のとき②より $x^2 + 1 = 0$ となって, これをみたす実数 x はない. $2x + y = 0$ のとき $y = -2x \cdots ③$ を②に代入すると $1 - 3x^2 = 0$, よって $x = \pm\frac{1}{\sqrt{3}}$. ③から $x = \frac{1}{\sqrt{3}}$ のとき $y = -\frac{2}{\sqrt{3}}$, $x = -\frac{1}{\sqrt{3}}$ のとき $y = \frac{2}{\sqrt{3}}$ となって, $(x, y) = \left(\pm\frac{1}{\sqrt{3}}, \mp\frac{2}{\sqrt{3}}\right)$ (複号同順). ところが $(x, y) = \left(\frac{1}{\sqrt{3}}, -\frac{2}{\sqrt{3}}\right), \left(-\frac{1}{\sqrt{3}}, \frac{2}{\sqrt{3}}\right)$ のどちらのときも $f_{xx}f_{yy} - f_{xy}^2 = -4 < 0$ となるから, $f(x, y)$ は極値をとらない.

(6) $f_x = y(3x^2 + y^2 - 4)$, $f_y = x(x^2 + 3y^2 - 4) = 0$, $f_{xx} = 6xy$, $f_{xy} = 3x^2 + 3y^2 - 4$, $f_{yy} = 6xy$.

連立方程式 $\begin{cases} y(3x^2 + y^2 - 4) = 0 & \cdots ① \\ x(x^2 + 3y^2 - 4) = 0 & \cdots ② \end{cases}$ において，① より $y = 0$ または $3x^2 + y^2 - 4 = 0$．$y = 0$ のとき ② より $x(x^2 - 4) = 0$，これを解いて $x = 0, \pm 2$．$3x^2 + y^2 - 4 = 0$ のときは $y^2 = 4 - 3x^2$ $\cdots ③$ を ② に代入して $8x(1 - x^2) = 0$．これより $x = 0, \pm 1$．③ より $x = 0$ のとき $y = \pm 2$，$x = 1$ のとき $y = \pm 1$，$x = -1$ のとき $y = \mp 1$．以上により $(x, y) = (0, 0)$, $(\pm 2, 0)$, $(0, \pm 2)$, $(\pm 1, \pm 1)$, $(\pm 1, \mp 1)$ (複号同順) が極値をとる点の候補である．

$$f_{xx}(x, y) = 6xy, \quad f_{xy}(x, y) = 3x^2 + 3y^2 - 4, \quad f_{yy}(x, y) = 6xy$$

である．$(x, y) = (0, 0)$ のとき $f_{xx}f_{yy} - f_{xy}{}^2 = -16 < 0$
$(x, y) = (\pm 2, 0), (0, \pm 2)$ のとき $f_{xx}f_{yy} - f_{xy}{}^2 = -64 < 0$
$(x, y) = (\pm 1, \pm 1), (\pm 1, \mp 1)$ (複号同順) のとき $f_{xx}f_{yy} - f_{xy}{}^2 = 32 > 0$
よって $(0, 0), (\pm 2, 0), (0, \pm 2)$ では $f(x, y)$ は極値をとらない．$(x, y) = (\pm 1, \pm 1)$ (複号同順) では $f_{xx} = 6 > 0$ より極小で極小値は -2．$(x, y) = (\pm 1, \mp 1)$ (複号同順) では $f_{xx} = -6 < 0$ より極大で極大値は 2．

(7) $f_x = (-x + y^2 + 1)e^{-x}$, $f_y = -2ye^{-x}$, $f_{xx} = (x - y^2 - 2)e^{-x}$, $f_{xy} = 2ye^{-x}$, $f_{yy} = -2e^{-x}$．

連立方程式 $\begin{cases} (-x + y^2 + 1)e^{-x} = 0 \\ -2ye^{-x} = 0 \end{cases}$ の解は $(x, y) = (1, 0)$ である．$(x, y) = (1, 0)$ のとき，$f_{xx}f_{yy} - f_{xy}^2 = 2e^{-2} > 0$, $f_{xx} = -e^{-1} < 0$ であるから，$f(x, y)$ は極大値 $f(1, 0) = e^{-1}$ をもつ．

2. (1) $f(x, y) = x^3 - 3xy + y^3 = 0$ とおくと，$f_x = 3x^2 - 3y$, $f_y = -3x + 3y^2$ だから

$$y' = \varphi'(x) = -\frac{f_x(x, y)}{f_y(x, y)} = \frac{x^2 - y}{x - y^2}$$

別解 $x^3 - 3xy + y^3 = 0$ の両辺を x で微分すると，$3x^2 - 3y - 3xy' + 3y^2 y' = 0$．よって

$$y' = \frac{x^2 - y}{x - y^2}$$

(2) $y' = \dfrac{e^{-y} - y\cos x}{xe^{-y} + \sin x}$

(3) $f(x, y) = y - \arctan\dfrac{y}{x}$ とおくと

$$f_x = \frac{y}{x^2 + y^2}, \quad f_y = \frac{x^2 + y^2 - x}{x^2 + y^2}$$

よって
$$y' = -\frac{f_x}{f_y} = \frac{y}{x - x^2 - y^2}$$

3. (1) $f_x = 3x^2 + y^2$, $f_y = 2xy + 4 - 3y^2$.

$f_y(0,2) = -8 \neq 0$ だから $f(x,y) = 0$ は点 $(0,2)$ の近くで関数 $y = \varphi(x)$ を定める．求める接線の傾きは
$$\varphi'(0) = -\frac{f_x(0,2)}{f_y(0,2)} = \frac{1}{2}$$

よって，求める方程式は $y = \dfrac{1}{2}x + 2$.

別解 $x^3 + xy^2 + 4y - y^3 = 0$ の両辺を x で微分すると $3x^2 + y^2 + 2xyy' + 4y' - 3y^2y' = 0$. よって
$$y' = -\frac{3x^2 + y^2}{2xy - 3y^2 + 4}$$

右辺に $x = 0, y = 2$ を代入すると $y' = \dfrac{1}{2}$. よって，求める方程式は $y = \dfrac{1}{2}x + 2$.

(2) $f_x(x,y) = 2x$, $f_y(x,y) = 2y$. $f_x\left(\dfrac{3}{5}, \dfrac{4}{5}\right) = \dfrac{6}{5}$, $f_y\left(\dfrac{3}{5}, \dfrac{4}{5}\right) = \dfrac{8}{5}$ より求める接線の方程式は
$$\frac{6}{5}\left(x - \frac{3}{5}\right) + \frac{8}{5}\left(y - \frac{4}{5}\right) = 0$$
$$3x + 4y - 5 = 0$$

(3) $f_x = 3x^2 + 3y + 4y^2$, $f_y = 3x + 8xy + 2y + 1$. $f_x(1,-1) = 4$, $f_y(1,-1) = -6$ より求める方程式は
$$4(x-1) - 6(y+1) = 0$$
$$2x - 3y = 5$$

(4) $f_x(x,y) = 2(x-y)e^{x+y} + (x-y)^2 e^{x+y}$, $f_y(x,y) = -2(x-y)e^{x+y} + (x-y)^2 e^{x+y}$.
$f_x(2,1) = 3e^3$, $f_y(2,1) = -e^3$ より求める接線の方程式は
$$3e^3(x-2) - e^3(y-1) = 0$$
$$3x - y - 5 = 0$$

4. $f(x,y) = x^2 + xy + y^2 - 2$ とおくと $f_x = 2x + y$, $f_y = x + 2y$ だから
$$\varphi'(x) = -\frac{2x+y}{x+2y} \quad \cdots\cdots \quad (*)$$

$\varphi'(x) = 0$ とおくと $2x + y = 0$. よって $y = -2x$. これを $x^2 + xy + y^2 = 2$ に代入して $x = \pm\dfrac{\sqrt{6}}{3}$ を得る．この x が $y = \varphi(x)$ の極値を与える点の候補である．

$(*)$ の両辺を x で微分して
$$\varphi''(x) = -\frac{(2+y')(x+2y)-(2x+y)(1+2y')}{(x+2y)^2}$$
$$= -\frac{3y-3xy'}{(x+2y)^2}$$

$y=-2x$ を用いて $\varphi''\left(\dfrac{\sqrt{6}}{3}\right) = \dfrac{\sqrt{6}}{3} > 0$, $\varphi''\left(-\dfrac{\sqrt{6}}{3}\right) = -\dfrac{\sqrt{6}}{3} < 0$ だから $x=\dfrac{\sqrt{6}}{3}$ のとき極小値 $-\dfrac{2\sqrt{6}}{3}$, $x=-\dfrac{\sqrt{6}}{3}$ のとき極大値 $\dfrac{2\sqrt{6}}{3}$ をとる.

B の解答

1. (1) $f_x = -4x^3$, $f_y = 2y$, $f_{xx} = -12x^2$, $f_{xy} = 0$, $f_{yy} = 2$.
$$\begin{cases} -4x^3 = 0 \\ 2y = 0 \end{cases} \text{ を解いて } (x,y) = (0,0). \text{ このとき } f_{xx}f_{yy} - f_{xy}^2 = 0 \text{ となる.}$$
ここで $f(x,y)$ は x 軸すなわち $y=0$ では $f(x,0) = -x^4$ であり極大だが, y 軸すなわち $x=0$ では $f(0,y) = y^2$ であるので極小となる. よって $f(x,y)$ は $(0,0)$ において極値をとらない.

(2) $f_x = 4(x^3 - x + y)$, $f_y = 4(y^3 - y + x)$, $f_{xx} = 4(3x^2 - 1)$, $f_{xy} = 4$, $f_{yy} = 4(3y^2 - 1)$.

連立方程式 $\begin{cases} 4(x^3 - x + y) = 0 & \cdots ① \\ 4(y^3 - y + x) = 0 & \cdots ② \end{cases}$ において, ①と②の辺々を足し合わせると $4(x^3 + y^3) = 0$. これより $y^3 = -x^3$, $y = -x$ $\cdots$③. ③を①に代入して $4(x^3 - 2x) = 0$. これを解いて $x = 0, \pm\sqrt{2}$. ③ より $x=0$ のとき $y=0$, $x=\sqrt{2}$ のとき $y=-\sqrt{2}$, $x=-\sqrt{2}$ のとき $y=\sqrt{2}$. よって $(x,y) = (0,0)$, $(\pm\sqrt{2}, \mp\sqrt{2})$ (複号同順) が極値をとる点の候補である.
$$f_{xx}(x,y) = 4(3x^2 - 1), \quad f_{xy}(x,y) = 4, \quad f_{yy}(x,y) = 4(3y^2 - 1)$$
である. $(x,y) = (\pm\sqrt{2}, \mp\sqrt{2})$ (複号同順) のとき
$$f_{xx}f_{yy} - f_{xy}{}^2 = 20 \times 20 - 4^2 = 384 > 0$$
よって, $(x,y) = (\pm\sqrt{2}, \mp\sqrt{2})$ (複号同順) では $f_{xx} = 20 > 0$ より極小で極小値は -8. $(x,y) = (0,0)$ のとき $f_{xx}f_{yy} - f_{xy}{}^2 = (-4)^2 - 4^2 = 0$ となるが
$$f(x,x) = 2x^4 > 0 \quad (x \neq 0),$$
$$f(0,y) = y^2(y^2 - 2) < 0 \quad (y \text{ が十分小さいとき})$$
より, $(0,0)$ では $f(x,y)$ は極値をとらない.

2. (1) $g(x,y) = x^2 + y^2 - 1$ とおく.

連立方程式 $\begin{cases} f_x - \lambda g_x = -4 - 2\lambda x = 0 \\ f_y - \lambda g_y = -2 - 2\lambda y = 0 \\ g(x,y) = x^2 + y^2 - 1 = 0 \end{cases}$ を解くと $\lambda = \pm\sqrt{5}$ より

$$(x,y) = \left(\frac{2}{\sqrt{5}}, \frac{1}{\sqrt{5}}\right), \quad \left(-\frac{2}{\sqrt{5}}, -\frac{1}{\sqrt{5}}\right)$$

が極値をとる点の候補である.

$\left(\begin{array}{l}\text{注: 最大値 } f\left(-\dfrac{2}{\sqrt{5}}, -\dfrac{1}{\sqrt{5}}\right) = 2(1+\sqrt{5}),\ \text{最小値 } f\left(\dfrac{2}{\sqrt{5}}, \dfrac{1}{\sqrt{5}}\right) = \\ 2(1-\sqrt{5}) \text{ となることが証明される.}\end{array}\right)$

(2) $g(x,y) = x^2 + 4y^2 - 4$ とおく.

連立方程式 $\begin{cases} f_x - \lambda g_x = 2x - 4y - 2\lambda x = 0 \\ f_y - \lambda g_y = -4x - 4y - 8\lambda y = 0 \\ g(x,y) = x^2 + 4y^2 - 4 = 0 \end{cases}$ を解くと $\lambda = -1, \dfrac{3}{2}$ より

$$(x,y) = \left(\frac{2}{\sqrt{5}}, \frac{2}{\sqrt{5}}\right), \quad \left(-\frac{2}{\sqrt{5}}, -\frac{2}{\sqrt{5}}\right), \quad \left(\frac{4}{\sqrt{5}}, -\frac{1}{\sqrt{5}}\right), \quad \left(-\frac{4}{\sqrt{5}}, \frac{1}{\sqrt{5}}\right)$$

が候補の点である.

$\left(\begin{array}{l}\text{注: 最大値 } f\left(\dfrac{4}{\sqrt{5}}, -\dfrac{1}{\sqrt{5}}\right) = f\left(-\dfrac{4}{\sqrt{5}}, \dfrac{1}{\sqrt{5}}\right) = 6,\ \text{最小値} \\ f\left(\dfrac{2}{\sqrt{5}}, \dfrac{2}{\sqrt{5}}\right) = f\left(-\dfrac{2}{\sqrt{5}}, -\dfrac{2}{\sqrt{5}}\right) = -4 \text{ となることが証明さ} \\ \text{れる.}\end{array}\right)$

(3) $g(x,y) = 2y^2 - x^2 - 1$ とおく. 連立方程式

$$\begin{cases} f_x - \lambda g_x = 3(x-2y)^2 - \lambda(-2x) = 0 \\ f_y - \lambda g_y = -6(x-2y)^2 - \lambda(4y) = 0 \\ g(x,y) = 2y^2 - x^2 - 1 = 0 \end{cases}$$

を解くと

$$4\lambda(x-y) = 0$$

より $\lambda = 0$ または $x - y = 0$ である.

(i) $\lambda = 0$ のときは $x - 2y = 0$ となり, $2y^2 - x^2 - 1 = -2y^2 - 1 = 0$ を成立させる y の値は存在しない.

(ii) $x - y = 0$ のときは $2y^2 - x^2 - 1 = y^2 - 1 = 0$ より $x = y = \pm 1$ となる.

よって

$$(x,y) = (1,1), (-1,-1)$$

の 2 点が候補点である.

$\begin{pmatrix} 注: f(1,1) = -1, f(-1,-1) = 1 であるが, g(x,y) = 0 は y 軸と交 \\ わる双曲線であり, y > 0 においては f(1,1) = -1 が極大値, y < 0 \\ においては f(-1,-1) = 1 が極小値となっていることを双曲線を描 \\ いて確かめられる. \end{pmatrix}$

別解 次のような方法で極大極小を判定できる.

(1) $\qquad x^2 + y^2 = 1 \qquad \cdots\cdots$ ①

$\qquad z = f(x,y) = x^2 + y^2 - 4x - 2y + 1 \qquad \cdots\cdots$ ②

とおき, y, z を x の関数として ①, ② の両辺を微分すると

$\qquad 2x + 2yy' = 0 \qquad \cdots\cdots$ ③

$\qquad z' = 2x + 2yy' - 4 - 2y' \qquad \cdots\cdots$ ④

さらに ③, ④ の両辺を x で微分すると

$\qquad 2 + 2(y')^2 + 2yy'' = 0 \qquad \cdots\cdots$ ⑤

$\qquad z'' = 2 + 2(y')^2 + 2yy'' - 2y'' \qquad \cdots\cdots$ ⑥

を得る.

$z' = 0$ となるのは ④ より

$\qquad (2x - 4) + (2y - 2)y' = 0 \qquad \cdots\cdots$ ④′

③ × $(y-1)$ − ④′ × y より

$\qquad 2x(y-1) - (2x-4)y = 0$

$\qquad \therefore x = 2y$

これを ① に代入すると

$\qquad 5y^2 = 1$

$\qquad \therefore y = \pm \dfrac{1}{\sqrt{5}}$

$\qquad (x,y) = \left(\pm \dfrac{2}{\sqrt{5}}, \pm \dfrac{1}{\sqrt{5}}\right) \quad$（複号同順）.

これが極値をとる点の候補であり, ③, ⑤, ⑥ より次の表を得る.

(x,y)	y'	y''	z'	z''
$\left(\dfrac{2}{\sqrt{5}}, \dfrac{1}{\sqrt{5}}\right)$	-2	$-5\sqrt{5}$	0	$10\sqrt{5}$
$\left(-\dfrac{2}{\sqrt{5}}, -\dfrac{1}{\sqrt{5}}\right)$	-2	$5\sqrt{5}$	0	$-10\sqrt{5}$

表より,

$(x,y) = \left(\dfrac{2}{\sqrt{5}}, \dfrac{1}{\sqrt{5}}\right) \quad$ のとき $z'' > 0$ であるから, 極小値 $z = 2 - 2\sqrt{5}$

$(x, y) = \left(-\dfrac{2}{\sqrt{5}}, -\dfrac{1}{\sqrt{5}}\right)$ のとき $z'' < 0$ であるから，極大値 $z = 2 + 2\sqrt{5}$

(2) 　　　　　$x^2 + 4y^2 = 4$ 　　　　　…… ①

　　　　　$z = f(x, y) = x^2 - 4xy - 2y^2$ 　…… ②

とおき，y, z を x の関数として①, ②の両辺を微分すると

$$2x + 8yy' = 0 \quad \cdots\cdots \text{③}$$

$$z' = 2x - 4y - 4xy' - 4yy' \quad \cdots\cdots \text{④}$$

さらに③, ④の両辺を x で微分すると

$$2 + 8(y')^2 + 8yy'' = 0 \quad \cdots\cdots \text{⑤}$$

$$z'' = 2 - 8y' - 4xy'' - 4(y')^2 - 4yy' \quad \cdots\cdots \text{⑥}$$

を得る．

$z' = 0$ となるのは④より

$$(2x - 4y) - (4x + 4y)y' = 0 \quad \cdots\cdots \text{④}'$$

③ $\times (x+y) - $ ④$' \times 2y$ より

$$2x(x + y) + (2x - 4y) \cdot 2y = 0$$

$$2x^2 + 6xy - 8y^2 = 0$$

$$(x + 4y)(x - y) = 0$$

$$\therefore x = -4y \quad \text{または} \quad x = y$$

これらを①に代入すると

$$y^2 = \frac{1}{5} \quad \text{または} \quad y^2 = \frac{4}{5}$$

$$\therefore y = \pm\frac{1}{\sqrt{5}} \quad \text{または} \quad y = \pm\frac{2}{\sqrt{5}}$$

$(x, y) = \left(\mp\dfrac{4}{\sqrt{5}}, \pm\dfrac{1}{\sqrt{5}}\right), \left(\pm\dfrac{2}{\sqrt{5}}, \pm\dfrac{2}{\sqrt{5}}\right)$ （複号同順）．

これが極値をとる点の候補であり，③, ⑤, ⑥より次の表を得る．

(x, y)	y'	y''	z'	z''
$\left(-\dfrac{4}{\sqrt{5}}, \dfrac{1}{\sqrt{5}}\right)$	1	$-\dfrac{5}{4}\sqrt{5}$	0	-25
$\left(\dfrac{4}{\sqrt{5}}, -\dfrac{1}{\sqrt{5}}\right)$	1	$\dfrac{5}{4}\sqrt{5}$	0	-25
$\left(\dfrac{2}{\sqrt{5}}, \dfrac{2}{\sqrt{5}}\right)$	$-\dfrac{1}{4}$	$-\dfrac{5}{32}\sqrt{5}$	0	$\dfrac{25}{4}$
$\left(-\dfrac{2}{\sqrt{5}}, -\dfrac{2}{\sqrt{5}}\right)$	$-\dfrac{1}{4}$	$\dfrac{5}{32}\sqrt{5}$	0	$\dfrac{25}{5}$

表より，

$(x, y) = \left(-\dfrac{4}{\sqrt{5}}, \dfrac{1}{\sqrt{5}}\right), \left(\dfrac{4}{\sqrt{5}}, -\dfrac{1}{\sqrt{5}}\right)$ のとき $z'' < 0$ より極大値 $z = 6$

$(x, y) = \left(\dfrac{2}{\sqrt{5}}, \dfrac{2}{\sqrt{5}}\right), \left(-\dfrac{2}{\sqrt{5}}, -\dfrac{2}{\sqrt{5}}\right)$ のとき $z'' > 0$ より極小値 $z = -4$

(3)
$$2y^2 - x^2 = 1 \quad \cdots\cdots ①$$
$$z = f(x, y) = (x - 2y)^3 \quad \cdots\cdots ②$$

とおき，y, z を x の関数として ①, ② の両辺を微分すると

$$4yy' - 2x = 0 \quad \cdots\cdots ③$$
$$z' = 3(x - 2y)^2(1 - 2y') \quad \cdots\cdots ④$$

さらに，③, ④ の両辺を微分すると

$$4(y')^2 + 4yy'' - 2 = 0 \quad \cdots\cdots ⑤$$
$$z'' = 6(x - 2y)(1 - 2y')^2 + 3(x - 2y)^2(-2y'') \quad \cdots\cdots ⑥$$

を得る．

$z' = 0$ となるのは ④ より $x - 2y = 0$ または $y' = \dfrac{1}{2}$ のときである．

(i) $x - 2y = 0$ のときは $x = 2y$ を (1) に代入して

$$-2y^2 = 1$$

となるが，これをみたす実数 y は存在しない．

(ii) $y' = \dfrac{1}{2}$ のときは ③ より $2y - 2x = 0$ すなわち $y = x$ となるが，これを ① に代入すると

$$x^2 = 1$$

となり，$x = y = \pm 1$ を得る．

よって極値を取る点の候補は $(x, y) = (1, 1), (-1, -1)$ の 2 点であり，(3), (5), (6) より次の表を得る．

(x, y)	y'	y''	z'	z''
$(1, 1)$	$\dfrac{1}{2}$	$\dfrac{1}{4}$	0	$-\dfrac{3}{2}$
$(-1, -1)$	$\dfrac{1}{2}$	$-\dfrac{1}{4}$	0	$\dfrac{3}{2}$

表より

$(x, y) = (1, 1)$ のとき $z'' < 0$ より極大値 $z = -1$

$(x, y) = (-1, -1)$ のとき $z'' > 0$ より極小値 $z = 1$

第4章

多変数関数の重積分

4.1 重積分

累次積分

(1) 関数 $f(x,y)$ は領域 $D = \{(x,y) \mid a \leq x \leq b,\ \varphi_1(x) \leq y \leq \varphi_2(x)\}$ で連続であるとする．ただし，$\varphi_1(x),\ \varphi_2(x)$ は $[a,b]$ で連続な関数とする．このとき $\int_a^b \left\{ \int_{\varphi_1(x)}^{\varphi_2(x)} f(x,y) dy \right\} dx$ を累次積分という (図1)．

同様に領域 $D = \{(x,y) \mid c \leq y \leq d,\ \psi_1(y) \leq x \leq \psi_2(y)\}$ と表されるとき $\int_c^d \left\{ \int_{\psi_1(y)}^{\psi_2(y)} f(x,y) dx \right\} dy$ も累次積分という．

図 1

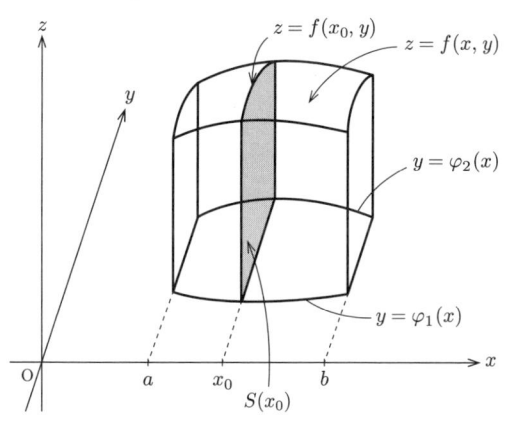

図1において，$f(x,y) \geq 0$ のとき，$x = x_0$ での切り口の面積は $S(x_0) = \int_{\varphi_1(x_0)}^{\varphi_2(x_0)} f(x_0, y) dy$ であり，切り口の面積 $S(x)$ を $a \leq x \leq b$ で積分したものが累次積分である．すなわち $\int_a^b S(x) dx = \int_a^b \left\{ \int_{\varphi_1(x)}^{\varphi_2(x)} f(x,y) dy \right\} dx$．

注． 累次積分 $\int_a^b \left\{ \int_{\varphi_1(x)}^{\varphi_2(x)} f(x,y) dy \right\} dx$ は $\int_a^b dx \int_{\varphi_1(x)}^{\varphi_2(x)} f(x,y) dy$ とも

かく. 累次積分 $\int_c^d \left\{ \int_{\psi_1(y)}^{\psi_2(y)} f(x,y) dx \right\} dy$ は $\int_c^d dy \int_{\psi_1(y)}^{\psi_2(y)} f(x,y) dx$ ともかく.

(2) 3 変数関数 $f(x,y,z)$ に対しても同様に定義される. たとえば, $f(x,y,z)$ が領域 $D = \{(x,y,z) \mid a \leq x \leq b, \varphi_1(x) \leq y \leq \varphi_2(x), \psi_1(x,y) \leq z \leq \psi_2(x,y)\}$ で連続であるとき $\int_a^b \left[\int_{\varphi_1(x)}^{\varphi_2(x)} \left\{ \int_{\psi_1(x,y)}^{\psi_2(x,y)} f(x,y,z) dz \right\} dy \right] dx$ を累次積分という.

積分順序の変更

関数 $f(x,y)$ は $D = \{(x,y) \mid a \leq x \leq b, \varphi_1(x) \leq y \leq \varphi_2(x)\}$ で連続であるとする. D が別の表示, たとえば $D = \{(x,y) \mid c \leq y \leq d, \psi_1(y) \leq x \leq \psi_2(y)\}$ であるとき累次積分の順序を変更できる. すなわち

$$\int_a^b \left\{ \int_{\varphi_1(x)}^{\varphi_2(x)} f(x,y) dy \right\} dx = \int_c^d \left\{ \int_{\psi_1(y)}^{\psi_2(y)} f(x,y) dx \right\} dy$$

重積分

(I) $f(x,y)$ は長方形 $D = [a,b] \times [c,d]$ で定義された有界な関数であるとする. $[a,b]$ および $[c,d]$ にそれぞれ分点をとり, D を mn 個の小長方形に分割する. この分割を Δ とおく. すなわち

$$\Delta : \begin{array}{l} a = x_0 < x_1 < x_2 < \cdots < x_{i-1} < x_i < \cdots < x_m = b \\ c = y_0 < y_1 < y_2 < \cdots < y_{j-1} < y_j < \cdots < y_n = d \end{array}$$

$i = 1, 2, \cdots, m, \ j = 1, 2, \cdots, n$ に対して $D_{ij} = [x_{i-1}, x_i] \times [y_{j-1}, y_j]$ とおき,

$$|\Delta| = \text{Max}\{\Delta x_i, \Delta y_j \mid 1 \leq i \leq m, 1 \leq j \leq n\},$$

ただし $\Delta x_i = x_i - x_{i-1}, \ \Delta y_j = y_j - y_{j-1}$

とおく. 各 D_{ij} から代表点 $\text{P}_{ij}(\alpha_{ij}, \beta_{ij})$ をとり, 和 (リーマン和という)

$$\sum_{i=1}^m \sum_{j=1}^n f(\alpha_{ij}, \beta_{ij}) \Delta x_i \Delta y_j$$

をつくる. 分割 Δ を限りなく細かくしていくとき (すなわち $|\Delta| \to 0$ とするとき), 和 $\sum_{i=1}^m \sum_{j=1}^n f(\alpha_{ij}, \beta_{ij}) \Delta x_i \Delta y_j$ が分割の仕方や代表点 P_{ij} のとり方に関わらず一定の値 I に収束するならば, $f(x,y)$ は D で積分可能であるという. $f(x,y)$ が D で積分可能なとき, この極限値 I を $f(x,y)$ の D にお

ける重積分といい，$\iint_D f(x,y)\,dxdy$ と表す:

$$\iint_D f(x,y)\,dxdy = \lim_{|\Delta|\to 0}\sum_{i=1}^{m}\sum_{j=1}^{n} f(\alpha_{ij},\beta_{ij})\Delta x_i \Delta y_j = I.$$

長方形 D で連続な関数は D で積分可能である．

(II) $f(x,y)$ は平面の有界な領域 D で定義された有界な関数とする．D を含む長方形 I をとり，I 上の関数 $\widetilde{f}(x,y)$ を次のように定義する．

$$\widetilde{f}(x,y) = \begin{cases} f(x,y) & ((x,y)\in D) \\ 0 & ((x,y)\notin D) \end{cases}$$

重積分 $\iint_I \widetilde{f}(x,y)dxdy$ が存在するとき，$f(x,y)$ は D で積分可能であるといい，$f(x,y)$ の D における重積分を

$$\iint_D f(x,y)dxdy = \iint_I \widetilde{f}(x,y)dxdy$$

と書き表す．なお，$f(x,y)$ が D で積分可能であるとき，これは I のとり方によらない．特に $f(x,y)=1$ のとき，$\iint_D dxdy$ を D の面積という．

(III) $f(x,y,z)$ は空間の有界な領域 D で定義された有界な関数とする．この場合も同様に重積分 (または 3 重積分) $\iiint_D f(x,y,z)dxdydz$ が定義される．特に $f(x,y,z)=1$ のとき，$\iiint_D dxdydz$ を D の体積という．

重積分と累次積分

(1) $D = \{(x,y) \mid a\leq x\leq b,\ \varphi_1(x)\leq y\leq \varphi_2(x)\}$ (ただし $\varphi_1(x), \varphi_2(x)$ は $[a,b]$ で連続であるとする) において $f(x,y)$ が連続なとき

$$\iint_D f(x,y)dxdy = \int_a^b \left\{\int_{\varphi_1(x)}^{\varphi_2(x)} f(x,y)dy\right\}dx$$

が成り立つ．

(2) $D = \{(x,y) \mid c\leq y\leq d,\ \psi_1(y)\leq x\leq \psi_2(y)\}$ (ただし $\psi_1(y), \psi_2(y)$ は $[c,d]$ で連続であるとする) において $f(x,y)$ が連続なとき

$$\iint_D f(x,y)dxdy = \int_c^d \left\{\int_{\psi_1(y)}^{\psi_2(y)} f(x,y)dx\right\}dy$$

が成り立つ．

(3) 空間の領域 $D = \{(x,y,z) \mid a \leq x \leq b,\ \varphi_1(x) \leq y \leq \varphi_2(x),\ \psi_1(x,y) \leq z \leq \psi_2(x,y)\}$ において $f(x,y)$ が連続なとき

$$\iiint_D f(x,y,z)dxdydz = \int_a^b \left[\int_{\varphi_1(x)}^{\varphi_2(x)} \left\{\int_{\psi_1(x,y)}^{\psi_2(x,y)} f(x,y,z)dz\right\} dy\right] dx$$

が成り立つ.

注. 一変数関数とは異なり,多変数関数に対しては不定積分や原始関数は定義されない.

例題 1.

次の累次積分を計算せよ.

$$\int_a^b \left\{\int_0^x xy\,dy\right\} dx \quad (0 < a < b)$$

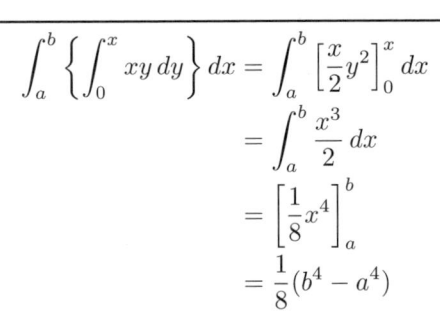

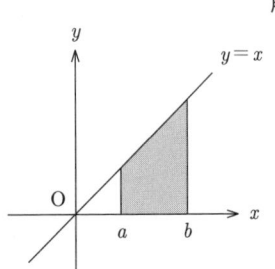

解答
$$\int_a^b \left\{\int_0^x xy\,dy\right\} dx = \int_a^b \left[\frac{x}{2}y^2\right]_0^x dx$$
$$= \int_a^b \frac{x^3}{2} dx$$
$$= \left[\frac{1}{8}x^4\right]_a^b$$
$$= \frac{1}{8}(b^4 - a^4)$$

例題 2.

累次積分

$$\int_{-2}^1 \left\{\int_x^{-x^2+2} f(x,y)\,dy\right\} dx$$

の順序を変更せよ.

解答 積分領域 D は与式より $D = \{(x,y) \mid -2 \leq x \leq 1,\ x \leq y \leq -x^2 + 2\}$ と表示されるから,xy 平面に図示すると図のようになる. よって
$$D_1 = \{(x,y) \mid 1 \leq y \leq 2,\ -\sqrt{2-y} \leq x \leq \sqrt{2-y}\},$$
$$D_2 = \{(x,y) \mid -2 \leq y \leq 1,\ -\sqrt{2-y} \leq x \leq y\}$$

とおくと $D = D_1 \cup D_2$ だから

$$\int_{-2}^1 \left\{\int_x^{-x^2+2} f(x,y)\,dy\right\} dx = \iint_D f(x,y)\,dxdy$$
$$= \iint_{D_1} f(x,y)\,dxdy + \iint_{D_2} f(x,y)\,dxdy$$
$$= \int_1^2 \left\{\int_{-\sqrt{2-y}}^{\sqrt{2-y}} f(x,y)\,dx\right\} dy + \int_{-2}^1 \left\{\int_{-\sqrt{2-y}}^y f(x,y)\,dx\right\} dy.$$

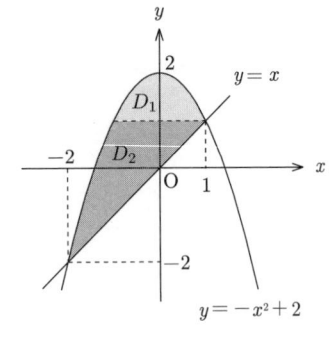

例題 3.

次の重積分の値を求めよ.

(1) $\iint_D e^{y^2} dxdy$, $D = \{(x,y) \mid 0 \leq y \leq 1, 0 \leq x \leq y\}$

(2) $\iint_D x^2 y\, dxdy$, $D = \{(x,y) \mid x^2 + y^2 \leq a^2, y \geq 0\}$ $(a > 0)$

解答 (1)
$$\iint_D e^{y^2} dxdy = \int_0^1 \left\{ \int_0^y e^{y^2} dx \right\} dy$$
$$= \int_0^1 y e^{y^2} dy = \left[\frac{1}{2} e^{y^2} \right]_0^1$$
$$= \frac{1}{2}(e-1)$$

(2)
$$\iint_D x^2 y\, dxdy = \int_{-a}^a \left\{ \int_0^{\sqrt{a^2-x^2}} x^2 y\, dy \right\} dx$$
$$= \frac{1}{2} \int_{-a}^a \left[x^2 y^2 \right]_0^{\sqrt{a^2-x^2}} dx$$
$$= \frac{1}{2} \int_{-a}^a x^2 (a^2 - x^2) dx$$
$$= \frac{1}{2} \left[\frac{a^2}{3} x^3 - \frac{1}{5} x^5 \right]_{-a}^a = \frac{2}{15} a^5$$

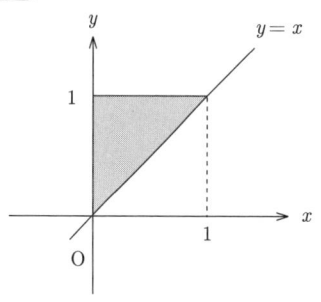

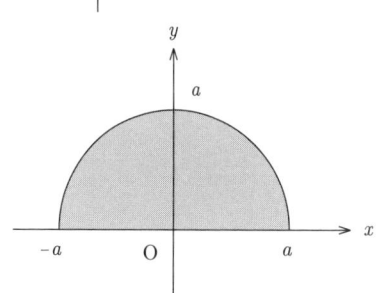

---— **A** ——

1. 次のように図示された領域 D を $D = \{(x,y) | a \leq x \leq b, \varphi_1(x) \leq y \leq \varphi_2(x)\}$ または $D = \{(x,y) | c \leq y \leq d, \psi_1(y) \leq x \leq \psi_2(y)\}$ の形で表せ.

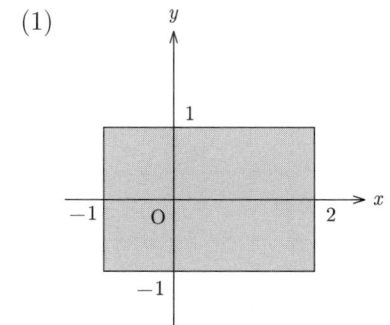

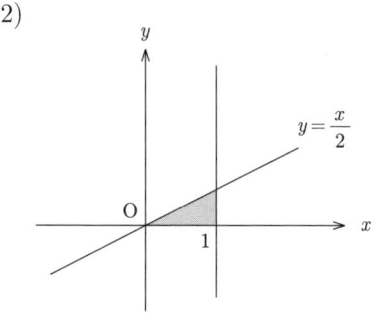

(1)   (2)

(3) (4) 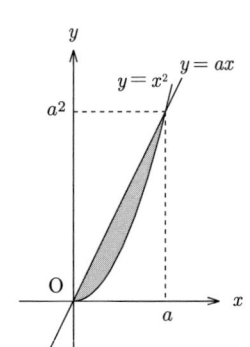 (5) 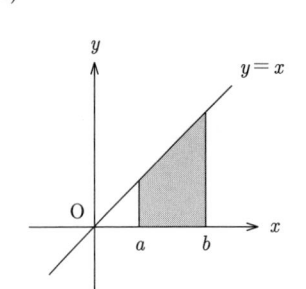 (6) 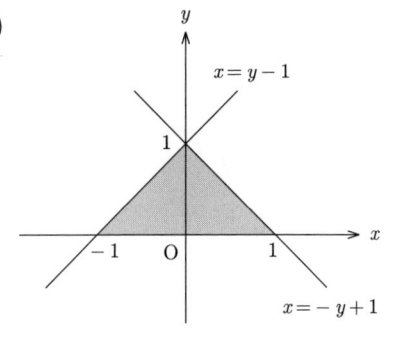 (7) 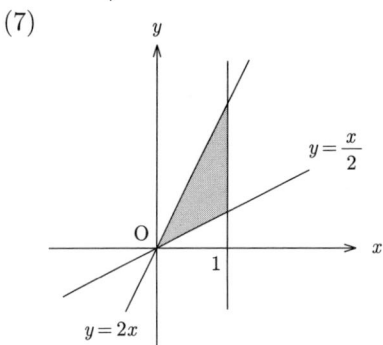 (8) 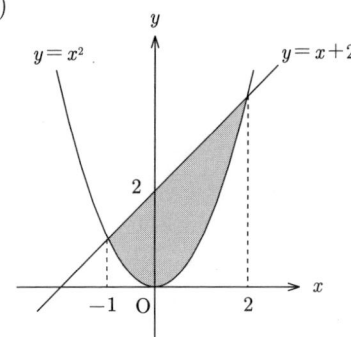 (9) 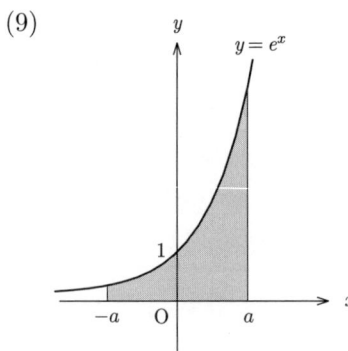 (10)

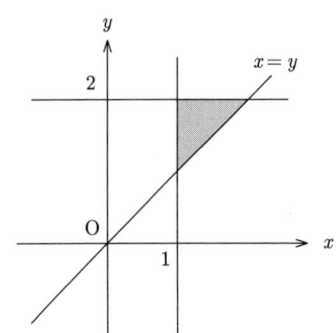

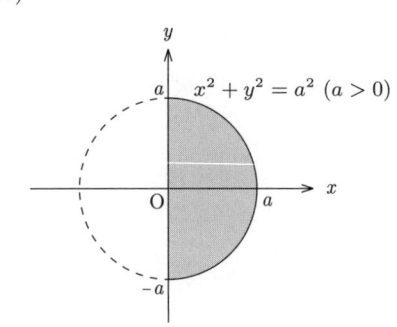

2. 次の累次積分を計算せよ.

(1) $\int_0^1 \left\{ \int_0^2 (x+y)^2 dy \right\} dx$ (2) $\int_2^3 \left\{ \int_1^y \dfrac{y}{x^2} dx \right\} dy$

(3) $\int_0^1 \left\{ \int_0^x e^{x+y} dy \right\} dx$ (4) $\int_0^1 \left\{ \int_y^1 \frac{1}{1+y^2} dx \right\} dy$

(5) $\int_0^1 \left[\int_0^x \left\{ \int_0^{x+y} xy dz \right\} dy \right] dx$

(6) $\int_0^1 \left[\int_0^1 \left\{ \int_0^1 \sqrt{x+y+z} \, dz \right\} dy \right] dx$

3. $D = \{(x,y) \mid a \leq x \leq b, \varphi_1(x) \leq y \leq \varphi_2(x)\}$ (ただし $\varphi_1(x)$, $\varphi_2(x)$ は $[a,b]$ で連続) のとき, D の面積 $\iint_D dxdy$ は

$$\iint_D dxdy = \int_a^b \{\varphi_2(x) - \varphi_1(x)\} dx$$

となることを示せ.

4. xyz 空間における立体 $D = \{(x,y,z) \mid a \leq x \leq b, \varphi_1(x) \leq y \leq \varphi_2(x), \psi_1(x,y) \leq z \leq \psi_2(x,y)\}$ の体積 $\iiint_D dxdydz$ は

$$\iiint_D dxdydz = \int_a^b \left[\int_{\varphi_1(x)}^{\varphi_2(x)} \{\psi_2(x,y) - \psi_1(x,y)\} dy \right] dx$$

で与えられることを示せ.

5. 次の重積分を計算せよ.

(1) $\iint_D (2x-y) dxdy$, $D = \{(x,y) \mid 0 \leq x \leq 1, 1 \leq y \leq 2\}$

(2) $\iint_D dxdy$, $D = \{(x,y) \mid 0 \leq x \leq 1, 0 \leq y \leq x^2\}$

(3) $\iint_D \sin(x+y) dxdy$, D は 3 点 $(0,0)$, $\left(0, \frac{\pi}{2}\right)$, $\left(\frac{\pi}{2}, \frac{\pi}{2}\right)$ を頂点とする三角形の周および内部

(4) $\iint_D y \, dxdy$, $D = \{(x,y) \mid y \leq x-2, x+y^2 \leq 4\}$

(5) $\iint_D (2y-x) dxdy$, D は曲線 $y = x^2$ と直線 $y = x+2$ で囲まれた部分

(6) $\iint_D e^{x^2} dxdy$, $D = \{(x,y) \mid 0 \leq y \leq x \leq 1\}$

6. 次の累次積分の順序を変更せよ. ただし, $a > 0$ とする.

(1) $\int_1^2 \left\{ \int_1^y f(x,y) dx \right\} dy$ (2) $\int_0^a \left\{ \int_{x^2}^{ax} f(x,y) dy \right\} dx$

(3) $\int_0^1 \left\{ \int_{y-1}^{-y+1} f(x,y) dx \right\} dy$ (4) $\int_0^1 \left\{ \int_{\frac{x}{2}}^{2x} f(x,y) dy \right\} dx$

(5) $\int_{-1}^2 \left\{ \int_{x^2}^{x+2} f(x,y) dy \right\} dx$ (6) $\int_{-a}^a \left\{ \int_0^{e^x} f(x,y) dy \right\} dx$

7. 次の累次積分の値を求めよ．

(1) $\displaystyle\int_{-2}^{0}\left\{\int_{-\frac{y}{2}}^{1}\log(1+x^2)\,dx\right\}dy$ \quad (2) $\displaystyle\int_{0}^{1}\left\{\int_{0}^{\sqrt{1-x^2}}(1-y^2)^{\frac{3}{2}}dy\right\}dx$

(3) $\displaystyle\int_{0}^{\pi^{\frac{1}{3}}}\left\{\int_{x}^{\pi^{\frac{1}{3}}}x\sin(y^3)dy\right\}dx$

──────────── B ────────────

1. 次の極限を求めよ．

(1) $\displaystyle\lim_{n\to\infty}\frac{1}{n^{2+a+b}}\sum_{\substack{j+k\le n\\ j\ge 1,\ k\ge 1}}j^a k^b$ \quad (a,b は自然数)

(2) $\displaystyle\lim_{n\to\infty}\sum_{\substack{i,j\ge 0\\ i^2+j^2\le n^2}}\frac{1}{n^2+i^2+j^2}$

A の解答

1. (1) $D=\{(x,y)\,|\,-1\le x\le 2,\ -1\le y\le 1\}$

(2) $D=\{(x,y)\,|\,0\le x\le 1,\ 0\le y\le \dfrac{x}{2}\}$ または
$D=\{(x,y)\,|\,0\le y\le \dfrac{1}{2},\ 2y\le x\le 1\}$

(3) $D=\{(x,y)\,|\,1\le x\le 2,\ x\le y\le 2\}$ または
$D=\{(x,y)\,|\,1\le y\le 2,\ 1\le x\le y\}$

(4) $D=\{(x,y)\,|\,0\le x\le a,\ x^2\le y\le ax\}$ または
$D=\{(x,y)\,|\,0\le y\le a^2,\ \dfrac{y}{a}\le x\le \sqrt{y}\}$

(5) $D=\{(x,y)\,|\,a\le x\le b,\ 0\le y\le x\}$
（なお，$D=\{(x,y)\,|\,0\le y\le a,\ a\le x\le b\}\cup\{(x,y)\,|\,a\le y\le b,\ y\le x\le b\}$ とも表せる．）

(6) $D=\{(x,y)\,|\,0\le y\le 1,\ y-1\le x\le -y+1\}$
（なお，$D=\{(x,y)\,|\,-1\le x\le 0,\ 0\le y\le 1+x\}\cup\{(x,y)\,|\,0\le x\le 1,\ 0\le y\le 1-x\}$ とも表せる．）

(7) $D=\{(x,y)\,|\,0\le x\le 1,\ \dfrac{x}{2}\le y\le 2x\}$
（なお，$D=\{(x,y)\,|\,0\le y\le \dfrac{1}{2},\ \dfrac{y}{2}\le x\le 2y\}\cup\{(x,y)\,|\,\dfrac{1}{2}\le y\le 2,\ \dfrac{y}{2}\le x\le 1\}$ とも表せる．）

(8) $D=\{(x,y)\,|\,-1\le x\le 2,\ x^2\le y\le x+2\}$
（なお，$D=\{(x,y)\,|\,0\le y\le 1,\ -\sqrt{y}\le x\le \sqrt{y}\}\cup\{(x,y)\,|\,1\le y\le 4,\ y-2\le x\le \sqrt{y}\}$ とも表せる．）

(9) $D=\{(x,y)\,|\,-a\le x\le a,\ 0\le y\le e^x\}$

(なお, $D = \{(x,y) \,|\, 0 \leq y \leq e^{-a}, \ -a \leq x \leq a\} \cup \{(x,y) \,|\, e^{-a} \leq y \leq e^a,$
$\log y \leq x \leq a\}$ とも表せる.)

(10) $D = \{(x,y) \,|\, 0 \leq x \leq a, \ -\sqrt{a^2-x^2} \leq y \leq \sqrt{a^2-x^2}\}$ または
$\quad\quad D = \{(x,y) \,|\, -a \leq y \leq a, \ 0 \leq x \leq \sqrt{a^2-y^2}\}$

2.(1) $\displaystyle\int_0^1 \left\{\int_0^2 (x+y)^2 dy\right\} dx = \int_0^1 \left[\frac{1}{3}(x+y)^3\right]_0^2 dx$
$$= \frac{1}{3}\int_0^1 \left\{(x+2)^3 - x^3\right\} dx = \frac{16}{3}$$

(2) $\displaystyle\int_2^3 \left\{\int_1^y \frac{y}{x^2} dx\right\} dy = \int_2^3 \left[-\frac{y}{x}\right]_1^y dy = \int_2^3 (-1+y) dy = \frac{3}{2}$

(3) $\displaystyle\int_0^1 \left\{\int_0^x e^{x+y} dy\right\} dx = \int_0^1 \left[e^{x+y}\right]_0^x dx = \int_0^1 \left(e^{2x} - e^x\right) dx$
$$= \frac{1}{2}e^2 - e + \frac{1}{2}$$

(4) $\displaystyle\int_0^1 \left\{\int_y^1 \frac{1}{1+y^2} dx\right\} dy = \int_0^1 \frac{1-y}{1+y^2} dy = \frac{\pi}{4} - \frac{1}{2}\log 2$

(5) $\displaystyle\int_0^1 \left[\int_0^x \left\{\int_0^{x+y} xy\,dz\right\} dy\right] dx = \int_0^1 \left\{\int_0^x xy(x+y) dy\right\} dx$
$$= \int_0^1 \frac{5}{6} x^4 dx = \frac{1}{6}$$

(6) $\displaystyle\int_0^1 \left[\int_0^1 \left\{\int_0^1 \sqrt{x+y+z}\,dz\right\} dy\right] dx$
$$= \int_0^1 \left[\int_0^1 \frac{2}{3}\left\{(x+y+1)^{\frac{3}{2}} - (x+y)^{\frac{3}{2}}\right\} dy\right] dx$$
$$= \frac{4}{15}\int_0^1 \left\{(x+2)^{\frac{5}{2}} - 2(x+1)^{\frac{5}{2}} + x^{\frac{5}{2}}\right\} dx$$
$$= \frac{8}{105}(27\sqrt{3} - 24\sqrt{2} + 3) = \frac{8}{35}(9\sqrt{3} - 8\sqrt{2} + 1)$$

3. $\displaystyle\iint_D dxdy = \int_a^b \left\{\int_{\varphi_1(x)}^{\varphi_2(x)} dy\right\} dx = \int_a^b \{\varphi_2(x) - \varphi_1(x)\} dx$

4. $\displaystyle\iiint_D dxdydz = \int_a^b \left[\int_{\varphi_1(x)}^{\varphi_2(x)} \left\{\int_{\psi_1(x,y)}^{\psi_2(x,y)} dz\right\} dy\right] dx$
$$= \int_a^b \left[\int_{\varphi_1(x)}^{\varphi_2(x)} \{\psi_2(x,y) - \psi_1(x,y)\} dy\right] dx$$

5.(1) $\displaystyle\iint_D (2x-y)dxdy = \int_0^1 \left\{\int_1^2 (2x-y) dy\right\} dx$
$$= \int_0^1 \left(2x - \frac{3}{2}\right) dx = -\frac{1}{2}$$

(2) $\displaystyle\iint_D dxdy = \int_0^1 \left\{\int_0^{x^2} dy\right\} dx = \int_0^1 x^2 dx = \frac{1}{3}$

(3) $D = \{(x,y) \mid 0 \leq x \leq \frac{\pi}{2}, x \leq y \leq \frac{\pi}{2}\}$ と表せるから

$$\iint_D \sin(x+y)dxdy = \int_0^{\frac{\pi}{2}} \left\{\int_x^{\frac{\pi}{2}} \sin(x+y)dy\right\}dx$$

$$= \int_0^{\frac{\pi}{2}} [-\cos(x+y)]_x^{\frac{\pi}{2}} dx = \int_0^{\frac{\pi}{2}} \left\{\cos 2x - \cos(x+\frac{\pi}{2})\right\}dx$$

$$= \int_0^{\frac{\pi}{2}} (\cos 2x + \sin x)dx = 1$$

(4) $D = \{(x,y) \mid -2 \leq y \leq 1, y+2 \leq x \leq 4-y^2\}$ と表せるから

$$\iint_D y\,dxdy = \int_{-2}^{1} \left\{\int_{y+2}^{4-y^2} y\,dx\right\}dy = \int_{-2}^{1} y(2-y-y^2)dy = -\frac{9}{4}$$

(5) $D = \{(x,y) \mid -1 \leq x \leq 2, x^2 \leq y \leq x+2\}$ と表せるから

$$\iint_D (2y-x)dxdy = \int_{-1}^{2} \left\{\int_{x^2}^{x+2} (2y-x)dy\right\}dx$$

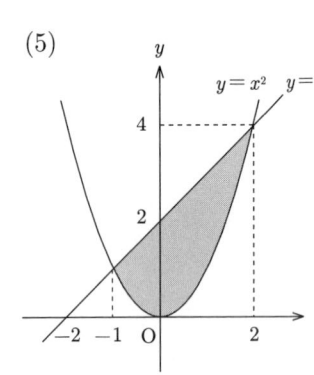

$$= \int_{-1}^{2} [y^2 - xy]_{x^2}^{x+2} dx = \int_{-1}^{2} \{(x+2)^2 - x(x+2) - x^4 + x^3\}dx$$

$$= \left[\frac{1}{3}(x+2)^3 - \frac{x^3}{3} - x^2 - \frac{x^5}{5} + \frac{x^4}{4}\right]_{-1}^{2} = \frac{243}{20}$$

(6) $D = \{(x,y) \mid 0 \leq x \leq 1, 0 \leq y \leq x\}$ と考えれば

$$\iint_D e^{x^2} dxdy = \int_0^1 \left\{\int_0^x e^{x^2} dy\right\}dx$$

$$= \int_0^1 xe^{x^2} dx = \frac{1}{2}(e-1)$$

$$\left(\begin{array}{c} D = \{(x,y) \mid 0 \leq y \leq 1, y \leq x \leq 1\} \text{ とおくと} \\ \iint_D e^{x^2} dxdy = \int_0^1 \left\{\int_y^1 e^{x^2} dx\right\}dy \\ \text{となるが, 積分} \int_y^1 e^{x^2} dx \text{ は計算できない.} \end{array}\right)$$

6.(1) $\int_1^2 \left\{\int_1^y f(x,y)dx\right\}dy = \int_1^2 \left\{\int_x^2 f(x,y)dy\right\}dx$

(2) $\int_0^a \left\{\int_{x^2}^{ax} f(x,y)dy\right\}dx = \int_0^{a^2} \left\{\int_{\frac{y}{a}}^{\sqrt{y}} f(x,y)dx\right\}dy$

(3) $\int_0^1 \left\{\int_{y-1}^{-y+1} f(x,y)dx\right\}dy = \int_{-1}^{0} \left\{\int_0^{x+1} f(x,y)dy\right\}dx$
$$+ \int_0^1 \left\{\int_0^{-x+1} f(x,y)dy\right\}dx$$

(4) $\int_0^1 \left\{\int_{\frac{x}{2}}^{2x} f(x,y)dy\right\}dx = \int_0^{\frac{1}{2}} \left\{\int_{\frac{y}{2}}^{2y} f(x,y)dx\right\}dy$
$$+ \int_{\frac{1}{2}}^{2} \left\{\int_{\frac{y}{2}}^{1} f(x,y)dx\right\}dy$$

4.1 重積分　161

(5) $\int_{-1}^{2}\left\{\int_{x^2}^{x+2} f(x,y)dy\right\}dx = \int_{0}^{1}\left\{\int_{-\sqrt{y}}^{\sqrt{y}} f(x,y)dx\right\}dy$
$\qquad + \int_{1}^{4}\left\{\int_{y-2}^{\sqrt{y}} f(x,y)dx\right\}dy$

(6) $\int_{-a}^{a}\left\{\int_{0}^{e^x} f(x,y)dy\right\}dx = \int_{0}^{e^{-a}}\left\{\int_{-a}^{a} f(x,y)dx\right\}dy$
$\qquad + \int_{e^{-a}}^{e^a}\left\{\int_{\log y}^{a} f(x,y)dx\right\}dy$

(1)

(2)

(3)

(4)

(5)

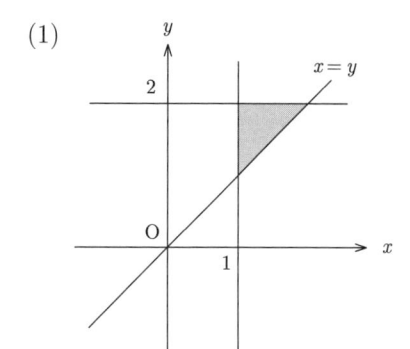

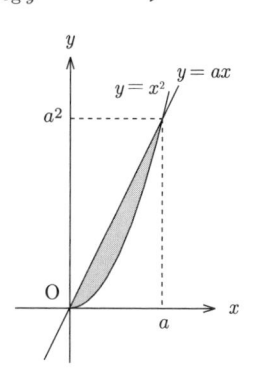

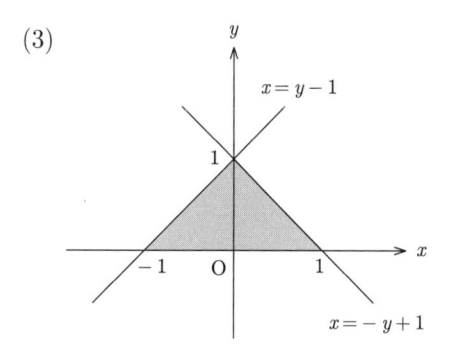

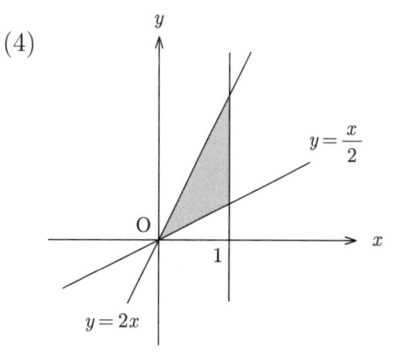

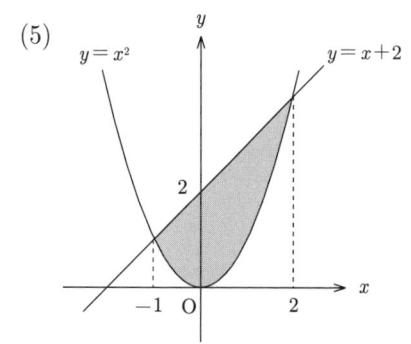

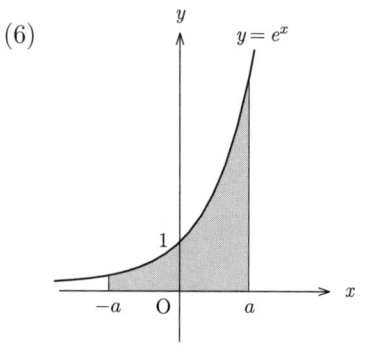

(6)

(1)

(2)

(3)

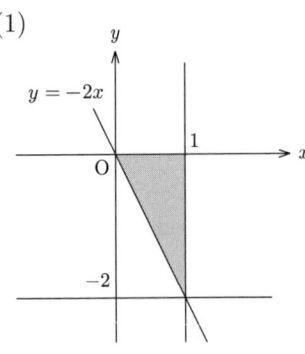

7. 積分の順序を変更して求める.

(1) $\displaystyle\int_{-2}^{0}\left\{\int_{-\frac{y}{2}}^{1}\log(1+x^2)\,dx\right\}dy = \int_{0}^{1}\left\{\int_{-2x}^{0}\log(1+x^2)\,dy\right\}dx$

$\displaystyle\qquad\qquad\qquad\qquad\qquad\qquad = \int_{0}^{1}2x\log(1+x^2)\,dx$

$t=1+x^2$ とおき,置換積分により

$$\int_{1}^{2}\log t\,dt = [t\log t - t]_{1}^{2} = 2\log 2 - 1$$

(2) $\displaystyle\int_{0}^{1}\left\{\int_{0}^{\sqrt{1-x^2}}(1-y^2)^{\frac{3}{2}}dy\right\}dx = \int_{0}^{1}\left\{\int_{0}^{\sqrt{1-y^2}}(1-y^2)^{\frac{3}{2}}dx\right\}dy$

$\displaystyle\qquad = \int_{0}^{1}(1-y^2)^2 dy = \int_{0}^{1}(1-2y^2+y^4)dy = \frac{8}{15}$

(3) $\displaystyle\int_{0}^{\pi^{\frac{1}{3}}}\left\{\int_{x}^{\pi^{\frac{1}{3}}}x\sin(y^3)dy\right\}dx = \int_{0}^{\pi^{\frac{1}{3}}}\left\{\int_{0}^{y}x\sin(y^3)dx\right\}dy$

$\displaystyle\qquad = \frac{1}{2}\int_{0}^{\pi^{\frac{1}{3}}}y^2\sin(y^3)dy = \frac{1}{6}\int_{0}^{\pi}\sin t\,dt = \frac{1}{3}\quad (t=y^3\text{ とおいた})$

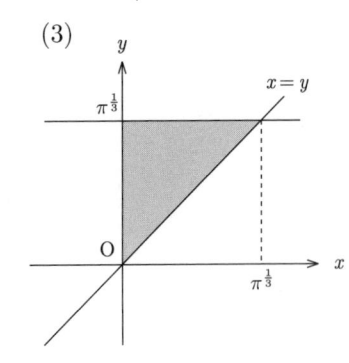

B の解答

1.(1) $\displaystyle\lim_{n\to\infty}\frac{1}{n^{2+a+b}}\sum_{\substack{j+k\leq n\\ j\geq 1,\,k\geq 1}}j^a k^b = \iint_{\substack{x+y\leq 1\\ x,y\geq 0}}x^a y^b dxdy$

$\displaystyle\qquad = \int_{0}^{1}\left\{\int_{0}^{1-x}x^a y^b dy\right\}dx$

$\displaystyle\qquad = \int_{0}^{1}x^a\frac{(1-x)^{b+1}}{b+1}dx$

$\displaystyle\qquad = \frac{a}{(b+1)(b+2)}\int_{0}^{1}x^{a-1}(1-x)^{b+2}dx$

$\displaystyle\qquad = \cdots = \frac{a(a-1)\cdots 1}{(b+1)(b+2)\cdots(b+a+1)}\int_{0}^{1}(1-x)^{b+a+1}dx$

$\displaystyle\qquad = \frac{a!b!}{(a+b+2)!}$

注:a,b が正の実数の場合は $\dfrac{\Gamma(a+1)\Gamma(b+1)}{\Gamma(a+b+3)}$

(2) $\displaystyle\lim_{n\to\infty}\sum_{\substack{i,j\geq 0\\ i^2+j^2\leq n^2}}\frac{1}{n^2+i^2+j^2} = \iint_{\substack{x^2+y^2\leq 1\\ x,y\geq 0}}\frac{dxdy}{1+x^2+y^2} = \int_{0}^{\frac{\pi}{2}}\left\{\int_{0}^{1}\frac{rdr}{1+r^2}\right\}d\theta$

$\displaystyle\qquad = \frac{\pi}{4}\log 2\quad (\text{極座標変換を用いた})$

4.2 重積分の変数変換

2 重積分の変数変換

uv 平面上の有界閉領域 E が 2 つの関数 $x = x(u,v), y = y(u,v)$（連続な偏導関数をもつとする）により xy 平面上の有界閉領域 D と 1 対 1 に対応しているとする．ただし，D, E の境界は有限個の点を除いてなめらかな曲線であるものとし，ヤコビアン

$$\frac{\partial(x,y)}{\partial(u,v)} = \begin{vmatrix} \dfrac{\partial x}{\partial u} & \dfrac{\partial x}{\partial v} \\ \dfrac{\partial y}{\partial u} & \dfrac{\partial y}{\partial v} \end{vmatrix}$$

は E の各点で 0 にならないものとする．このとき領域 D で連続な関数 $f(x,y)$ に対して

$$\iint_D f(x,y)\,dxdy = \iint_E f(x(u,v), y(u,v)) \left| \frac{\partial(x,y)}{\partial(u,v)} \right| dudv$$

と 2 重積分を変数変換することができる．なお，E の境界のような一部の限られた範囲で (より正確には E に含まれる面積 0 の集合において) 1 対 1 の対応をせずヤコビアンが 0 になってしまう場合であっても，このような 2 重積分の変数変換が可能であることが知られている．例えば，後述の極座標変換による 2 重積分の変数変換も可能である．

例 1. 線形変換 $\begin{cases} x = au + bv \\ y = cu + dv \end{cases}$ $(ad - bc \neq 0)$ のヤコビアンは

$$\frac{\partial(x,y)}{\partial(u,v)} = \begin{vmatrix} a & b \\ c & d \end{vmatrix} = ad - bc$$

となるので

$$\iint_D f(x,y)dxdy = \iint_E f(au+bv,\ cu+dv)|ad-bc|dudv$$

例 2. 極座標変換 $\begin{cases} x = r\cos\theta \\ y = r\sin\theta \end{cases}$ （図1）のヤコビアンは

$$\frac{\partial(x,y)}{\partial(r,\theta)} = \begin{vmatrix} \dfrac{\partial x}{\partial r} & \dfrac{\partial x}{\partial \theta} \\ \dfrac{\partial y}{\partial r} & \dfrac{\partial y}{\partial \theta} \end{vmatrix} = \begin{vmatrix} \cos\theta & -r\sin\theta \\ \sin\theta & r\cos\theta \end{vmatrix} = r\ (\geq 0)$$

となるので

$$\iint_D f(x,y)dxdy = \iint_E f(r\cos\theta,\ r\sin\theta)rdrd\theta$$

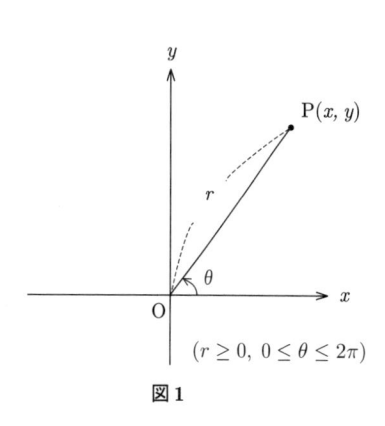

$(r \geq 0,\ 0 \leq \theta \leq 2\pi)$

図1

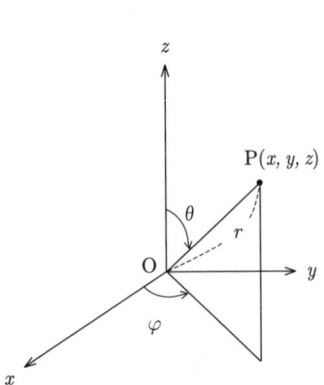

3重積分の変数変換

変数変換 $\begin{cases} x = \varphi(u,v,w) \\ y = \psi(u,v,w) \\ z = \eta(u,v,w) \end{cases}$ によって xyz 空間の領域 D と uvw 空間の領域 E が対応するとき

$$\iiint_D f(x,y,z)\,dxdydz = \iiint_E f(\varphi(u,v,w),\,\psi(u,v,w),\,\eta(u,v,w)) \left|\frac{\partial(x,y,z)}{\partial(u,v,w)}\right| dudvdw$$

と3重積分を変数変換することができる．ここで

$$\frac{\partial(x,y,z)}{\partial(u,v,w)} = \begin{vmatrix} \dfrac{\partial x}{\partial u} & \dfrac{\partial x}{\partial v} & \dfrac{\partial x}{\partial w} \\ \dfrac{\partial y}{\partial u} & \dfrac{\partial y}{\partial v} & \dfrac{\partial y}{\partial w} \\ \dfrac{\partial z}{\partial u} & \dfrac{\partial z}{\partial v} & \dfrac{\partial z}{\partial w} \end{vmatrix}$$

は変数変換のヤコビアンである．

例3． 円柱座標変換 $\begin{cases} x = r\cos\theta \\ y = r\sin\theta \\ z = z \end{cases}$ （図2）のヤコビアンは

$$\frac{\partial(x,y,z)}{\partial(r,\theta,z)} = \begin{vmatrix} \cos\theta & -r\sin\theta & 0 \\ \sin\theta & r\cos\theta & 0 \\ 0 & 0 & 1 \end{vmatrix} = r\ (\geq 0)$$

となり

$$\iiint_D f(x,y,z)\,dxdydz = \iiint_E f(r\cos\theta,\,r\sin\theta,\,z)\,r\,drd\theta dz$$

$(r \geq 0,\ 0 \leq \theta \leq 2\pi)$

図2

例4． 極座標変換 $\begin{cases} x = r\sin\theta\cos\varphi \\ y = r\sin\theta\sin\varphi \\ z = r\cos\theta \end{cases}$ （図3）のヤコビアンは

$$\frac{\partial(x,y,z)}{\partial(r,\theta,\varphi)} = \begin{vmatrix} \dfrac{\partial x}{\partial r} & \dfrac{\partial x}{\partial \theta} & \dfrac{\partial x}{\partial \varphi} \\ \dfrac{\partial y}{\partial r} & \dfrac{\partial y}{\partial \theta} & \dfrac{\partial y}{\partial \varphi} \\ \dfrac{\partial z}{\partial r} & \dfrac{\partial z}{\partial \theta} & \dfrac{\partial z}{\partial \varphi} \end{vmatrix} = r^2\sin\theta\ (\geq 0)$$

となり

$(r \geq 0,\ 0 \leq \theta \leq \pi,\ 0 \leq \varphi \leq 2\pi)$

図3

$$\iiint_D f(x,y,z)dxdydz$$
$$= \iiint_E f(r\sin\theta\cos\varphi,\ r\sin\theta\sin\varphi,\ r\cos\theta)r^2\sin\theta dr d\theta d\varphi$$

例題 1.

次の重積分の値を求めよ.
(1) $\iint_D \dfrac{1}{1+x^2+y^2}dxdy,\ D=\{(x,y)\mid x^2+y^2\leq 1\}$
(2) $\iint_D (x+y)dxdy,\ D=\{(x,y)\mid 0\leq x+y\leq 6,\ 0\leq x-y\leq 1\}$

解答 (1) $x=r\cos\theta,\ y=r\sin\theta$ とおけば D は $E=\{(r,\theta)\mid 0\leq r\leq 1,\ 0\leq \theta\leq 2\pi\}$ に対応する. よって

$$\iint_D \frac{1}{1+x^2+y^2}dxdy = \iint_E \frac{r}{1+r^2}drd\theta = \int_0^{2\pi}\left\{\int_0^1 \frac{r}{1+r^2}dr\right\}d\theta$$
$$= \pi\log 2$$

(2) $u=x+y,\ v=x-y$ (よって $x=\dfrac{u+v}{2},\ y=\dfrac{u-v}{2}$) とおけば D は $E=\{(u,v)\mid 0\leq u\leq 6,\ 0\leq v\leq 1\}$ に対応し $\dfrac{\partial(x,y)}{\partial(u,v)}=\begin{vmatrix}\frac{1}{2}&\frac{1}{2}\\\frac{1}{2}&-\frac{1}{2}\end{vmatrix}=-\dfrac{1}{2}$.
従って

$$\iint_D (x+y)dxdy = \iint_E \frac{u}{2}dudv = \int_0^1\left\{\int_0^6 \frac{u}{2}du\right\}dv = 9$$

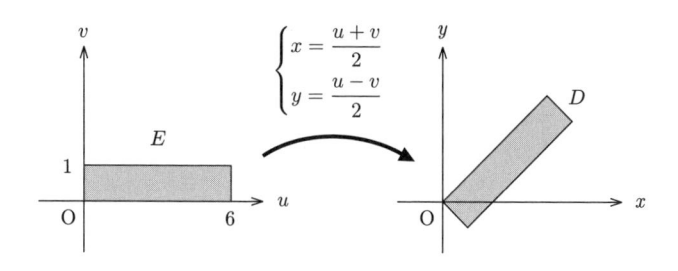

例題 2.

次を示せ.
(1) $\iint_{D(a)} e^{-(x^2+y^2)}dxdy = \dfrac{\pi}{4}(1-e^{-a^2})$
ただし $D(a) = \{(x,y) \mid x^2+y^2 \le a^2,\ x \ge 0,\ y \ge 0\}$ $(a > 0)$
(2) $\displaystyle\int_0^\infty e^{-x^2}dx = \dfrac{\sqrt{\pi}}{2}$

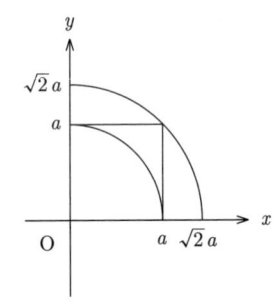

解答 (1) $x = r\cos\theta,\ y = r\sin\theta$ とおけば
$$\iint_{D(a)} e^{-(x^2+y^2)}dxdy = \left(\int_0^{\frac{\pi}{2}} d\theta\right)\left(\int_0^a e^{-r^2}r\,dr\right)$$
$$= \frac{\pi}{2}\left(-\frac{1}{2}e^{-a^2} + \frac{1}{2}\right) = \frac{\pi}{4}(1-e^{-a^2})$$

(2) $S(a) = \{(x,y) \mid 0 \le x \le a,\ 0 \le y \le a\}$ とおくと (1) より $D(a) \subset S(a) \subset D(\sqrt{2}a)$ で

$$\lim_{a\to\infty}\iint_{D(a)} e^{-(x^2+y^2)}dxdy = \lim_{a\to\infty}\frac{\pi}{4}(1-e^{-a^2}) = \frac{\pi}{4}$$

$$\lim_{a\to\infty}\iint_{D(\sqrt{2}a)} e^{-(x^2+y^2)}dxdy = \lim_{a\to\infty}\frac{\pi}{4}(1-e^{-2a^2}) = \frac{\pi}{4}$$

ゆえにはさみ打ちの原理より

$$\frac{\pi}{4} = \lim_{a\to\infty}\iint_{D(a)} e^{-(x^2+y^2)}dxdy \le \lim_{a\to\infty}\iint_{S(a)} e^{-(x^2+y^2)}dxdy$$
$$\le \lim_{a\to\infty}\iint_{D(\sqrt{2}a)} e^{-(x^2+y^2)}dxdy = \frac{\pi}{4}$$

$$\therefore \lim_{a\to\infty}\iint_{S(a)} e^{-(x^2+y^2)}dxdy = \frac{\pi}{4}$$

ここで
$$\iint_{S(a)} e^{-(x^2+y^2)}dxdy = \left(\int_0^a e^{-x^2}dx\right)\left(\int_0^a e^{-y^2}dy\right) = \left(\int_0^a e^{-x^2}dx\right)^2$$
よって
$$\int_0^\infty e^{-x^2}dx = \lim_{a\to\infty}\int_0^a e^{-x^2}dx = \frac{\sqrt{\pi}}{2}$$

例題 3.

広義積分 $\displaystyle\int_{-\infty}^\infty \dfrac{e^{-x^2}}{1+e^x}dx$ の値を求めよ.

解答 $t = -x$ とおいて置換積分法を用いると
$$\int_{-\infty}^0 \frac{e^{-x^2}}{1+e^x}dx = \int_0^\infty \frac{e^{-x^2}}{1+e^{-x}}dx$$

だから
$$\int_{-\infty}^{\infty} \frac{e^{-x^2}}{1+e^x} dx = \int_0^{\infty} e^{-x^2}\left(\frac{1}{1+e^x} + \frac{1}{1+e^{-x}}\right) dx$$
$$= \int_0^{\infty} e^{-x^2} dx = \frac{\sqrt{\pi}}{2}$$

———————————— A ————————————

1. 次の重積分の値を求めよ．ただし $a > 0, b > 0$ とする．

(1) $\iint_D y\sqrt{x^2+y^2}\,dxdy$, $D = \{(x,y) \mid x^2+y^2 \leq 9, y \geq 0\}$

(2) $\iint_D \frac{1}{x^2+y^2}dxdy$, $D = \{(x,y) \mid a^2 \leq x^2+y^2 \leq b^2\}$ $(a < b)$

(3) $\iint_D \arctan\frac{y}{x}dxdy$, $D = \{(x,y) \mid 0 \leq y \leq x, 1 \leq x^2+y^2 \leq 4\}$

(4) $\iint_D x^2 dxdy$, $D = \{(x,y) \mid x^2+y^2 \leq x\}$

(5) $\iint_D (x^2+y^2)dxdy$, $D = \{(x,y) \mid \frac{x^2}{a^2} + \frac{y^2}{b^2} \leq 1\}$

(6) $\iint_D (x+y)\,dxdy$, $D = \{(x,y) \mid 0 \leq 2x-y \leq 3, -3 \leq x-2y \leq 0\}$

(7) $\iint_D \frac{\log(x+y+1)}{x+y+1}dxdy$, $D = \{(x,y) \mid 0 \leq y \leq x, 0 \leq x+y \leq 2\}$
(ヒント: $u = x+y+1, v = y$ とおいてみよ．)

(8) $\iint_D xy\,dx\,dy$, $D = \{(x,y) \mid x^2 - 2xy + 2y^2 \leq 4\}$

2. 極座標変換 $x = r\cos\theta, y = r\sin\theta$ によって xy 平面の領域 D と $r\theta$ 平面の領域 $E = \{(r,\theta) \mid \alpha \leq \theta \leq \beta, 0 \leq r \leq f(\theta)\}$ が対応しているとき，D の面積は $\iint_D dxdy = \frac{1}{2}\int_\alpha^\beta f(\theta)^2 d\theta$ で与えられることを示せ．

3. $\int_0^\infty e^{-x^2}dx = \frac{\sqrt{\pi}}{2}$ を用いて積分 $\int_0^\infty x^2 e^{-x^2}dx$ を求めよ．

———————————— B ————————————

1. 4 つの放物線 $x^2 = ay, x^2 = 2ay, y^2 = bx, y^2 = 2bx$ $(a,b > 0)$ の囲む部分を D とするとき，積分 $\iint_D xy\,dxdy$ を変換 $x^2 = uy, y^2 = vx$ $(u,v > 0)$ を行って求めよ．

2. $B(t) = \{(x,y) \mid x^2+y^2 \leq t^2, x \geq 0, y \geq 0\}$, $Q(t) = \{(x,y) \mid 0 \leq x \leq t, 0 \leq y \leq t\}$ とおく．

(1) $\displaystyle\lim_{t\to\infty} \frac{1}{\log t} \iint_{B(t)} \frac{dxdy}{1+x^2+y^2}$ を求めよ．

(2) $\displaystyle\lim_{t\to\infty} \frac{1}{\log t} \iint_{Q(t)} \frac{dxdy}{1+x^2+y^2}$ を求めよ．

3. 周が心臓形 $r = a(1+\cos\theta)$ $(a > 0)$ の形の薄板の全質量 M と重心 $(\bar{x}, \bar{y})$ を求めよ．ただし密度は極からの距離に比例するものとする．

A の解答

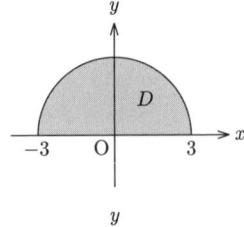

1. (1) $x = r\cos\theta, y = r\sin\theta$ とおけば, D は $E = \{(r,\theta) \mid 0 \le r \le 3, 0 \le \theta \le \pi\}$ に対応するから

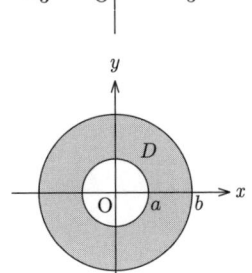

$$\iint_D y\sqrt{x^2+y^2}\,dxdy = \iint_E r^3 \sin\theta\,drd\theta$$
$$= \left(\int_0^3 r^3 dr\right)\left(\int_0^\pi \sin\theta d\theta\right) = \frac{81}{2}$$

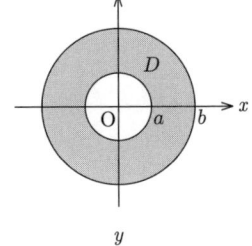

(2) $x = r\cos\theta, y = r\sin\theta$ とおくと

$$\iint_D \frac{1}{x^2+y^2}dxdy = \int_0^{2\pi}\left\{\int_a^b \frac{1}{r^2}rdr\right\}d\theta$$
$$= \left(\int_0^{2\pi} d\theta\right)\left(\int_a^b \frac{1}{r}dr\right) = 2\pi\log\frac{b}{a}$$

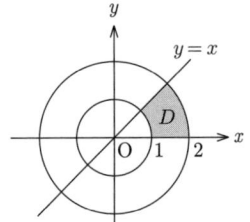

(3) $x = r\cos\theta, y = r\sin\theta$ とおけば

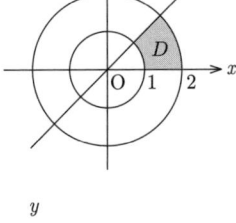

$$\iint_D \arctan\frac{y}{x}dxdy = \left(\int_1^2 rdr\right)\left(\int_0^{\frac{\pi}{4}} \theta d\theta\right) = \frac{3\pi^2}{64}$$

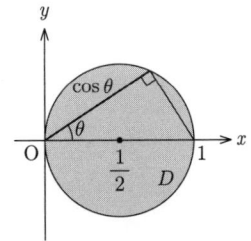

(4) $x = r\cos\theta, y = r\sin\theta$ とおけば, D は $E = \{(r,\theta) \mid -\frac{\pi}{2} \le \theta \le \frac{\pi}{2}, 0 \le r \le \cos\theta\}$ に対応する．よって

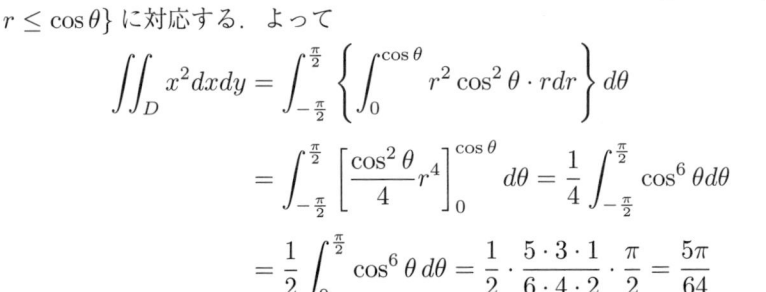

$$\iint_D x^2 dxdy = \int_{-\frac{\pi}{2}}^{\frac{\pi}{2}}\left\{\int_0^{\cos\theta} r^2\cos^2\theta \cdot r dr\right\}d\theta$$
$$= \int_{-\frac{\pi}{2}}^{\frac{\pi}{2}} \left[\frac{\cos^2\theta}{4}r^4\right]_0^{\cos\theta} d\theta = \frac{1}{4}\int_{-\frac{\pi}{2}}^{\frac{\pi}{2}} \cos^6\theta d\theta$$
$$= \frac{1}{2}\int_0^{\frac{\pi}{2}} \cos^6\theta\,d\theta = \frac{1}{2}\cdot\frac{5\cdot 3\cdot 1}{6\cdot 4\cdot 2}\cdot\frac{\pi}{2} = \frac{5\pi}{64}$$

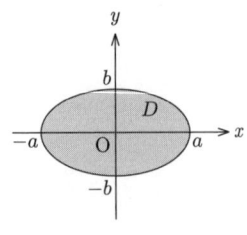

(5) $x = ar\cos\theta, y = br\sin\theta$ とおけば $\frac{\partial(x,y)}{\partial(r,\theta)} = abr$ だから

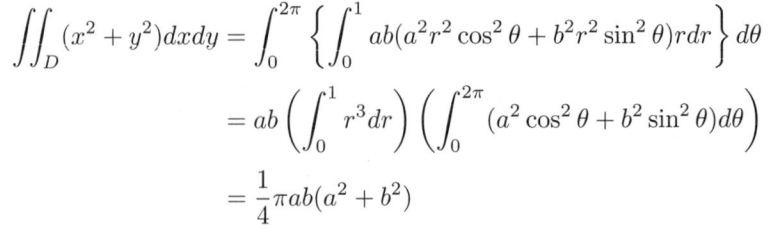

$$\iint_D (x^2+y^2)dxdy = \int_0^{2\pi}\left\{\int_0^1 ab(a^2r^2\cos^2\theta + b^2r^2\sin^2\theta)rdr\right\}d\theta$$
$$= ab\left(\int_0^1 r^3 dr\right)\left(\int_0^{2\pi}(a^2\cos^2\theta + b^2\sin^2\theta)d\theta\right)$$
$$= \frac{1}{4}\pi ab(a^2+b^2)$$

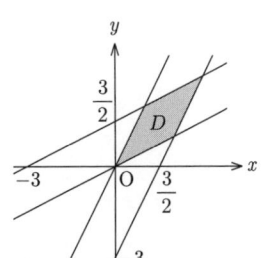

(6) $u = 2x - y, v = x - 2y$ とおくと, D は $E = \{(u,v) \mid 0 \le u \le 3, -3 \le v \le 0\}$ に対応する． $x = \frac{2u-v}{3}, y = \frac{u-2v}{3}$ だから $\frac{\partial(x,y)}{\partial(u,v)} = -\frac{1}{3}$. した

がって
$$\iint_D (x+y)\,dxdy = \iint_E (u-v)\cdot\frac{1}{3}\,dudv$$
$$= \frac{1}{3}\int_0^3 \left\{\int_{-3}^0 (u-v)\,dv\right\}du$$
$$= \frac{1}{3}\int_0^3 \left[uv - \frac{1}{2}v^2\right]_{-3}^0 du$$
$$= \frac{1}{3}\int_0^3 \left(3u + \frac{9}{2}\right)du = 9.$$

(7) $u = x+y+1$, $v = y$ とおけば D は $E = \{(u,v)\mid 1 \le u \le 3,\ 0 \le v \le \frac{u-1}{2}\}$ に対応する. $x = u-v-1, y = v$ だから $\frac{\partial(x,y)}{\partial(u,v)} = 1$. 従って

$$\iint_D \frac{\log(x+y+1)}{x+y+1}dxdy = \int_1^3 \left\{\int_0^{\frac{u-1}{2}} \frac{\log u}{u}dv\right\}du$$
$$= \frac{1}{2}\int_1^3 \left(\log u - \frac{\log u}{u}\right)du = \frac{1}{2}\left[u\log u - u - \frac{1}{2}(\log u)^2\right]_1^3$$
$$= \frac{3}{2}\log 3 - 1 - \frac{1}{4}(\log 3)^2$$

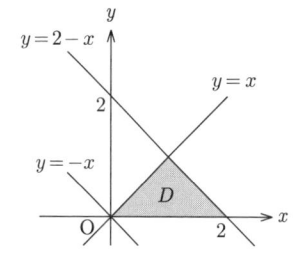

(8) D を表す不等式 $x^2 - 2xy + 2y^2 \le 4$ を変形すると, $(x-y)^2 + y^2 \le 4$ となる. ここで, $u = x-y, v = y$ とおけば, xy 平面の領域 D は, uv 平面の領域 $E = \{(u,v)\mid u^2+v^2 \le 4\}$ に対応する. また, $x = u+v, y = v$ より, $\frac{\partial(x,y)}{\partial(u,v)} = 1$ であるから, 求める重積分は

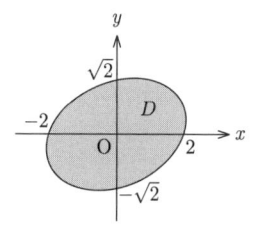

$$\iint_E (u+v)v\cdot 1\,du\,dv = \iint_E (uv + v^2)\,du\,dv$$

となる. さらに, $u = r\cos\theta, v = r\sin\theta$ とおけば, uv 平面の領域 E は, $r\theta$ 平面の領域 $E' = \{(r,\theta)\mid 0 \le r \le 2,\ 0 \le \theta \le 2\pi\}$ に対応する. また, $\frac{\partial(u,v)}{\partial(r,\theta)} = r$ であるから, 求める重積分の値は

$$\iint_{E'} \left(r^2\cos\theta\sin\theta + r^2\sin^2\theta\right)r\,dr\,d\theta$$
$$= \left(\int_0^2 r^3\,dr\right)\left\{\int_0^{2\pi}\left(\frac{1}{2}\sin 2\theta + \frac{1-\cos 2\theta}{2}\right)d\theta\right\}$$
$$= \left[\frac{r^4}{4}\right]_0^2 \left[-\frac{1}{4}\cos 2\theta + \frac{\theta}{2} - \frac{1}{4}\sin 2\theta\right]_0^{2\pi}$$
$$= 4\pi$$

となる.

2.
$$\iint_D dxdy = \iint_E r\,drd\theta = \int_\alpha^\beta \left(\int_0^{f(\theta)} rdr\right) d\theta$$
$$= \frac{1}{2}\int_\alpha^\beta f(\theta)^2 d\theta$$

3.
$$\int_0^\infty x^2 e^{-x^2} dx = \int_0^\infty x\left(-\frac{1}{2}e^{-x^2}\right)' dx = \left[-\frac{1}{2}xe^{-x^2}\right]_0^\infty + \frac{1}{2}\int_0^\infty e^{-x^2} dx$$

ここで $\displaystyle\lim_{x\to\infty} xe^{-x^2} = \lim_{x\to\infty}\frac{x}{e^{x^2}} = 0$ だから

$$\int_0^\infty x^2 e^{-x^2} dx = \frac{1}{2}\cdot\frac{\sqrt{\pi}}{2} = \frac{\sqrt{\pi}}{4}$$

B の解答

1. $x^2 = uy$, $y^2 = vx$ によって D は $E = \{(u,v) \mid a \le u \le 2a,\ b \le v \le 2b\}$ に対応する. また $y = u^{\frac{1}{3}}v^{\frac{2}{3}}$, $x = u^{\frac{2}{3}}v^{\frac{1}{3}}$ より

$$\frac{\partial(x,y)}{\partial(u,v)} = \begin{vmatrix} \frac{2}{3}u^{-\frac{1}{3}}v^{\frac{1}{3}} & \frac{1}{3}u^{\frac{2}{3}}v^{-\frac{2}{3}} \\ \frac{1}{3}u^{-\frac{2}{3}}v^{\frac{2}{3}} & \frac{2}{3}u^{\frac{1}{3}}v^{-\frac{1}{3}} \end{vmatrix} = \frac{4}{9} - \frac{1}{9} = \frac{1}{3}$$

$$\therefore \iint_D xy\,dxdy = \iint_E u^{\frac{2}{3}}v^{\frac{1}{3}}u^{\frac{1}{3}}v^{\frac{2}{3}}\cdot\frac{1}{3}dudv$$
$$= \frac{1}{3}\left(\int_a^{2a} udu\right)\left(\int_b^{2b} vdv\right) = \frac{3}{4}a^2b^2$$

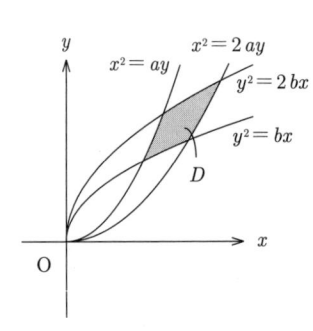

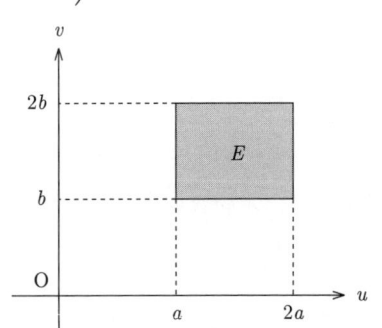

2. (1)
$$I(t) = \frac{1}{\log t}\iint_{B(t)} \frac{dxdy}{1+x^2+y^2} = \frac{1}{\log t}\int_0^{\frac{\pi}{2}}\left\{\int_0^t \frac{rdr}{1+r^2}\right\}d\theta$$
$$= \frac{\pi}{2}\frac{1}{\log t}\log\sqrt{1+t^2}$$
$$= \frac{\pi}{2}\left(1 + \frac{\log\sqrt{1+\frac{1}{t^2}}}{\log t}\right) \longrightarrow \frac{\pi}{2} \quad (t\to\infty)$$

(2) $J(t) = \dfrac{1}{\log t}\iint_{Q(t)} \dfrac{dxdy}{1+x^2+y^2} \geq \dfrac{1}{\log t}\iint_{B(t)} \dfrac{dxdy}{1+x^2+y^2} = I(t)$

また
$$J(t) \leq \dfrac{1}{\log t}\iint_{B(\sqrt{2}\,t)} \dfrac{dxdy}{1+x^2+y^2} = \dfrac{\log \sqrt{2}\,t}{\log t}I(\sqrt{2}\,t)$$
$$= \left(1 + \dfrac{\log \sqrt{2}}{\log t}\right)I(\sqrt{2}\,t) \longrightarrow \dfrac{\pi}{2} \quad (t \to \infty)$$

よって $\lim_{t\to\infty} J(t) = \lim_{t\to\infty} I(t) = \dfrac{\pi}{2}$.

3. 周が心臓形の領域を D, 比例定数を k とすると
$$M = \iint_D k\sqrt{x^2+y^2}\,dxdy$$
$$\bar{x} = \dfrac{1}{M}\iint_D kx\sqrt{x^2+y^2}\,dxdy.$$

D は x 軸に関して対称だから $\bar{y} = 0$. $x = r\cos\theta$, $y = r\sin\theta$ とおけば D は $E = \{(r,\theta) \mid 0 \leq \theta \leq 2\pi,\ 0 \leq r \leq a(1+\cos\theta)\}$ に対応する. よって

$$M = k\int_0^{2\pi}\left\{\int_0^{a(1+\cos\theta)} r^2 dr\right\}d\theta = \dfrac{k}{3}\int_0^{2\pi} a^3(1+\cos\theta)^3 d\theta$$
$$= \dfrac{a^3 k}{3}\int_0^{2\pi}(1 + 3\cos^2\theta + 3\cos\theta + \cos^3\theta)d\theta$$
$$= \dfrac{a^3 k}{3}\int_0^{2\pi}(1+3\cos^2\theta)d\theta = \dfrac{4a^3 k}{3}\int_0^{\frac{\pi}{2}}(1+3\cos^2\theta)d\theta$$
$$= \dfrac{4a^3 k}{3}\left(\dfrac{\pi}{2} + 3\cdot\dfrac{\pi}{4}\right) = \dfrac{5}{3}\pi a^3 k.$$

$$\bar{x} = \dfrac{1}{M}\iint_D kx\sqrt{x^2+y^2}\,dxdy = \dfrac{k}{M}\int_0^{2\pi}\left\{\int_0^{a(1+\cos\theta)} r^3\cos\theta\,dr\right\}d\theta$$
$$= \dfrac{k}{M}\cdot\dfrac{a^4}{4}\int_0^{2\pi}(1+\cos\theta)^4\cos\theta\,d\theta$$
$$= \dfrac{k}{M}\dfrac{a^4}{4}\int_0^{2\pi} 4(\cos^2\theta + \cos^4\theta)d\theta$$
$$= \dfrac{a^4 k}{4M}\cdot 16\cdot\left(\dfrac{\pi}{4} + \dfrac{3}{4}\cdot\dfrac{\pi}{4}\right) = \dfrac{21}{20}a.$$

よって
$$M = \dfrac{5}{3}\pi a^3 k, \quad (\bar{x},\bar{y}) = \left(\dfrac{21}{20}a, 0\right)$$

4.3 広義積分

これまでは有界な関数の有界閉領域での重積分を考えてきたが，ここでは有界でない関数の重積分や，有界でない領域での重積分 (広義積分) について述べる．

D を平面の必ずしも有界とは限らない領域とする．D に対し，次の条件 $(*)$ をみたす有界閉領域の列 $\{D_n\}$ を考える．

$$(*) \begin{cases} (1) & D_1 \subset D_2 \subset D_3 \subset \cdots \subset D \\ (2) & D \text{ に含まれる有界閉領域は，必ずどれかの } D_n \text{ に含まれる．} \end{cases}$$

$f(x,y)$ を D で定義された連続関数とする．もし条件 $(*)$ をみたすどのような有界閉領域の列 $\{D_n\}$ に対しても

$$\lim_{n \to \infty} \iint_{D_n} f(x,y) dx dy$$

が同じ有限な値に収束するならば，$f(x,y)$ は D で積分可能であるといい

$$\iint_D f(x,y) dx dy = \lim_{n \to \infty} \iint_{D_n} f(x,y) dx dy$$

と書く．

定理 1. $f(x,y)$ が D において定符号 (すなわち常に $f(x,y) \geq 0$ または常に $f(x,y) \leq 0$) とする．もし条件 $(*)$ をみたす 1 つの有界閉領域の列 $\{D_n\}$ について，有限な極限値 $\lim_{n \to \infty} \iint_{D_n} f(x,y) dx dy = A$ が存在すれば，$f(x,y)$ は D で積分可能で

$$\iint_D f(x,y) dx dy = A$$

が成り立つ．

注：定理 1 は，$f(x,y)$ が D において正負の値をとる場合は必ずしも成立しない．

例題 1.

領域 $D = \{(x,y) \mid 0 < x \leq 1, 0 \leq y < x\}$ における重積分
$\iint_D \dfrac{1}{(x-y)^a} dx dy$ $(a > 0)$ が存在するような a の範囲を求めよ．さらにこのとき，重積分の値を求めよ．

解答 被積分関数は $y = x$ 上で不連続．D から $y = x$ を含む区域を取り除いた領域

$$D_c = \{(x,y) \mid c \leq x \leq 1, 0 \leq y \leq x - c\} \quad (0 < c < 1)$$

での積分を計算すると

$$\iint_{D_c} \frac{1}{(x-y)^a} dx dy = \int_c^1 \left\{ \int_0^{x-c} (x-y)^{-a} dy \right\} dx$$

$$= \begin{cases} \displaystyle\int_c^1 (\log x - \log c)dx & (a=1) \\ \displaystyle\frac{1}{1-a}\int_c^1 (x^{1-a} - c^{1-a})dx & (a \neq 1) \end{cases}$$

$$= \begin{cases} c - 1 - \log c & (a=1) \\ \displaystyle\frac{1}{c} - 1 + \log c & (a=2) \\ \displaystyle\frac{1 - c^{2-a} - (2-a)c^{1-a}(1-c)}{(1-a)(2-a)} & (a \neq 1, a \neq 2) \end{cases}$$

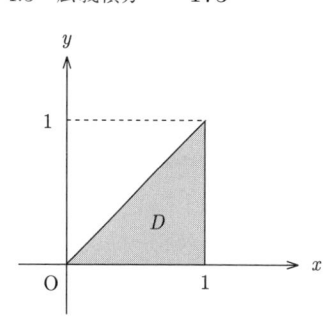

よって

$$\iint_D \frac{1}{(x-y)^a}dxdy = \lim_{c \to +0} \iint_{D_c} \frac{1}{(x-y)^a}dxdy$$

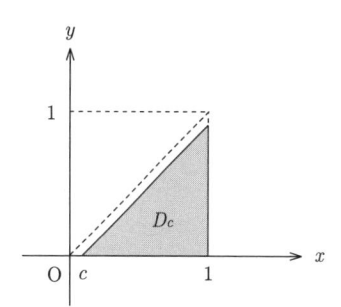

$$= \begin{cases} \displaystyle\frac{1}{(1-a)(2-a)} & (a < 1) \\ 発散 & (a \geq 1) \end{cases}$$

従って積分が存在するための必要十分条件は $a < 1$ であり、このとき積分の値は $\dfrac{1}{(1-a)(2-a)}$.

例題 2.

領域 $D = \{(x,y) \mid x^2 + y^2 \geq 1\}$ における重積分 $\displaystyle\iint_D \frac{1}{\left(\sqrt{x^2+y^2}\right)^a}dxdy$ $(a > 0)$ が存在するような a の範囲を求めよ．さらにこのとき，重積分の値を求めよ．

解答 領域 $D_R = \{(x,y) \mid 1 \leq x^2 + y^2 \leq R^2\}$ $(R > 1)$ での積分を $x = r\cos\theta$, $y = r\sin\theta$ とおいて計算すると

$$\iint_{D_R} \frac{1}{\left(\sqrt{x^2+y^2}\right)^a}dxdy = \left(\int_1^R r^{1-a}dr\right)\left(\int_0^{2\pi} d\theta\right)$$

$$= \begin{cases} 2\pi \log R & (a=2) \\ \displaystyle\frac{2\pi}{2-a}(R^{2-a} - 1) & (a \neq 2) \end{cases}$$

よって

$$\iint_D \frac{1}{\left(\sqrt{x^2+y^2}\right)^a}dxdy = \lim_{R \to \infty} \iint_{D_R} \frac{1}{\left(\sqrt{x^2+y^2}\right)^a}dxdy$$

$$= \begin{cases} \displaystyle\frac{2\pi}{a-2} & (a > 2) \\ 発散 & (a \leq 2) \end{cases}$$

従って積分が存在するための必要十分条件は $a > 2$ であり，このとき積分の値は $\dfrac{2\pi}{a-2}$.

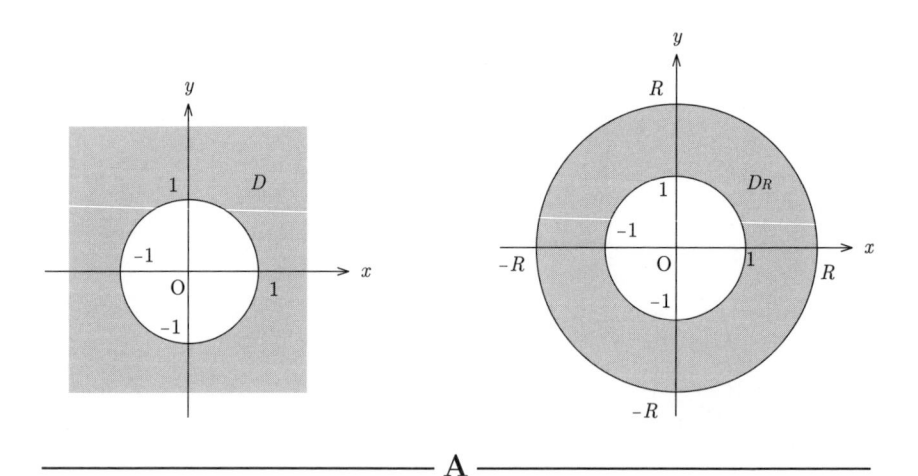

―――――――――――― A ――――――――――――

1. 次の広義積分を求めよ．

(1) $\displaystyle\iint_D \dfrac{1}{\sqrt{xy}} dxdy,\ D = \{(x,y) \mid 0 < x \leq 1,\ 0 < y \leq 1\}$

(2) $\displaystyle\iint_D e^{-(x+y)} dxdy,\ D = \{(x,y) \mid x \geq 0,\ y \geq 0\}$

2. 次の重積分が存在するような a の範囲を求めよ．さらにこのとき，重積分の値を求めよ．ただし $a > 0$ とする．

$$\iint_D \dfrac{1}{\left(\sqrt{1-x^2-y^2}\right)^a} dxdy, \quad D = \{(x,y) \mid x^2 + y^2 < 1\}$$

3. 次の重積分が存在するような a の範囲を求めよ．さらにこのとき，重積分の値を求めよ．ただし $a > 0$ とする．

$$\iint_D \dfrac{1}{(1+x^2+y^2)^a} dxdy, \quad D = \{(x,y) \mid x \geq 0,\ y \geq 0\}$$

4. $D(a,R) = \{(x,y) \mid a^2 \leq x^2 + y^2 \leq R^2,\ x \geq 0,\ y \geq 0\}\ (0 < a < R)$, $D = \{(x,y) \mid x \geq 0,\ y \geq 0\}$ とするとき

(1) $I(a,R) = \displaystyle\iint_{D(a,R)} \dfrac{1}{\sqrt{x^2+y^2}(1+x^2+y^2)} dxdy$ を求めよ．

(2) $I = \displaystyle\iint_D \dfrac{1}{\sqrt{x^2+y^2}(1+x^2+y^2)} dxdy$ を求めよ．

5. $a > 1, b > 1$ のとき

$$A(a,b) = \iint_D \dfrac{x-y}{(x+y)^3} dxdy,\ D = \{(x,y) \mid 1 \leq x \leq a,\ 1 \leq y \leq b\}$$

とおく．このとき

(1) $A(a,b)$ を計算せよ．

(2) $\lim_{a\to\infty} A(a,a) = 0$, $\lim_{a\to\infty} A(a,2a) = -\dfrac{1}{6}$ を示せ.

――――――――― B ―――――――――

1. 領域 $D = \{(x,y,z) \mid 0 < x \leq 1, \ 0 \leq z < x, \ z \leq y \leq x\}$ での3重積分 $\iiint_D \dfrac{1}{(x-z)^a} dxdydz \ (a > 0)$ が存在するような a の範囲を求めよ. さらにこのとき,重積分の値を求めよ.

2. 次の問に答えよ.

(1) 広義積分 $\displaystyle\int_{-\infty}^{\infty} e^{-x^2} dx = \sqrt{\pi}$ を用いて $\displaystyle\int_{-\infty}^{\infty} e^{-\lambda x^2} dx \ (\lambda > 0)$ を求めよ.

(2) a, b, c を $a > 0, \ c > 0, \ ac > b^2$ をみたす定数とするとき
$$\iint_{\boldsymbol{R}^2} e^{-(ax^2+2bxy+cy^2)} dxdy = \dfrac{\pi}{\sqrt{ac-b^2}}$$
を示せ. ただし $\boldsymbol{R}^2$ は全平面である.

3. ガンマ関数とベータ関数(p.95参照)の間に成り立つ
$$B(p,q) = \dfrac{\Gamma(p)\Gamma(q)}{\Gamma(p+q)}$$
という関係を証明せよ.

A の解答

1. (1) $D_a = \{(x,y) \mid a \leq x \leq 1, \ a \leq y \leq 1\} \ (0 < a < 1)$ とする.
$$\iint_{D_a} \dfrac{1}{\sqrt{xy}} dxdy = \left(\int_a^1 \dfrac{1}{\sqrt{x}} dx\right)\left(\int_a^1 \dfrac{1}{\sqrt{y}} dy\right)$$
$$= 4(1-\sqrt{a})^2 \longrightarrow 4 \quad (a \to +0)$$
$$\therefore \iint_D \dfrac{1}{\sqrt{xy}} dxdy = 4$$

(2) $D_a = \{(x,y) \mid 0 \leq x \leq a, \ 0 \leq y \leq a\}$ とする.
$$\iint_{D_a} e^{-(x+y)} dxdy = \left(\int_0^a e^{-x} dx\right)\left(\int_0^a e^{-y} dy\right)$$
$$= (1-e^{-a})^2 \longrightarrow 1 \quad (a \to \infty)$$
$$\therefore \iint_D e^{-(x+y)} dxdy = 1$$

2. 領域 $D_c = \{(x,y) \mid x^2 + y^2 \leq c^2\} \ (0 < c < 1)$ での積分を $x = r\cos\theta$, $y = r\sin\theta$ とおいて計算すると
$$\iint_{D_c} \dfrac{1}{\left(\sqrt{1-x^2-y^2}\right)^a} dxdy = \int_0^{2\pi} \left\{\int_0^c (1-r^2)^{-\frac{a}{2}} r\, dr\right\} d\theta$$
$$= \begin{cases} -\pi \log(1-c^2) & (a=2) \\ \dfrac{2\pi}{2-a}\left\{1 - (1-c^2)^{1-\frac{a}{2}}\right\} & (a \neq 2) \end{cases}$$

よって
$$\iint_D \frac{1}{\left(\sqrt{1-x^2-y^2}\right)^a} dxdy = \lim_{c \to 1-0} \iint_{D_c} \frac{1}{\left(\sqrt{1-x^2-y^2}\right)^a} dxdy$$

$$= \begin{cases} \dfrac{2\pi}{2-a} & (a < 2) \\ 発散 & (a \geq 2) \end{cases}$$

従って積分が存在するための必要十分条件は $a < 2$ であり，このとき積分の値は $\dfrac{2\pi}{2-a}$.

3. 領域 $D_R = \{(x,y) \mid x^2 + y^2 \leq R^2, \ x \geq 0, \ y \geq 0\}$ $(R > 0)$ における積分を，変換 $x = r\cos\theta, \ y = r\sin\theta$ を用いて計算すると

$$\iint_{D_R} \frac{1}{(1+x^2+y^2)^a} dxdy = \left(\int_0^{\frac{\pi}{2}} d\theta\right)\left(\int_0^R \frac{r}{(1+r^2)^a} dr\right)$$

$$= \begin{cases} \dfrac{\pi}{4}\log(1+R^2) & (a = 1) \\ \dfrac{\pi}{4(1-a)}\left\{\dfrac{1}{(1+R^2)^{a-1}} - 1\right\} & (a \neq 1) \end{cases}$$

よって
$$\iint_D \frac{1}{(1+x^2+y^2)^a} dxdy = \lim_{R \to \infty} \iint_{D_R} \frac{1}{(1+x^2+y^2)^a} dxdy$$

$$= \begin{cases} \dfrac{\pi}{4(a-1)} & (a > 1) \\ 発散 & (0 < a \leq 1) \end{cases}$$

従って積分が存在する条件は $a > 1$ であり，そのときの積分の値は $\dfrac{\pi}{4(a-1)}$.

4. (1) $x = r\cos\theta, \ y = r\sin\theta$ とおけば
$$I(a, R) = \left(\int_0^{\frac{\pi}{2}} d\theta\right)\left(\int_a^R \frac{1}{1+r^2} dr\right)$$
$$= \frac{\pi}{2}(\arctan R - \arctan a)$$

(2) $I = \lim_{\substack{a \to +0 \\ R \to \infty}} I(a, R) = \dfrac{\pi^2}{4}$

5. (1) $\dfrac{x-y}{(x+y)^3} = \dfrac{1}{(x+y)^2} - \dfrac{2y}{(x+y)^3}$ だから

$$A(a,b) = \int_1^b \left\{\int_1^a \frac{x-y}{(x+y)^3} dx\right\} dy$$

$$= \int_1^b \left[-\frac{1}{x+y} + \frac{y}{(x+y)^2}\right]_1^a dy$$

$$= \int_1^b \left(-\frac{1}{a+y} + \frac{y}{(a+y)^2} + \frac{1}{1+y} - \frac{y}{(1+y)^2}\right) dy$$

$$= \int_1^b \left(-\frac{a}{(a+y)^2} + \frac{1}{(1+y)^2}\right) dy$$

$$= \left[\frac{a}{a+y} - \frac{1}{1+y}\right]_1^b = \frac{a}{a+b} - \frac{1}{1+b} - \frac{a}{a+1} + \frac{1}{2}$$

(2)
$$\lim_{a \to \infty} A(a,a) = \lim_{a \to \infty}\left(\frac{1}{2} - 1 + \frac{1}{2}\right) = 0$$

$$\lim_{a \to \infty} A(a,2a) = \lim_{a \to \infty}\left(\frac{1}{3} - \frac{1}{1+2a} - \frac{a}{a+1} + \frac{1}{2}\right) = -\frac{1}{6}$$

(注：したがって，広義積分 $\iint_{D'} \frac{x-y}{(x+y)^3} dxdy$, $D' = \{(x,y) \mid x \geq 1, y \geq 1\}$ は存在しない．関数 $\frac{x-y}{(x+y)^3}$ は D' において定符号でないことに注意せよ．）

B の解答

1. 被積分関数は $z = x$ 上で不連続．D から $z = x$ を含む区域を取り除いた領域 $D_c = \{(x,y,z) \mid c \leq x \leq 1, 0 \leq z \leq x-c, z \leq y \leq x\}$ $(0 < c < 1)$ での積分を計算すると

$$\iiint_{D_c} \frac{1}{(x-z)^a} dxdydz = \int_c^1 \left[\int_0^{x-c}\left\{\int_z^x (x-z)^{-a} dy\right\} dz\right] dx$$

$$= \int_c^1 \left\{\int_0^{x-c} (x-z)^{1-a} dz\right\} dx$$

$$= \begin{cases} \int_c^1 (\log x - \log c) dx & (a = 2) \\ \dfrac{1}{2-a} \int_c^1 (x^{2-a} - c^{2-a}) dx & (a \neq 2) \end{cases}$$

$$= \begin{cases} c - 1 - \log c & (a = 2) \\ \dfrac{1}{c} - 1 + \log c & (a = 3) \\ \dfrac{1 - c^{3-a} - (3-a)c^{2-a}(1-c)}{(2-a)(3-a)} & (a \neq 2, a \neq 3) \end{cases}$$

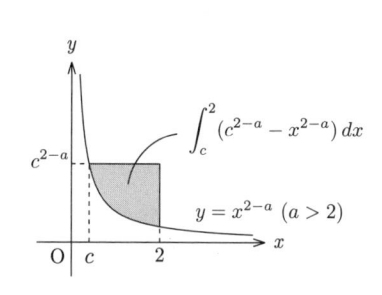

よって

$$\iiint_D \frac{1}{(x-y)^a} dxdydz = \lim_{c \to +0} \iiint_{D_c} \frac{1}{(x-z)^a} dxdydz$$

$$= \begin{cases} \dfrac{1}{(2-a)(3-a)} & (a < 2) \\ \text{発散} & (a \geq 2) \end{cases}$$

従って積分が存在するための必要十分条件は $a < 2$ であり，このとき積分の値は $\dfrac{1}{(2-a)(3-a)}$.

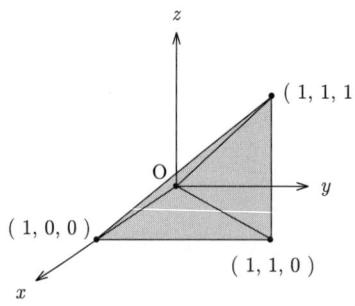

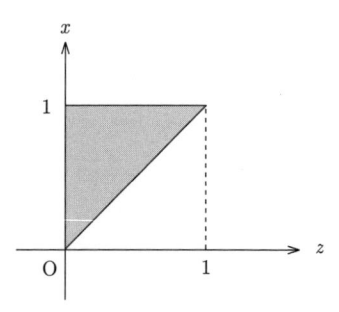

2. (1) $t = \sqrt{\lambda}\, x$ とおくと $dx = \dfrac{1}{\sqrt{\lambda}} dt$ だから

$$\int_{-\infty}^{\infty} e^{-\lambda x^2} dx = \frac{1}{\sqrt{\lambda}} \int_{-\infty}^{\infty} e^{-t^2} dt = \sqrt{\frac{\pi}{\lambda}}.$$

(2) 線形代数学によれば，適当な θ により $\begin{bmatrix} x \\ y \end{bmatrix} = \begin{bmatrix} \cos\theta & -\sin\theta \\ \sin\theta & \cos\theta \end{bmatrix} \begin{bmatrix} u \\ v \end{bmatrix}$ と変数変換すると

$$ax^2 + 2bxy + cy^2 = \alpha u^2 + \beta v^2$$

と変形できる (2 次形式の標準形). ここで α, β は行列 $\begin{bmatrix} a & b \\ b & c \end{bmatrix}$ の固有値で，$\alpha > 0, \beta > 0, \alpha\beta = ac - b^2 > 0$ をみたす.

上の変数変換により $\boldsymbol{R}^2$ は $\boldsymbol{R}^2$ 自身に写り

$$\frac{\partial(x,y)}{\partial(u,v)} = \begin{vmatrix} \cos\theta & -\sin\theta \\ \sin\theta & \cos\theta \end{vmatrix} = 1$$

だから，(1) より

$$\iint_{\boldsymbol{R}^2} e^{-(ax^2+2bxy+cy^2)} dxdy = \iint_{\boldsymbol{R}^2} e^{-(\alpha u^2+\beta v^2)} dudv$$

$$= \left(\int_{-\infty}^{\infty} e^{-\alpha u^2} du\right) \left(\int_{-\infty}^{\infty} e^{-\beta v^2} dv\right)$$

$$= \sqrt{\frac{\pi}{\alpha}} \sqrt{\frac{\pi}{\beta}} = \frac{\pi}{\sqrt{ac - b^2}}$$

3. D を第 1 象限全体とすると

$$\Gamma(p)\Gamma(q) = \left\{\int_0^{\infty} e^{-x} x^{p-1} dx\right\} \left\{\int_0^{\infty} e^{-y} y^{q-1} dy\right\}$$

$$= \iint_D e^{-x-y} x^{p-1} y^{q-1} dxdy$$

と広義重積分で表せるが,ここで $s = x+y, t = y$ と変数変換すると,ヤコビアンは 1 であり D は $E: 0 \leq t \leq s$ に対応するので

$$\iint_D e^{-x-y}x^{p-1}y^{q-1}dxdy = \iint_E e^{-s}(s-t)^{p-1}t^{q-1}dsdt$$

$$= \iint_E e^{-s}s^{p+q-1}\left(1-\frac{t}{s}\right)^{p-1}\left(\frac{t}{s}\right)^{q-1}\frac{1}{s}dsdt$$

$$= \int_0^\infty \left\{\int_0^s e^{-s}s^{p+q-1}\left(1-\frac{t}{s}\right)^{p-1}\left(\frac{t}{s}\right)^{q-1}\frac{1}{s}dt\right\}ds$$

$$= \int_0^\infty e^{-s}s^{p+q-1}\left\{\int_0^s \left(1-\frac{t}{s}\right)^{p-1}\left(\frac{t}{s}\right)^{q-1}\frac{1}{s}dt\right\}ds$$

ここで,内側の積分を $u = \dfrac{t}{s}$ と置換すると

$$\int_0^s \left(1-\frac{t}{s}\right)^{p-1}\left(\frac{t}{s}\right)^{q-1}\frac{1}{s}dt = \int_0^1 (1-u)^{p-1}u^{q-1}du = B(p,q)$$

となるので

$$\Gamma(p)\Gamma(q) = B(p,q)\int_0^\infty e^{-s}s^{p+q-1}ds = B(p,q)\Gamma(p+q)$$

が成立する.

4.4 重積分の応用

立体の体積

空間における立体
$$D = \{(x,y,z) \mid a \leq x \leq b,\ \varphi_1(x) \leq y \leq \varphi_2(x),\ \psi_1(x,y) \leq z \leq \psi_2(x,y)\}$$
の体積は
$$\iiint_D dxdydz = \int_a^b \left[\int_{\varphi_1(x)}^{\varphi_2(x)} \{\psi_2(x,y) - \psi_1(x,y)\}dy\right] dx$$
で与えられる.

曲面積

関数 $f(x,y)$ は有界閉領域 D で連続な偏導関数をもつとする. $z=f(x,y)$ で表される曲面の曲面積は
$$\iint_D \sqrt{f_x(x,y)^2 + f_y(x,y)^2 + 1}\, dxdy$$
で与えられる.

例題 1.

円柱面 $x^2+y^2=a^2$ と円柱面 $x^2+z^2=a^2$ によって囲まれた立体の体積を求めよ $(a>0)$.

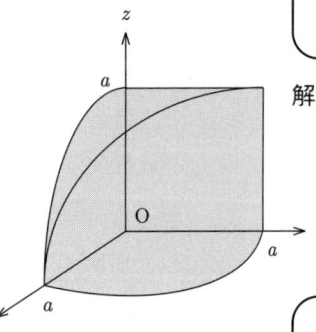

解答 $D = \{(x,y) \mid 0 \leq x \leq a,\ 0 \leq y \leq \sqrt{a^2-x^2}\}$ とおくと, 求める体積は
$$8\iint_D \sqrt{a^2-x^2}\, dxdy = 8\int_0^a \left\{\int_0^{\sqrt{a^2-x^2}} \sqrt{a^2-x^2}\, dy\right\} dx$$
$$= 8\int_0^a (a^2-x^2)dx = \frac{16}{3}a^3$$

例題 2.

曲面 $x^2+y^2+z^2=6$ の曲面 $z=x^2+y^2$ より上の部分の曲面積を求めよ.

解答 $z^2+z=6,\ z>0$ より $z=2$. $z=\sqrt{6-x^2-y^2}$ より
$$z_x = -\frac{x}{\sqrt{6-x^2-y^2}},\ z_y = -\frac{y}{\sqrt{6-x^2-y^2}}\ \text{である.}$$ 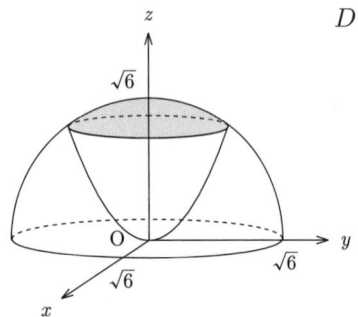
$D=\{(x,y) \mid x^2+y^2 \leq 2\}$ とおくと, 求める曲面積は (極座標変換を用いて)
$$\iint_D \sqrt{1 + \frac{x^2}{6-x^2-y^2} + \frac{y^2}{6-x^2-y^2}}\, dxdy$$
$$= \sqrt{6}\iint_D \frac{1}{\sqrt{6-x^2-y^2}}\, dxdy$$
$$= \sqrt{6}\left(\int_0^{2\pi} d\theta\right)\left(\int_0^{\sqrt{2}} \frac{r}{\sqrt{6-r^2}} dr\right)$$
$$= 2\sqrt{6}(\sqrt{6}-2)\pi$$

─────── A ───────

1. 次の立体の体積を求めよ.

(1) 円柱面 $x^2 + y^2 = ax$ と 2 平面 $z = bx$, $z = cx$ によって囲まれた立体 ($a > 0$, $b > c$).

(2) $0 \leq z \leq xy$, $x^2 + y^2 \leq ax$ によって定まる立体 ($a > 0$).

(3) 球面 $x^2 + y^2 + z^2 = a^2$ の内部と円柱面 $x^2 + y^2 = ax$ の内部の共通部分.

2. 次の曲面の曲面積を求めよ ($a > 0$).

(1) 曲面 $z = x^2 + y^2$ の平面 $z = a$ より下の部分.

(2) 円錐 $z = \sqrt{x^2 + y^2}$ の平面 $z = a$ より下の部分.

(3) 円柱面 $y^2 + z^2 = a^2$ の円柱面 $x^2 + y^2 = a^2$ の内側の部分.

(4) 曲面 $z = xy$ の円柱面 $x^2 + y^2 = a^2$ の内側の部分.

─────── B ───────

1. 4 次元単位球 $D = \{(x,y,z,w) \mid x^2 + y^2 + z^2 + w^2 \leq 1\}$ の体積 V を求めよ.

A の解答

1. (1) $D = \{(x,y) \mid x^2 + y^2 \leq ax\}$ とおくと, 求める体積は $\iint_D (bx - cx) dx dy$ である. ここで $x = r\cos\theta$, $y = r\sin\theta$ とおけば

$$\iint_D (bx - cx) dx dy = 2 \int_0^{\frac{\pi}{2}} \left\{ \int_0^{a\cos\theta} (b-c) r^2 \cos\theta \, dr \right\} d\theta$$

$$= \frac{2}{3} a^3 (b-c) \int_0^{\frac{\pi}{2}} \cos^4\theta \, d\theta = \frac{2}{3} a^3 (b-c) \cdot \frac{3}{4} \cdot \frac{1}{2} \cdot \frac{\pi}{2} = \frac{1}{8} \pi a^3 (b-c)$$

(2) $D = \{(x,y,z) \mid 0 \leq z \leq xy,\ x^2 + y^2 \leq ax\}$ とおく. $y^2 \leq ax - x^2$ より $0 \leq x \leq a$ で, $0 \leq z \leq xy$ だから $0 \leq y \leq \sqrt{ax - x^2}$. よって求める体積は

$$\iiint_D dx dy dz = \int_0^a \left\{ \int_0^{\sqrt{ax-x^2}} xy \, dy \right\} dx$$

$$= \frac{1}{2} \int_0^a x(ax - x^2) dx = \frac{a^4}{24}$$

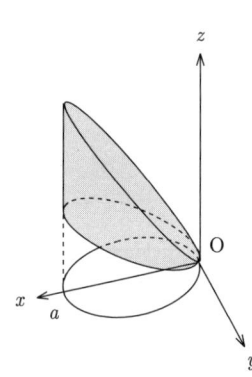

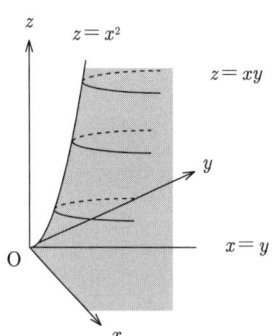

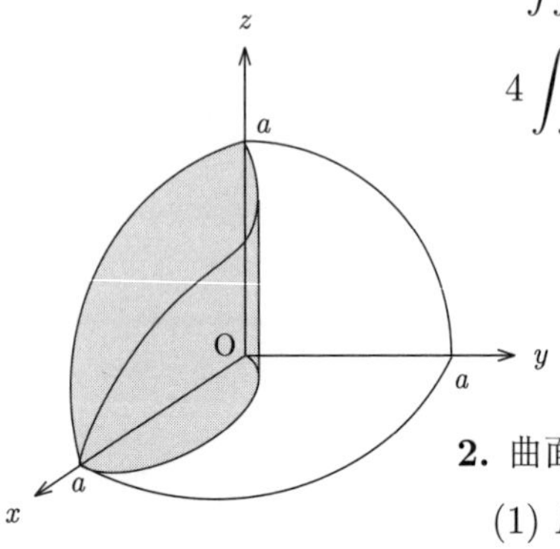

(3) $D = \left\{(x,y) \mid \left(x-\dfrac{a}{2}\right)^2 + y^2 \leq \left(\dfrac{a}{2}\right)^2,\ y \geq 0\right\}$ とおくと，求める体積は $4\displaystyle\iint_D \sqrt{a^2-x^2-y^2}\,dxdy$. 極座標変換を用いると

$$4\iint_D \sqrt{a^2-x^2-y^2}\,dxdy = 4\int_0^{\frac{\pi}{2}} \left\{\int_0^{a\cos\theta} \sqrt{a^2-r^2}\,r\,dr\right\}d\theta$$

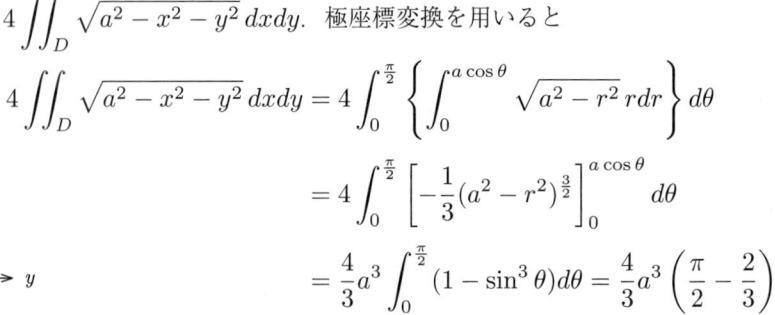

$$= 4\int_0^{\frac{\pi}{2}} \left[-\frac{1}{3}(a^2-r^2)^{\frac{3}{2}}\right]_0^{a\cos\theta} d\theta$$

$$= \frac{4}{3}a^3 \int_0^{\frac{\pi}{2}} (1-\sin^3\theta)d\theta = \frac{4}{3}a^3\left(\frac{\pi}{2}-\frac{2}{3}\right)$$

2. 曲面積を S とする．

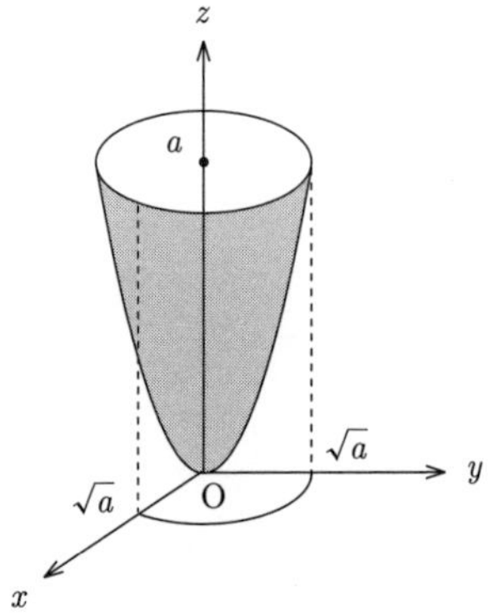

(1) $D = \{(x,y) \mid x^2+y^2 \leq a\}$ とおく．極座標変換を用いて

$$S = \iint_D \sqrt{1+(2x)^2+(2y)^2}\,dxdy$$

$$= \left(\int_0^{2\pi} d\theta\right)\left(\int_0^{\sqrt{a}} \sqrt{1+4r^2}\,r\,dr\right)$$

$$= \frac{\pi}{6}\left\{(1+4a)^{\frac{3}{2}}-1\right\}$$

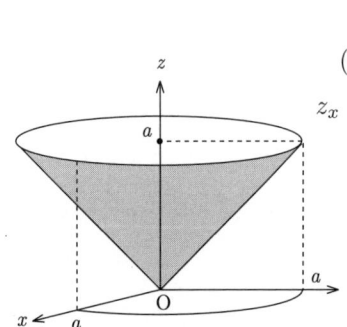

(2) $D = \{(x,y) \mid x^2+y^2 \leq a^2\}$ とおく．$z = \sqrt{x^2+y^2}$ に対して $z_x = \dfrac{x}{\sqrt{x^2+y^2}},\ z_y = \dfrac{y}{\sqrt{x^2+y^2}}$ だから

$$S = \iint_D \sqrt{1+\frac{x^2}{x^2+y^2}+\frac{y^2}{x^2+y^2}}\,dxdy$$

$$= \sqrt{2}\iint_D dxdy = \sqrt{2}\,\pi a^2$$

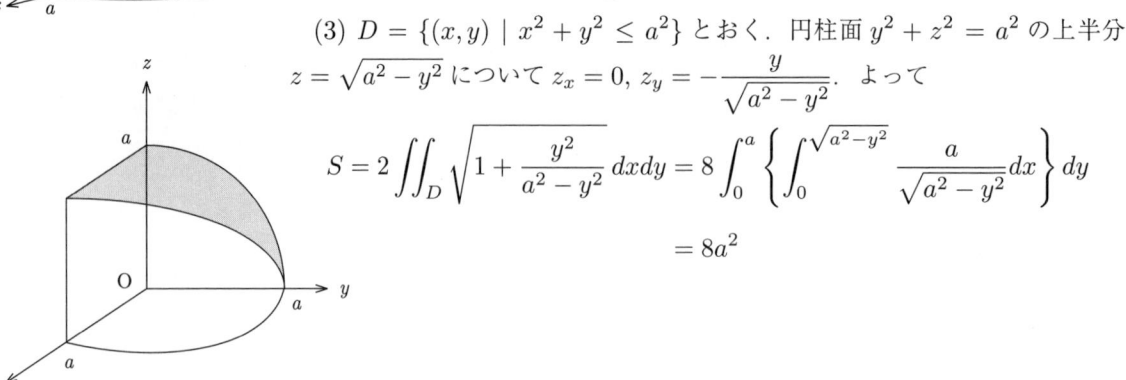

(3) $D = \{(x,y) \mid x^2+y^2 \leq a^2\}$ とおく．円柱面 $y^2+z^2 = a^2$ の上半分 $z = \sqrt{a^2-y^2}$ について $z_x = 0,\ z_y = -\dfrac{y}{\sqrt{a^2-y^2}}$. よって

$$S = 2\iint_D \sqrt{1+\frac{y^2}{a^2-y^2}}\,dxdy = 8\int_0^a \left\{\int_0^{\sqrt{a^2-y^2}} \frac{a}{\sqrt{a^2-y^2}}\,dx\right\}dy$$

$$= 8a^2$$

(4) $D = \{(x,y) \mid x^2 + y^2 \leq a^2\}$ とおく．極座標変換を用いて
$$S = \iint_D \sqrt{1+x^2+y^2}\,dxdy = \left(\int_0^{2\pi} d\theta\right)\left(\int_0^a \sqrt{1+r^2}\,r\,dr\right)$$
$$= \frac{2}{3}\left\{(1+a^2)^{\frac{3}{2}} - 1\right\}\pi$$

B の解答

1. $D = \{(x,y,z,w) \mid -1 \leq x \leq 1, -\sqrt{1-x^2} \leq y \leq \sqrt{1-x^2}, -\sqrt{1-x^2-y^2} \leq z \leq \sqrt{1-x^2-y^2}, -\sqrt{1-x^2-y^2-z^2} \leq w \leq \sqrt{1-x^2-y^2-z^2}\}$ だから
$$V = \iiiint_D dxdydzdw$$
$$= \int_{-1}^1 \left[\int_{-\sqrt{1-x^2}}^{\sqrt{1-x^2}} \left\{\int_{-\sqrt{1-x^2-y^2}}^{\sqrt{1-x^2-y^2}} \left(\int_{-\sqrt{1-x^2-y^2-z^2}}^{\sqrt{1-x^2-y^2-z^2}} dw\right) dz\right\} dy\right] dx$$
$$= 2\int_{-1}^1 \left[\int_{-\sqrt{1-x^2}}^{\sqrt{1-x^2}} \left\{\int_{-\sqrt{1-x^2-y^2}}^{\sqrt{1-x^2-y^2}} \sqrt{1-x^2-y^2-z^2}\,dz\right\} dy\right] dx.$$

極座標変換 $x = r\sin\theta\cos\varphi$, $y = r\sin\theta\sin\varphi$, $z = r\cos\theta$ を用いると，右辺は
$$2\left(\int_0^1 r^2\sqrt{1-r^2}\,dr\right)\left(\int_0^{\pi} \sin\theta\,d\theta\right)\left(\int_0^{2\pi} d\varphi\right)$$
$$= 2 \cdot \frac{\pi}{16} \cdot 2 \cdot 2\pi = \frac{\pi^2}{2}.$$

よって $V = \dfrac{\pi^2}{2}$．

別解 極座標変換 $x = r\cos\theta_1$, $y = r\sin\theta_1\cos\theta_2$, $z = r\sin\theta_1\sin\theta_2\cos\theta_3$, $w = r\sin\theta_1\sin\theta_2\sin\theta_3$ を用いると，D には $E = \{(r,\theta_1,\theta_2,\theta_3) \mid 0 \leq r \leq 1,\ 0 \leq \theta_1 \leq \pi,\ 0 \leq \theta_2 \leq \pi,\ 0 \leq \theta_3 \leq 2\pi\}$ が対応し，ヤコビアンは $\dfrac{\partial(x,y,z,w)}{\partial(r,\theta_1,\theta_2,\theta_3)} = r^3\sin^2\theta_1\sin\theta_2$ だから
$$V = \iiiint_D dxdydzdw = \iiiint_E r^3\sin^2\theta_1\sin\theta_2\,drd\theta_1 d\theta_2 d\theta_3$$
$$= \left(\int_0^1 r^3\,dr\right)\left(\int_0^{\pi} \sin^2\theta_1\,d\theta_1\right)\left(\int_0^{\pi} \sin\theta_2\,d\theta_2\right)\left(\int_0^{2\pi} d\theta_3\right)$$
$$= \frac{1}{4} \cdot \frac{\pi}{2} \cdot 2 \cdot 2\pi = \frac{\pi^2}{2}.$$

索　引

あ行

アステロイド (asteroid)　103
アルキメデス (Archimedes) の原理　1
アルキメデス (Archimedes) の螺線　105
イェンセン (Jensen) の不等式　54
陰関数定理　140
上に有界　53
円柱座標変換　164
オイラー (Euler) の数　9
凹凸　48

か行

カージオイド (cardioid)　107
回転体の体積・表面積　103
ガウス (Gauss) 記号　5
ガンマ関数　95
奇関数　11
逆三角関数　10
極限　1, 15, 112
極座標変換　112, 163, 164
曲線の長さ　103
極値　48, 140
曲面積　180
偶関数　11
区分求積法　64
原始関数　65
広義積分　95, 172
コーシー (Cauchy) の平均値の定理　33

さ行

サイクロイド (cycloid)　106
最大値最小値の定理　16, 112
3重積分　153
実数の連続性　1
重積分　152
シュワルツ (Schwarz) の不等式　81
剰余項　39
初等関数　10
積分順序の変更　152
積分の平均値の定理　65
接線の方程式　22
接平面の方程式　126
線形変換　163
全微分可能性　125
増減　48

た行

対数微分法　23
置換積分法　73
中間値の定理　15
定積分　64
テイラー (Taylor) 展開　39
テイラー (Taylor) の定理　39
導関数　21
ド・ロピタル (de l'Hospital) の定理　33

な行

ネピアの定数　3

は行

微分係数　21
微分積分学の基本定理　65
不定積分　65
部分積分法　73
部分分数展開　74
平均値の定理　33
ベータ関数　95
変曲点　48
偏導関数　119
偏微分係数　119

ま行

マクローリン (Maclaurin) 展開　39

や行

ヤコビアン (Jacobian)　126
4次元単位球　181

ら行

ライプニッツ (Leibniz) の公式　28
ラグランジュ (Lagrange) の乗数法　140
リプシッツ (Lipschitz) の条件　35
累次積分　151
連続関数　15, 112
ロール (Rolle) の定理　33

わ行

ワリス (Wallis) の (サイン, コサイン) 公式　90

著 者

佐藤シヅ子　元東京都市大学数学部門
井上　浩一　東京都市大学数学部門
古田　公司　東京都市大学数学部門

東京都市大学数学シリーズ(1)
微分積分演習

2005 年 3 月 30 日　第 1 版　第 1 刷　発行
2007 年 3 月 30 日　第 1 版　第 3 刷　発行
2008 年 4 月 10 日　第 2 版　第 1 刷　発行
2025 年 3 月 30 日　第 2 版　第 18 刷　発行

著　者　　佐藤シヅ子
　　　　　井上浩一
　　　　　古田公司
発 行 者　発田和子
発 行 所　株式会社 学術図書出版社

〒113-0033　東京都文京区本郷5丁目4の6
TEL 03-3811-0889　振替 00110-4-28454
印刷　三松堂（株）

定価は表紙に表示してあります．

本書の一部または全部を無断で複写（コピー）・複製・転載することは，著作権法でみとめられた場合を除き，著作者および出版社の権利の侵害となります．あらかじめ，小社に許諾を求めて下さい．

© S. SATOH, K. INOUE, K. FURUTA
2005, 2008　Printed in Japan
ISBN978-4-7806-0081-0　C3041